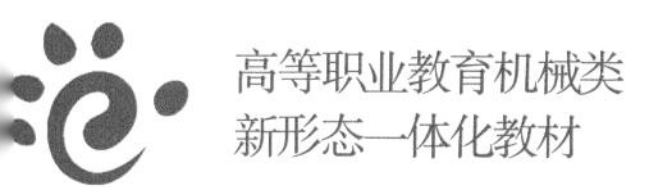

高等职业教育机械类
新形态一体化教材

U0185192

机械加工方法与设备选用

（第2版）

主编
胡林岚 周军

副主编
成小英 黄万欣 慈瑞梅

机械基础类
引领系列

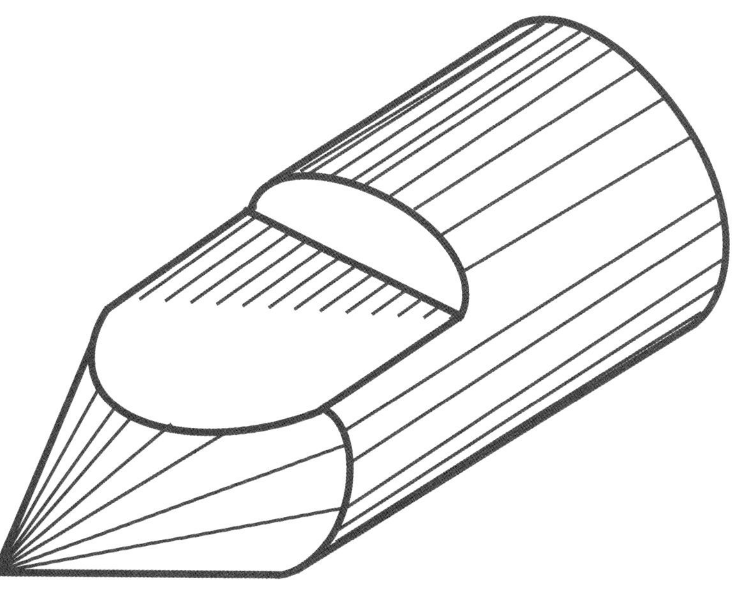

高等教育出版社·北京

内容简介

本书是根据“高等职业教育机械制造类专业人才培养目标”的要求，将传统课程“金属切削原理与刀具”和“金属切削机床”中的相关内容有机结合，从培养高端技能型专门人才出发，结合编者在机械制造应用领域多年的教学改革和工程实践的经验修订而成。本书以零件典型表面的加工方法为主线，介绍零件典型表面的加工方法，所使用的机床及配件的使用与调整方法，零件典型表面的测量方法和常用工具的结构、选用等知识。全面培养学生熟悉各种不同类型表面的加工方法和各种机床的用途、工艺范围，具有根据加工条件合理选择刀具、加工设备、切削参数及切削液的能力。

本书除绪论外共分为8个单元，主要内容包括机械制造过程、金属切削过程、外圆表面加工及设备、内圆表面加工及设备、平面及沟槽加工、螺纹的加工、齿轮的齿形加工、其他加工方法。在介绍零件加工相关知识的同时，还增加了应用实例，各单元均有思考与练习题。

本书可作为高等职业院校及应用型本科院校机械制造类专业的教学用书，也可作为相关从业人员的业务参考书及培训用书。

授课教师如需本书配套的教学课件等资源，可发送邮件至 gzjx@pub.hep.cn 索取。

图书在版编目(CIP)数据

机械加工方法与设备选用 / 胡林岚，周军主编．--2版．--北京：高等教育出版社，2021.3
ISBN 978-7-04-054620-0

Ⅰ．①机… Ⅱ．①胡… ②周… Ⅲ．①机械加工-工艺-高等职业教育-教材②机械加工-机械设备-高等职业教育-教材 Ⅳ．①TG5

中国版本图书馆 CIP 数据核字(2020)第 120255 号

机械加工方法与设备选用
JIXIE JIAGONG FANGFA YU SHEBEI XUANYONG

策划编辑 张 璋　责任编辑 张 璋　封面设计 张志奇　版式设计 马 云
插图绘制 黄云燕　责任校对 马鑫蕊　责任印制 存 怡

出版发行 高等教育出版社
社 址 北京市西城区德外大街4号
邮政编码 100120
印 刷 鸿博昊天科技有限公司
开 本 787mm×1092mm 1/16
印 张 14.5
字 数 340千字
购书热线 010-58581118
咨询电话 400-810-0598
网 址 http://www.hep.edu.cn
http://www.hep.com.cn
网上订购 http://www.hepmall.com.cn
http://www.hepmall.com
http://www.hepmall.cn
版 次 2012年2月第1版
2021年3月第2版
印 次 2021年3月第1次印刷
定 价 39.80元

本书如有缺页、倒页、脱页等质量问题，请到所购图书销售部门联系调换
版权所有 侵权必究
物 料 号 54620-00

配套资源索引

续表

序号	资源名称	页码	序号	资源名称	页码
55	用丝锥和板牙切削螺纹	167	63	展成运动传动链	192
56	常用螺纹车刀	170	64	齿轮滚刀结构	195
57	丝锥和板牙	173	65	插齿加工	197
58	螺纹的测量	175	66	其他齿轮加工方法	201
59	齿形加工方法	183	67	渐开线圆柱齿轮精度检测	204
60	齿轮加工机床的分类和加工范围	186	68	齿轮加工实例	205
61	蜗轮滚切加工	190	69	插削加工	215
62	滚刀安装	190			

第2版前言

本书根据高等职业教育机械制造类及相关专业人才培养的要求，以及机械制造生产、技术组织管理工作的技能型专门人才培养目标的需要，总结了各类高等职业院校近年来教学改革的探索与实践经验，以切削理论为基础，以零件典型表面的加工方法为主线，介绍机械制造的基础知识，零件典型表面的加工方法，所使用的机床及配件的使用与调整方法，增加了零件典型表面的测量方法和常用工具的结构、选用等知识，为后续培养学生编制机械加工工艺的能力和设计专用夹具的能力提供必要的基础知识。

本书第一版自2012年2月出版发行以来，以其知识的实用性和内容的丰富性得到了广大高等职业院校的认同。在多年使用过程中，我们不断地对教材内容进行审视，积极听取读者改进的建议，结合新的教育理念和实践，在此次修订中更新了部分内容，使知识的学习过程更符合认知的规律，具体特色如下。

(1) 定位准确，重点突出。每单元起始有“知识要点”“技能目标”，单元结束有“知识的梳理”及“思考与练习”。正文尽量多用图、表来表达叙述性的内容，力求以较少的篇幅完成对所需内容的介绍。

(2) 理论适度，条理清晰。在内容安排上，理论基础以“必需、够用”为度，注重知识的实用性和拓展性，突出加工方法的应用性，各部分条理清晰，重点突出。各单元既相对独立，又紧密联系、互相渗透，融为一体。

(3) 注重理论联系实际，突出应用。本书内容具有极强的实践性特点，为便于学生掌握课程的基本内容，本书力求理论联系实际，各类零件典型表面的加工引用典型实例进行分析，以加深对所述内容的理解。

本书由胡林岚、周军任主编，成小英、黄万欣、慈瑞梅任副主编。具体修订分工为：胡林岚修订前言、绪论、单元一、单元八，包峥嵘修订单元二，居安祥、黄万欣修订单元三，成小英修订单元四，王晖云、慈瑞梅修订单元五，张建宏修订单元六，周军修订单元七。全书由胡林岚负责统稿和定稿，由周益军教授担任本书主审。

本书建议教学课时为64课时，具体安排如下：

建议教学课时分配表

序号	授课内容	课时分配	
		讲课	实践
1	绪论	2	
2	机械制造过程	8	6
3	金属切削过程	6	
4	外圆表面加工及设备	6	4
5	内圆表面加工及设备	6	4

续表

序号	授课内容	课时分配	
		讲课	实践
6	平面及沟槽加工	4	2
7	螺纹的加工	4	2
8	齿轮的齿形加工	4	2
9	其他加工方法	2	2
合计		42	22

在本书的修订过程中，扬州锻压机床有限公司仲太生教授、扬州职业大学张友宏副教授、谭爱红副教授及相关领导等都给予了许多宝贵的意见和建议，高等教育出版社的相关编辑也给予了热情的帮助和指导，在此表示衷心的感谢！

由于编者水平所限，书中难免有疏漏和不妥之处，殷切希望各位专家同仁和广大读者批评指正。

编者

2020 年 4 月

第1版前言

本书是根据高职高专机械制造、机电、数控、模具、汽车专业人才培养的要求，总结了近年来教学改革的探索与实践经验，将传统课程“金属切削原理与刀具”“金属切削机床”中的相关内容有机结合，以切削理论为基础，以零件典型表面的加工方法为主线，介绍了零件典型表面的加工方法，所使用的机床及配件的使用与调整方法，增加了零件典型表面的测量方法和常用工、量具的结构、选用等知识，为后续培养学生动手编制机械加工工艺的能力和设计专用夹具的能力提供必要的基础知识。本书编写具有以下几个特点。

(1) 定位准确，重点突出。每单元起始有“知识要点”“技能目标”，单元结束有“知识的梳理”及“思考与练习”。正文尽量多用图、表来表达叙述性的内容，力求以较少的篇幅完成对所需内容的介绍。

(2) 理论适度，条理清晰。在内容安排上，理论基础以“必需、够用”为度，注重知识的实用性和拓展性，突出加工方法的应用性，各部分条理清晰。各单元既有相对独立性，又紧密联系，互相渗透，融为一体。

(3) 注重理论联系实际，突出应用。本书内容具有极强的实践性特点，为使学生便于掌握课程的基本内容，本书力求理论联系实际，引用典型实例进行分析，以加深对所述内容的理解。

本书由胡林岚、周益军任主编，陈兴和、周军任副主编。胡林岚编写前言、绪论、单元一，包峥嵘编写单元二，居安详编写单元三，成小英编写单元四，王晖云编写单元五，张建宏编写单元六，周军编写单元七，周益军编写单元八。全书由胡林岚、周益军统稿。

参考学时分配表

序号	授课内容	学时分配	
		讲课	实践
1	绪论	2	
2	机械制造过程与机械加工工艺系统	8	6
3	金属切削过程	6	
4	外圆表面加工及设备	6	4
5	内圆表面加工及设备	6	4
6	平面及沟槽加工	4	2
7	螺纹的加工	4	2
8	齿轮的齿形加工	4	2
9	其他加工方法	2	2
合计	64	42	22

在本书的编写过程中，扬州职业大学的冯晓九、张友宏、谭爱红及相关领导等提出了许多宝贵的意见和建议，在此表示衷心的感谢！

由于编者水平所限，书中难免有疏漏和不妥之处，殷切希望读者和各位同仁提出宝贵意见。

编者

2012 年 1 月

目录

绪论

制造是人类最主要的生产活动之一。它是指人类运用掌握的知识和技能,应用可利用的设备和工具,采用有效的方法,将原材料转化为有使用价值的物质产品并投放市场的全过程。

机械制造工业特别是装备制造业是国民经济持续发展的基础,是国民经济最重要的产业之一,是工业化、现代化建设的发动机和动力源。它担负着向国民经济的各个部门提供机械设备的任务,是一个国家经济实力和科学技术发展水平的重要标志,2019 年 9 月,习近平总书记在河南郑州考察调研时强调,一定要把我国制造业搞上去,把实体经济搞上去,扎扎实实实现"两个一百年"奋斗目标。世界各国均把发展机械制造工业作为振兴和发展国民经济的战略重点之一。

机械制造工业的发展和进步在很大程度上取决于机械制造技术的水平。当今科学技术高度发达,现代工业对机械制造技术提出了更高的要求,从而推动机械制造技术不断进步。特别是计算机技术的发展,使普通机械制造技术与数控技术、现代检测技术和传感技术等有机结合在一起,给机械制造领域带来许多新技术、新工艺和新规范,使得机械制造的生产效率和产品质量大大提高。机械制造技术的发展又为其他高新技术的发展打下了坚实的基础,提供了有力的保障,两者互相促进,共同提高,为经济和社会发展做出了极大贡献。

0.1 本课程的主要内容

机械制造技术是各种机械制造过程所涉及技术的总称,它包括以材料的成形为核心的金属和非金属材料成形技术(如铸造、焊接、锻造、冲压、注塑以及热处理技术),以切削加工为核心的机械冷加工技术和机械装配技术(如车削、铣削、磨削、装配工艺)以及其他特种加工技术(如电火花加工、电解加工、超声波加工、激光加工、电子束加工等)。其中,机械冷加工技术和机械装配技术占机械制造过程总工作量的 60%以上,它是机械制造技术的主体,大多数机械产品的最终加工都依赖于机械冷加工技术来完成。《机械加工方法与设备选用》所讲的机械加工是指机械冷加工。一个机械产品的制造过程包括零件加工、整机装配等一系列工作。零件加工的实质是零件表面的成形过程,是由不同的加工方法来完成的。在一个零件上,被加工表面类型不同,所采用的加工方法也就不同;同一个被加工表面,精度要求和表面质量要求不同,所采用的加工方法或加工方法的组合也不同。因而,《机械加工方法与设备选用》的主要内容包括:

① 机械制造过程和机械加工工艺系统的有关知识。

② 刀具的结构、材料、性能及选用。要求学生理解刀具切削部分、切削运动

的基本定义，特别是主剖面参考系中的 3 个参考平面和 6 个主要角度的基本定义，了解常用刀具材料的要求、类型和特点。

③ 金属切削过程的基本规律及其应用。

④ 零件典型表面的加工方法和相应金属切削机床及配件的使用与调整方法。

0.2 机床行业的现状与发展趋势

机械加工技术水平与机床行业发展密切相关，我国的机床行业在国家的大力支持下，发展迅速，企业依靠科技进步在制造技术、产品质量及经济效益等方面有了显著提高，为推动国民经济的发展起了重要作用。但由于起步较晚，中国机床行业整体上与发达国家还有较大差距，这也预示着中国机床行业存在巨大的发展空间。

机床行业发展的总趋势如下：

（1）高速化技术

机床高速化技术的目的是通过提高主轴转速、主轴功率，提高机床切削加工能力以实现制造的高效化。高速加工技术已广泛应用于一般零件机械加工、模具加工和航空航天零件加工上，并取得了明显的经济效益。高速加工中心的主轴转速，主轴功率，主轴启、止动时间，快速行程速度，加速度和换刀时间几乎都比 20 世纪 90 年代提高了一倍以上。高速加工中心的主轴转速一般都为 2 000~12 000 r/min，最高速度可达 100 000 r/min；轴的快速行程速度一般为 40~60 m/min，加速度为 0.8 g~1 g，最高速度可达 120 m/min，最高加速度可达 3 g。目前，高速加工技术主要应用于飞机制造业，成倍地提高了铝合金零件的加工效率和加工精度。对于钛合金铣削加工，通常选用主轴转速在 6 000~12 000 r/min 之间，轴加速度在 0.6 g~1 g 之间。

（2）精密化技术

随着零件加工精度的不断提高，相应地对机床加工精度要求也在提高，随着信息产业的快速发展，半导体器材加工、镜片加工和模具加工对机床加工精度提出更高的要求，要求从微米级向亚微米级、纳米级过渡；微型机械的发展也要求加工精度从微米级向亚微米级、纳米级过渡。目前，国内外各大企业都在积极开展超精密加工技术的研究，在数控磨床、精密车床和精密加工中心上采用分辨率为 0.1 μm 的数控系统，广泛采用精度补偿技术和实时精度补偿技术，提高加工精度的稳定性，研发出各种超精加工机床，如亚微米级数控车床和纳米级数控车床、纳米级数控铣床、纳米级微型数控磨床、纳米级电火花加工机等。

（3）复合化技术

复合化技术是近年来机床技术发展最活跃、最快的技术之一。在一台机床上能完成复数工序和复数工种的称为复合加工机，目前着重于实现复杂形状零件的全部加工。总之，用工序集中的方法可以实现生产的高效化，提高机床的附加值，免除了工序间在制品的存储和周转，大大缩短零件的生产周期和制造成本。近几年，各大公司相继开发了多种多样的复合加工机，如车铣复合中心、铣

车复合中心、激光铣削中心、超声铣削中心、车磨复合中心、激光焊接切割复合加工机、激光切割冲孔复合加工机、齿轮磨珩复合加工机等。

(4) 智能化技术

机械生产过程越来越多地使用智能化技术。智能化生产过程是指利用高科技信息技术手段不断改进提高生产自动化技术水平的过程。智能化体现在各个方面,如加工过程的自适应控制,工艺参数自动生成,电机参数的自适应运算,自动识别负载,智能化的自动编程,智能诊断智能监控等。当前的机床行业正运用智能化手段不断提升机械加工生产力和水平。

0.3 本课程的性质、特点与要求

本课程是机械制造类专业和机电类专业的专业核心课。

课程的特点是涉及面广,具有综合性强、实践性强和灵活性强三大特点。它与有关机械的许多基础知识和基本理论都有联系,内容丰富;工艺理论和工艺方法的应用灵活多变,与实际生产联系密切,学习时要理论联系实际,重视实践性教学环节,通过金工实习、生产实习、课程实验、课程设计及工厂调研等更好地理解课程内容,培养学生利用所学知识解决生产实际问题的能力;学习的关键是要熟悉机械加工的基本概念及其在实际生产中的应用,同时要用辩证的思想,实事求是地对具体情况进行具体分析,灵活处理质量、生产率和成本之间的关系,以求在保证质量的前提下,获得好的经济效益。

通过本课程的学习,要求学生掌握金属切削的基本原理和基本知识,熟悉常用工艺装备,包括机床、刀具、夹具等,掌握机械加工的基本知识,初步具备根据实际情况合理选择机械加工方法与机床、刀具、夹具及切削加工参数的能力,对机械加工方法有一个总体的了解和把握,为具备制订机械加工工艺规程的能力奠定基础。

单元一　机械制造过程

知识要点

1. 机械制造过程和机械加工工艺系统的有关知识；

2. 机械加工设备、刀具和工件的相关知识。

技能目标

1. 通过本章的学习应了解生产过程、机器制造过程、机械加工工艺系统和机械制造的生产组织等有关概念；

2. 熟悉金属切削机床的分类和型号编制；

3. 了解零件的表面形成方法和机械加工运动类型；

4. 了解机床的传动系统；

5. 熟悉刀具的结构、几何参数及工件的相关知识。

1.1　机械制造过程概述

1.1.1　生产过程

机械产品的生产过程是根据设计信息将原材料或半成品转变成成品的全过程。生产过程包括原材料的存储和运输、生产准备、毛坯制造、零件制造过程、部件和产品的装配过程、质量检验和包装等工作。这些环节之间的相互关系可由图 1-1 来表示。

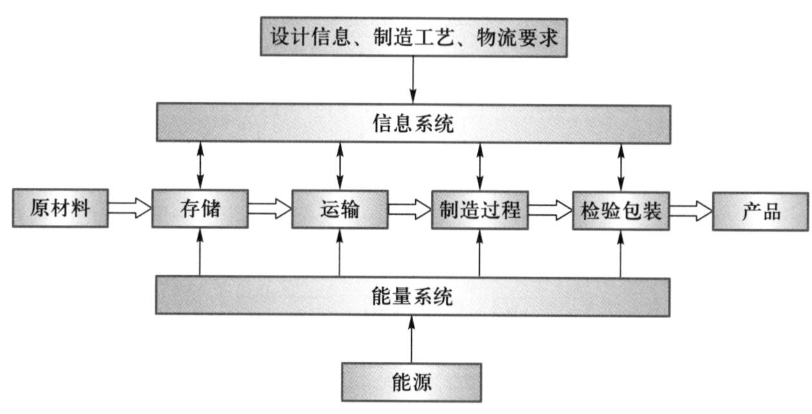

图 1-1　生产过程的构成

上述过程中凡使被加工对象的尺寸、形状或性能产生一定变化的均称为直接生产过程。而工艺装备的制造、原材料的供应、工件及材料的运输和储存、设备的维修及动力供应等过程，不会使加工对象产生直接的变化，称为辅助生产过程。

在生产过程中，直接改变生产对象的形状、尺寸、相对位置和性质（物理、化学、力学性能）等，使其成为合格产品的过程称为工艺过程。如毛坯制造、机械加工、热处理、装配等，它是生产过程中的重要组成部分。工艺过程是生产过程的重要组成部分，它包括热加工（铸造、塑性加工、焊接、热处理及表面处理）工艺过程、机械加工（冷加工）工艺过程和机械装配工艺过程。

在金属的热加工过程中，采用合理的方法将金属加热到金属再结晶温度以上，使金属零件在成形的同时改善它的组织，或者使已成形的零件改变结晶状态以改善零件的力学性能，这一过程称为热加工工艺过程。在零件的机械加工过程中，采用合理有序的各种加工方法逐步地改变毛坯的形状、尺寸和表面质量使其成为合格零件的过程，称为机械加工工艺过程。部件和产品的装配采用按一定顺序布置的各种装配工艺方法，把组成产品的全部零部件按设计要求正确地结合在一起形成产品的过程，称为机械装配工艺过程。

对于同一个零件或产品，其加工工艺过程或装配工艺过程可以是各种各样的，但对于确定的条件，可以有一个最为合理的工艺过程。在企业生产中，把合理的工艺过程以文件的形式规定下来，作为指导生产过程的依据，这一文件称为工艺规程。根据工艺的内容不同，工艺规程可分为机械加工工艺规程和机械装配工艺规程等。

1.1.2 机器制造过程

机器是由零件、组件、部件等组成的，因而一台机器的制造过程包含了从零件、部件加工到整机装配的全过程。这一过程可以用如图 1-2 所示的系统图来表示。

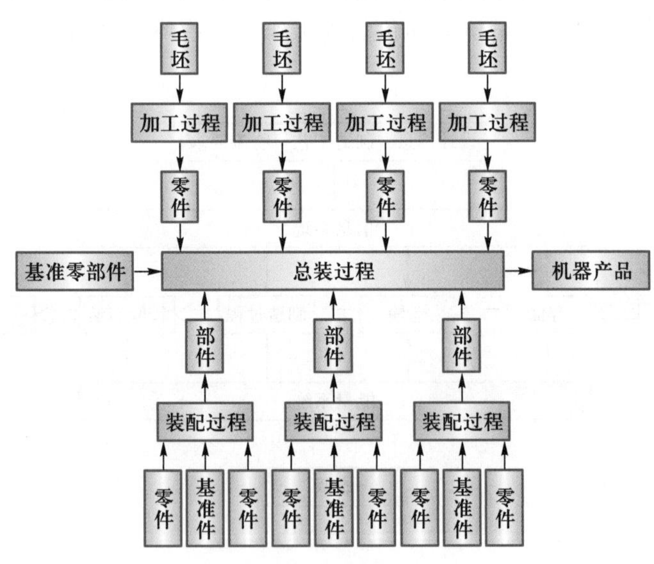

图 1-2 机器制造过程的构成

首先，组成机器的每一个零件要经过相应的工艺过程由毛坯转变成为合格零件。在这一过程中，要根据零件的设计信息，制订每一个零件的加工工艺规

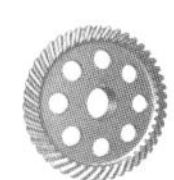

程，根据工艺规程的安排，在相应的工艺系统中完成不同的加工内容。加工的零件不同，工艺内容不同，相应的工艺系统也不相同。工艺系统的特性及工艺过程参数的选择对零件的加工质量起决定性的作用。

其次，要根据机器的结构和技术要求，把某些零件装配成部件。部件是由若干组件、套件和零件在一个基准上装配而成的。部件在整台机器中能完成一定的、完整的功能。把零件和组件、套件装配成部件的过程，称为部装过程。部装过程是依据部件装配工艺，应用相应的装配工具和技术完成的。部件装配的质量直接影响整机的性能和质量。

最后，在一个基准零部件上，把各个部件、零件装配成一台完整的机器。把零件和部件装配成最终产品的过程称为总装过程。总装过程是依据总装工艺文件进行的。在产品总装后，还要经过检验、试车、喷漆、包装等一系列辅助过程才能成为合格的产品。

1.1.3　机械加工工艺系统

各种机械产品的用途和零件结构相差很大，但它们的制造工艺却有共同之处，即都是构成零件的各种表面的成形过程。机械零件表面的切削加工成形过程是通过刀具与被加工零件的相对运动完成的。在机械加工中，机床是加工工件的工作机器，刀具直接对工件进行切削，夹具用来固定工件。由机床、刀具、夹具与被加工工件一起构成了一个实现某种加工方法的整体系统，这一系统称为机械加工工艺系统。切削加工成形过程要在机械加工工艺系统中完成。图 1-3 是工艺系统的构成及相互关系。对应于不同的加工方法有不同的机械加工工艺系统，如车削工艺系统、铣削工艺系统、磨削工艺系统等。

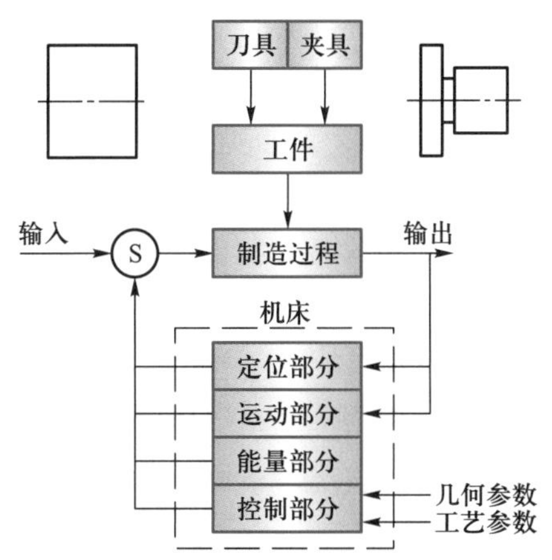

图 1-3　机械加工工艺系统的构成

机械制造的生产组织

1.1.4　机械制造的生产组织

机械产品的制造过程是一个复杂的过程，需要经过一系列的机械加工工艺和装配工艺才能完成。工艺过程的要求是优质、高效、低耗，以取得最佳经济效益。不同的产品其制造工艺各不相同，即使是同一种产品，在不同的情况下其制造工艺过程也不相同。一种产品的制造工艺过程的确定不仅取决于产品自身的结构、功能、特征、精度要求的高低以及企业的设备技术条件和水平，更取决于市场对该产品的种类及产量的要求。工艺要求的不同决定了生产系统的构成也不相同，从而有了不同的生产过程，这些差别的综合反映就是企业的生产组织类型的不同。

1. 生产纲领

生产纲领是企业根据市场需求和自身的生产能力决定的在计划生产期应当生产的产品的产量和进度计划。计划期为一年的生产纲领称为年生产纲领。零件的年生产纲领计算式为：

$$N=Qn(1+\alpha)(1+\beta) \tag{1-1}$$

式中：N——零件的年生产纲领，件/年；

Q——产品的年产量，台/年；

n——每台产品中该零件的件数，件/台；

α——该零件的备品率；

β——该零件的废品率。

年生产纲领是设计制订工艺规程的重要依据，根据生产纲领并考虑资金周转速度、零件加工成本、装配销售储备量等因素可以确定该产品一次投入市场的批量和每年投入生产的批次，即生产批量。但从市场的角度看，产品的生产批量首先取决于市场对产品的容量，企业在市场上占有的份额以及产品在市场上的销售和使用寿命。

2. 生产组织类型

生产纲领对工厂的生产过程和生产组织起决定性的作用，包括决定各工作地点的专业化程度、加工方法、加工工艺、设备和工装等。如机床的生产与汽车的生产就有着不同的工艺特点和专业化程度。同一种产品，生产纲领不同也会有完全不同的生产过程和生产专业化程度，即有着完全不同的生产组织类型。

根据生产专业化程度的不同，生产组织类型可分为单件生产、成批生产、大量生产三种。其中，成批生产又可分为大批生产、中批生产和小批生产。表 1-1 是各种生产组织类型的划分。从工艺特点上看，单件生产与小批生产相近，大批生产与大量生产相近。因此，在生产中，一般按单件小批、中批、大批大量生产来划分生产类型，并按这三种类型归纳其工艺特点，见表 1-2。

表 1-1　各种生产组织类型的划分

生产组织类型	零件年生产纲领/(件/年)		
	重型零件	中型零件	小型零件
单件生产	≤5	≤20	≤100
小批生产	5~100	20~200	100~500
中批生产	100~300	200~500	500~5 000
大批生产	300~1 000	500~5 000	5 000~50 000
大量生产	>1 000	>5 000	>50 000

表 1-2 各种生产组织类型的工艺特点

生产组织类型	单件小批生产	中批生产	大批大量生产
零件的互换性	一般是配对制造,没有互换性,广泛采用钳工修配	大部分有互换性,少数用钳工修配	全部有互换性,精度高的配合件用分组装配法和调整法
毛坯的制造方法及加工余量	木模手工造型或自由锻。毛坯精度低,加工余量大	部分采用金属模铸造或模锻。毛坯精度和加工余量中等	广泛采用金属模机器造型、模锻及其他高效方法。毛坯精度高,加工余量小
机床设备及其布置形式	通用机床、数控机床或加工中心	数控机床或加工中心或柔性制造单元,设备条件不够时,也采用通用机床	专用生产线、自动生产线、柔性制造生产线或数控机床
夹具	通用夹具、组合夹具和必要的专用夹具	广泛使用专用夹具、组合夹具	广泛使用高效专用夹具
刀具和量具	通用刀具和万能量具	按产量和精度,通用刀、量具和专用刀、量具结合	广泛使用高效专用刀、量具
工艺文件	有简单的工艺过程卡,关键工序有工序卡	有详细的工艺规程,关键零件有工序卡	有详细的工艺规程和工序卡,关键工序有调整卡、检验卡
生产率	低	一般	高
成本	高	一般	低
对工人的要求	需要技术熟练的工人	需要一定技术水平的工人	对操作工人的技术要求较低,对生产线维护人员要求较高

单件小批生产是指制造的产品数量不多,生产中各工作地点的工作很少重复或不定期重复的生产。如重型机械等的生产和各种机械产品的试制、维修生产等。在单件小批生产时,其生产组织的特点是要能适应产品品种的灵活多变。

中批生产是指产品以一定的生产批量成批地投入制造,并按一定的时间间隔周期性地生产。每一个工作地点的工作内容周期性地重复。一般情况下,机床的生产多属于中批生产。在中批生产时,采用通用设备与专用设备相结合,以保证其生产组织满足一定的灵活性和生产率的要求。

大批大量生产是指在同一工作地点长期地进行一种产品的生产,其特点是每一工作地点长期的重复同一工作内容。大批大量生产一般是具有广阔市场且类型固定的产品,如汽车、轴承、自行车等。在大批大量生产时,广泛采用自动化专用设备,按工艺顺序流水线方式组织生产。生产组织形式的灵活性(即柔性)差。

上述是传统概念下的生产组织类型。这种生产组织类型遵循的是批量法则，即根据不同的生产纲领，组织不同层次的刚性自动化生产方式。随着市场需求的变化越来越快，产品的更新换代周期越来越短，大批大量生产方式已经越来越不适应市场对产品换代的需要，传统的生产组织类型也正在发生变化。传统的中小批生产向着多品种、小批量、灵活快速的方向发展，传统的大批大量生产向着多品种、灵活高效的方向发展。CAD/CAPP/CAM 技术、数控机床、柔性制造系统、自动化生产线等在企业中得以迅速地应用。这些技术的应用将使产品的生产过程发生根本的变化。

1.2 机械加工运动概述

微课
零件表面的成形

1.2.1 零件表面的成形

1. 被加工工件的表面形状

任何一个机器零件的形状都是根据零件的功能确定，零件的表面通常选用那些加工起来最方便、最经济、最准确和最迅速的零件表面形状，如圆柱面、平面、圆锥面、球面、成形表面等。零件的形状往往是几种简单表面的组合，如图 1-4 所示。

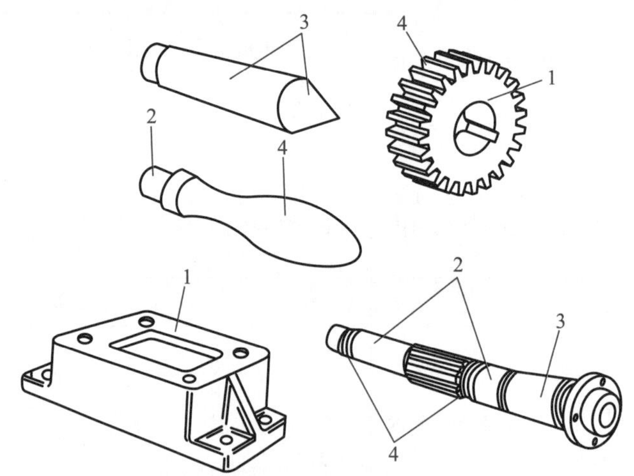

1—平面；2—圆柱面；3—圆锥面；4—成形表面

图 1-4 常见零件类型

2. 工件表面的形成方法

各种简单表面都是以一条线为母线，以另一条线为导线（称轨迹）运动而形成的，各种表面的母线和导线统称为发生线。如图 1-5 所示，平面是以一直线为母线，以另一直线为导线，做平移运动而形成的；圆柱面是以一直线为母线，以圆为导线，做旋转运动而形成的；直齿渐开线齿轮的轮齿表面由渐开线作母线，沿直线运动形成的。

形成平面、圆柱面和直线成形表面的母线与导线的作用可以互换，如图 1-5a 中，平面可以看成以直线 1 为母线，以直线 2 为导线而形成的，也可以看成是以直线 2 为母线，以直线 1 为导线而形成的。这种母线与导线可以互换的表面称为可逆表面。螺纹面、圆环面、球面和圆锥面的母线和导线则不能互换，称为非可逆表面，如图 1-5b ~ e 所示。

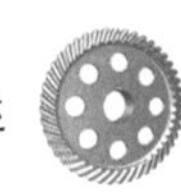

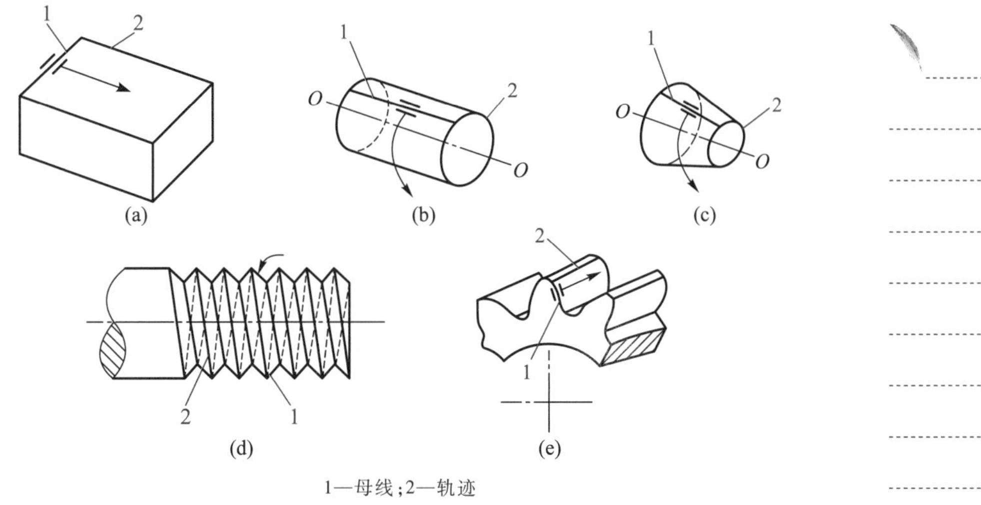

1—母线；2—轨迹

图 1-5 零件表面的构成

3. 发生线的形成方法

发生线是形成工件表面的几何要素，是由工件与刀具彼此间协调的相对运动和刀具切削刃的形状共同形成的。如图 1-6 所示，形成发生线的方法有以下四种：

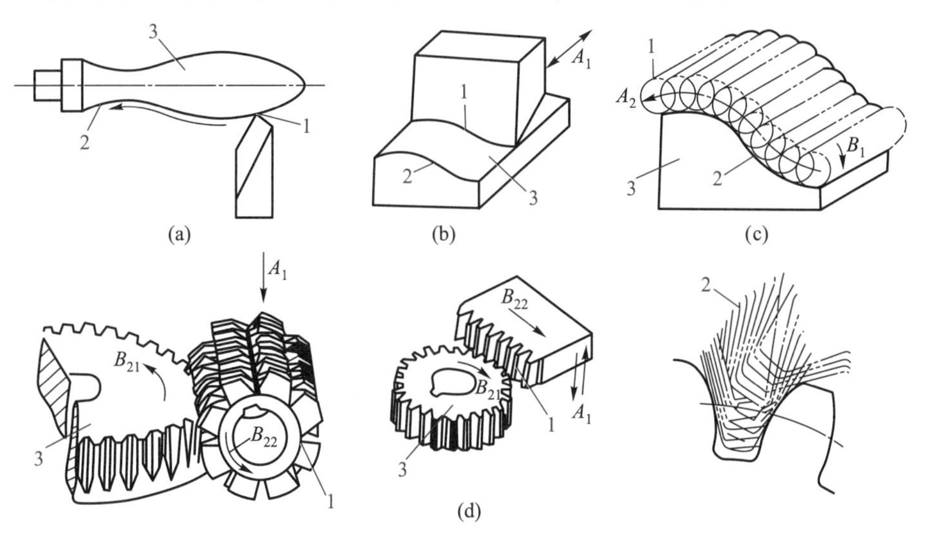

1—刀刃；2—发生线；3—工件

图 1-6 形成发生线的方法

(1) 轨迹法

轨迹法是利用刀具做一定规律的轨迹运动来对工件进行加工的方法。如图 1-6a所示，此时刀刃的形状为一切削点，形成发生线只需要一个独立的成形运动。

(2) 成形法

成形法是利用成形刀具对工件进行加工的方法。如图 1-6b 所示，刨刀刀刃的形状和长短与需要形成的发生线完全重合。因此，采用成形法形成发生线不需成形运动。

（3）相切法

相切法是利用刀具旋转边做轨迹运动来对工件进行加工的法。如图 1-6c 所示，刀刃为旋转刀具（铣刀）上的切削点，刀具做旋转运动，刀具中心按一定规律做运动，切削点的运动轨迹与工件相切，形成了发生线。由于刀具上有多个切削点，发生线是刀具上所有的切削点在切削过程中共同形成的。用相切法得到发生线，需要两个成形运动，即刀具的旋转运动和刀具中心按一定规律的运动。

（4）展成法

展成法是利用刀具和工件作展成切削运动的加工方法。如图 1-6d 所示，刀具切削刃为一切削线，它与需要形成的发生线的形状不吻合。发生线就是切削线在切削过程中连续位置的包络线。切削刃（刀具）和发生线（工件）共同完成复合的纯滚动，这种运动称为展成运动。因此，采用展成法形成发生线需要一个成形运动。

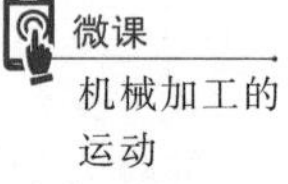

机械加工的运动

1.2.2　机械加工的运动

1. 表面成形运动

从几何的角度来分析，为保证得到工件表面的形状所需的运动，称为表面成形运动。表面成形运动是为了形成工件表面的发生线。相同的表面可以有不同的成形方法和不同的成形运动。如在车削回转曲面时，用成形法加工，只需工件回转运动；用轨迹法加工，则需要两个独立的成形运动。

（1）主运动和进给运动

从保证金属切削过程的实现和连续进行的角度看，成形运动分为主运动和进给运动两种。

① 主运动　主运动是进行切削的最基本、最主要的运动，也称为切削运动。通常它的速度最高，消耗机床功率最多。一般机床的主运动只有一个，主运动可以是回转运动，也可以是直线运动。如车削、镗削加工时工件的回转运动，铣削和钻削时刀具的回转运动，刨削时刨刀的直线运动等都是主运动。

② 进给运动　进给运动与主运动配合，使切削工作能够连续地进行。通常它消耗功率较少，可由一个或多个运动组成。根据刀具相对于工件被加工表面运动方向的不同，进给运动分为纵向进给、横向进给、圆周进给、径向进给和切向进给运动等。此外，进给运动也可以分为轴向（钻床）、垂直和水平（铣床）方向进给运动。进给运动可以是连续的（车削），也可以是周期间断的（刨削）。如多次进给车外圆时，纵向进给运动是连续的，横向进给运动却是间断的。

（2）简单成形运动和复合成形运动

根据工件表面形状和成形方法的不同，成形运动又可以分为简单成形运动和复合成形运动。

① 简单成形运动　简单成形运动是独立的成形运动，都是最基本的成形运动。如车外圆时，由工件的回转运动和刀具的直线运动两个独立的运动形成圆柱面。

② 复合成形运动　复合成形运动是由两个或两个以上简单运动（回转运动或直线运动）按照一定的运动关系合成的成形运动。如图 1-6d 所示，展成法加工齿轮时，刀具的回转和被加工齿轮的回转必须保持严格的相对运动关系，才能

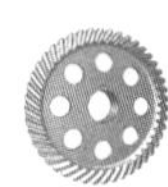

形成所需的渐开线齿面，因而这是一个复合成形运动。同理，车螺纹时，螺纹表面的导线（螺旋线）必须由工件的回转运动和刀架直线运动保持确定的相对运动关系才能形成，这也是一个复合成形运动。

2. 辅助运动

除表面成形运动外，为完成机床工作循环，还需一些其他的辅助运动。

① 空行程运动　刀架、工作台的快速接近和退出工件等都可节省辅助时间。

② 切入运动　刀具相对工件切入一定深度，以保证工件达到要求的尺寸。

③ 分度运动　使工件或刀具回转到所需要的角度，多用于加工若干个完全相同的沿圆周均匀分布的表面，也有在直线分度机上刻直尺时，工件相对刀具的直线分度运动。

④ 操纵及控制运动　包括变速、换向、启停及工件的装夹等。

微课

切削用量

1.2.3　加工表面和切削用量

1. 加工表面

刀具和工件相对运动过程中，在主运动和进给运动作用下，工件表面的一层金属不断被刀具切下转变为切屑，从而加工出所需要的工件新表面，因此，被加工的工件上有三个依次变化着的表面，如图 1-7 所示。

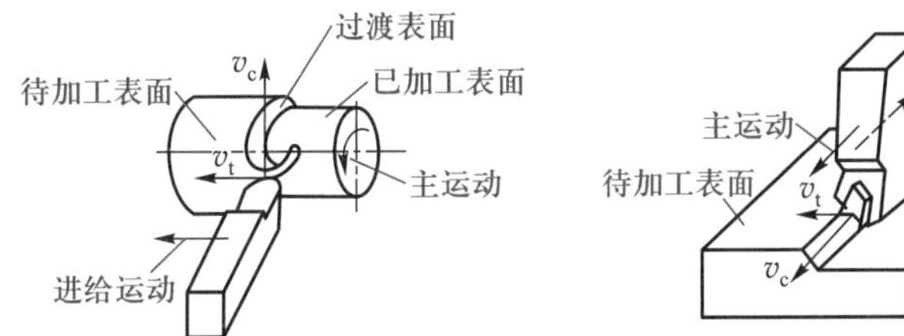

图 1-7　切削过程中工件的表面

① 待加工表面　加工时即将被切除的工件表面。

② 已加工表面　已被切去多余金属而形成符合要求的工件新表面。

③ 过渡表面　加工时由切削刃在工件上正在形成的那部分表面，并且是切削过程中不断变化着的表面，它在待加工表面和已加工表面之间。

2. 切削用量

在切削加工过程中，针对不同的工件材料、工件结构、加工精度、刀具材料和其他技术经济要求，所需的成形运动的量值也不相同。根据加工要求选定适宜的成形运动量值，就是切削要素的选择。切削速度、进给运动速度或进给量，被吃刀量等切削要素称为切削用量。

（1）切削速度 v_c

切削速度是主运动的线速度，也称为主运动速度。主运动为回转运动时，运动着的回转体（刀具或工件）上某一点的瞬时线速度为切削速度，单位是 m/min，其计算公式为：

$$v_c = \frac{\pi dn}{1\,000} \tag{1-2}$$

式中：d——作主运动的回转体上某一点的回转直径，mm；

n——作主运动的回转体的转速，r/min 或 r/s。

(2) 进给速度 v_f 或进给量 f

刀具上选定点相对于工件的进给运动时的瞬时速度，称为进给速度 v_f，单位是 mm/min 或 mm/s。进给量 f 是工件或刀具每回转一周时，两者沿进给方向的相对位移量，单位是 mm/r。如刨削加工时，主运动是直线往复运动，进给量是每一往复行程中刀具相对工件在进给方向上的位移量。进给速度与进给量有如下关系：

$$v_f = nf \tag{1-3}$$

(3) 背吃刀量 a_p

背吃刀量是在与主运动和进给运动方向相垂直的方向上测量的工件上已加工表面和待加工表面间的距离，单位为 mm。

主运动是回转运动时：

$$a_p = \frac{1}{2}(d_w - d_m) \tag{1-4}$$

主运动是直线运动时：

$$a_p = H_w - H_m \tag{1-5}$$

式中：d_w——工件待加工表面直径，mm；

d_m——工件已加工表面直径，mm；

H_m——工件已加工表面厚度，mm；

H_w——工件待加工表面厚度，mm。

钻孔加工时：

$$a_p = \frac{1}{2}d_m \tag{1-6}$$

1.3　机械加工设备概述

机械制造过程中使用的设备繁多，包括热处理设备、锻造设备、铸造设备、焊接设备、金属切削机床、压力机等。机械加工(冷加工)工艺过程中使用的设备为机械加工设备，主要是指金属切削机床。金属切削机床是用切削的方法将金属毛坯加工成机器零件的机器，它是制造机器的机器，又称为“工作母机”，习惯上简称为机床。在机床上可加工如平面、圆柱面等简单的表面，也可加工复杂的表面。在机床上可加工各种金属、非金属材料制造的零件。

微课
金属切削机床概述

机床的质量和性能直接影响机械产品的加工质量和经济加工的适用范围，随着机械工业水平的提高和科学技术的进步，机床技术也在不断发展，如数控、自动化控制等技术的发展，信息化的应用以及新型刀具的出现，使机床生产率、加工精度、自动化程度不断提高，机床品种不断扩大。

1.3.1　机床的构成及布局

1. 机床的构成

机床依靠大量的机械、电气、电子、数控、液压、气动装置来实现运动和循环。

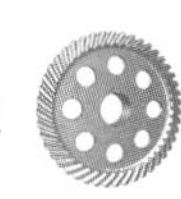

机床由传动装置、动力装置、执行机构、辅助机构和控制系统联合在一起，形成统一的工艺综合体。它包括以下几部分：

① 支承及定位部分　连接机床上各部件并使刀具与工件保持正确相对位置。床身、底座、立柱、横梁等都属支承部件；导轨、工作台、刀具和夹具的定位元件属定位部分，保证工件几何形状的实现。

② 运动部分　为加工过程提供所需的切削运动和进给运动。包括主运动传动系统、进给传动系统以及液压进给系统等，以保证工艺参数所需的切削速度、进给量的实现。如车床主轴箱内主传动系统带动主轴实现主运动，进给箱内进给系统的运动传给滑板箱带动刀架运动。

③ 动力部分　加工过程和辅助过程的动力源。如带动机械部分运动的电动机和为液压润滑系统工作提供能源的液压泵等。

④ 控制部分　用来启动和停止机床的工作，完成为实现给定的工艺过程所要求的刀具和工件的运动。包括机床的各种操纵机构、电气电路、调整机构、检测装置等。

2. 机床的布局

机床的布局是指合理安排机床各组成部件的位置以及相对于被加工零件的位置。从便于维护，工作安全，机床零部件调整、更换和修理迅速而方便，易于排屑及易于观察加工过程等几方面考虑，有如下几种布局：

① 刀具布置在被加工零件的前面或后面　如车床、外圆磨床和齿条铣齿机床等，床身是水平布置的。

② 刀具布置在工件的侧面　如滚齿机、卧式镗床、刨齿机和卧式拉床等，所有主要部件沿轴向布局，宜制成框架结构。

③ 刀具布置在工件的上方　如卧式和立式铣床、平面磨床、钻床、插床、插齿机、坐标镗床和珩磨机，此为立式布局，便于观察工件和加工过程。

④ 刀具相对于工件扇形布置　有几把刀从不同的方向同时加工一个零件，如立式车床、龙门刨床、龙门铣床等。此类机床都有刚性框架，在框架上安装刀具（刀架和铣头等）。

1.3.2 机床的分类方法和型号编制方法

1. 通用机床的分类方法

机床的功用、结构、规格和精度是各式各样的。为了便于区别、使用和管理，必须对机床进行分类，并编制型号。机床的传统分类方法主要是按加工性质和所用的刀具进行分类。根据 GB/T 15375—2008《金属切削机床型号编制方法》的规定，按加工性质和所用刀具的不同可分为 13 大类：车床、钻床、镗床、磨床、齿轮加工机床、螺纹加工机床、铣床、刨床、插床、拉床、特种加工机床、锯床和其他机床。在每一类机床中，又按工艺范围、布局形式和结构，分为若干组，每一组又细分为若干系（系列）。

在上述基本分类方法的基础上，还根据机床的其他特征进一步区分。按通用性程度分为：

① 通用机床　即万能机床，用于单件小批生产或修配生产中，可对多种零件完成各种不同的工序加工，如卧式车床、万能升降台铣床等。

② 专门化机床　专门化机床用于大批生产中，加工不同尺寸的同类零件，如丝杠车床、凸轮轴车床、曲轴车床等。

③ 专用机床　专用机床用来加工某一种零件的特定工序，仅用于大量生产，根据特定的工艺要求专门设计制造的。如加工机床主轴箱的专用镗床、加工机床导轨的专用磨床等。各种组合机床也属于专用机床。

按加工精度分为普通精度级、精密和超精密级机床。

按自动化程度分为手动、机动、半自动化和自动化机床。

机床还可按质量与尺寸分为：仪表机床、中型机床（一般机床）、大型机床（10～30t）、重型机床（30～100t）和超重型机床（大于100t）。

按机床主要工作部件的数目，可分为单轴和多轴或单刀与多刀机床等。

一般情况下，机床根据加工性质分类，再按机床的某些特点加以进一步描述，如高精度万能外圆磨床、立式钻床等。

随着机床的发展，其分类方法也将不断发展。现代机床正向数控化方向发展，数控机床的功能日趋多样化，工序更加集中。现在一台数控机床集中了越来越多传统机床的功能。例如数控车床在卧式车床的基础上，又集中了转塔车床、仿形车床、自动车床等多种车床的功能。车削中心出现以后，在数控车床功能的基础上，又加入了钻、铣、镗等类机床的功能。又如，具有自动换刀功能的数控镗铣床（习惯上称为“加工中心”），集中了钻、铣、镗等多种类型机床的功能；有的加工中心的主轴既能立式又能卧式，即集中了立式加工中心和卧式加工中心的功能。由此可见，机床数控化引起了机床分类方法的变化，使得机床品种趋于综合。

2. 通用机床的型号编制方法

机床型号是机床产品的代号，用以简明地表示机床的类型、通用和结构特性、主要技术参数等。根据GB/T 15375—2008的规定，我国的机床型号由汉语拼音字母和阿拉伯数字按一定规律组合而成，适用于各类通用机床、专用机床和自动线（组合机床、特种加工机床除外）。

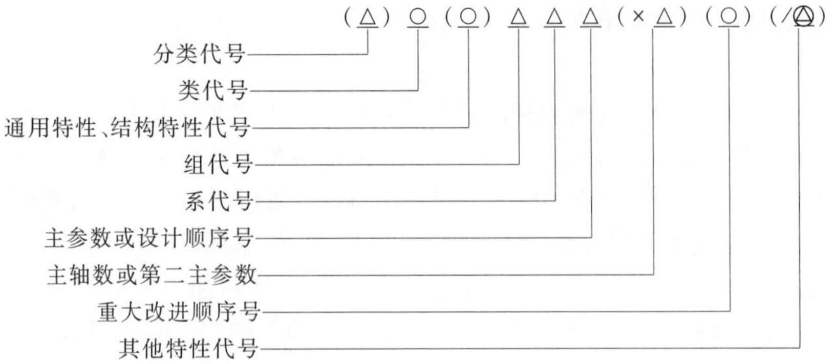

（△）○（○）△ △ △（×△）（○）（/△⃝）

分类代号
类代号
通用特性、结构特性代号
组代号
系代号
主参数或设计顺序号
主轴数或第二主参数
重大改进顺序号
其他特性代号

注：① 有“（　）”的代号或数字，当无内容时，则不表示。若有内容则不带括号；② 有“○”符号的，为大写的汉语拼音字母；③ 有“△”符号的，为阿拉伯数字；④ 有“△⃝”符号的，为大写的汉语拼音字母或阿拉伯数字，或两者兼有之。

(1) 机床的分类代号、类代号

机床的类代号用大写的汉语拼音字母表示。必要时,每类可分为若干分类,分类代号在类代号之前,作为型号的首位,并用阿拉伯数字表示。第一分类代号前的"1"省略,第"2""3"分类代号则应予以表示。机床的分类和代号见表 1-3。

表 1-3 机床的分类和代号

类别	车床	钻床	镗床	磨床			齿轮加工机床	螺纹加工机床	铣床	刨插床	拉床	锯床	其他机床
代号	C	Z	T	M	2M	3M	Y	S	X	B	L	G	Q
读音	车	钻	镗	磨	二磨	三磨	牙	丝	铣	刨	拉	割	其

(2) 机床的通用特性、结构特性代号

这两种特性代号用大写的汉语拼音字母表示,位于类代号之后。

通用特性代号有统一的规定含义,它在各类机床的型号中表示的意义相同。机床的通用特性代号见表 1-4。当某类型机床,除有普通型外,还有某种通用特性时,则在类代号之后加通用特性代号予以区分。如"CK"表示数控车床;如果同时具有两种通用特性时,则可按重要程度排列,用两个代号表示,如"MBG"表示半自动高精度磨床。通用特性代号按其相应的汉字字义读音。

表 1-4 机床的通用特性代号

通用特性	高精度	精密	自动	半自动	数控	加工中心(自动换刀)	仿形	轻型	加重型	柔性加工单元	数显	高速
代号	G	M	Z	B	K	H	F	Q	C	R	X	S
读音	高	密	自	半	控	换	仿	轻	重	柔	显	速

对于主参数相同,而结构、性能不同的机床,在型号中加结构特性代号予以区分。结构特性代号无统一含义,它只是在同类型机床中起区分机床结构、性能不同的作用。当型号中有通用特性代号时,结构特性代号应排在通用特性代号之后,用大写汉语拼音字母表示。如 CA6140 中的"A"和 CY6140 中的"Y",均为结构特性代号,它们分别表示为沈阳第一机床厂和云南机床厂生产的基本型号的卧式车床。为了避免混淆,通用特性代号已用的字母和"L""O"都不能作为结构特性代号使用。

(3) 机床的组代号、系代号

组代号、系代号用两位阿拉伯数字表示,前一位表示组别,后一位表示系别。每类机床按其结构性能及使用范围划分为用数字 0~9 表示的 10 个组,见表 1-5。在同一组机床中,又按主参数相同、主要结构及布局形式相同划分为用数字 0~9 表示的 10 个系。

表 1-5　机床类、组划分表

类别		组别									
名称	代号	0	1	2	3	4	5	6	7	8	9
车床	C	仪表车床	单轴自动车床	多轴自动、半自动车床	回轮、转塔车床	曲轴及凸轮轴车床	立式车床	落地及卧式车床	仿形及多刀车床	轮、轴、辊、锭及铲齿车床	其他车床
钻床	Z		坐标镗钻床	深孔钻床	摇臂钻床	台式钻床	立式钻床	卧式钻床	铣钻床	中心孔钻床	其他钻床
镗床	T			深孔镗床		坐标镗床	立式镗床	卧式铣镗床	精镗床	汽车拖拉机修理用镗床	其他镗床
磨床	M	仪表磨床	外圆磨床	内圆磨床	砂轮机	坐标磨床	导轨磨床	刀具磨床	平面及端面磨床	曲轴、凸轮轴、花键轴及轧辊磨床	工具磨床
	2M		超精机	内圆珩磨机	外圆及其他珩磨机	抛光机	砂带抛光及磨削机床	刀具刃磨及研磨机床	可转位刀片磨削机床	研磨机	其他磨床
	3M		球轴承套圈沟磨床	滚子轴承套圈滚道磨床	轴承套圈超精机		叶片磨削机床	滚子加工机床	钢球加工机床	气门、活塞及活塞环磨削机床	汽车、拖拉机修磨机床
齿轮加工机床	Y	仪表齿轮加工机		锥齿轮加工机	滚齿及铣齿机	剃齿及珩齿机	插齿机	花键轴铣床	齿轮磨齿机	其他齿轮加工机	齿轮倒角及检查机
螺纹加工机床	S				套丝机	攻丝机		螺纹铣床	螺纹磨床	螺纹车床	
铣床	X	仪表铣床	悬臂及滑枕铣床	龙门铣床	平面铣床	仿形铣床	立式升降台铣床	卧式升降台铣床	床身铣床	工具铣床	其他铣床
刨插床	B		悬臂刨床	龙门刨床			插床	牛头刨床		边缘及模具刨床	其他刨床
拉床	L			侧拉床	卧式外拉床	连续拉床	立式内拉床	卧式内拉床	立式外拉床	键槽、轴瓦及螺纹拉床	其他拉床
锯床	G			砂轮片锯床		卧式带锯床	立式带锯床	圆锯床	弓锯床	镗锯床	
其他机床	Q	其他仪表机床	管子加工机床	木螺钉加工机		刻线机	切断机	多功能机床			

(4) 机床主参数、设计顺序号及第二主参数

机床主参数是表示机床规格大小的一种尺寸参数。在机床型号中,用阿拉伯数字给出主参数的折算值,位于机床组、系代号之后。折算系数一般是1/10或1/100,也有少数是1。如CA6140型卧式机床中主参数的折算值为40(折算系数是1/10),其主参数表示在床身导轨面上能车削工件的最大回转直径为400 mm。各类主要机床的主参数名称及折算系数见表1-6。

表1-6 各类主要机床的主参数名称及折算系数

机床	主参数名称	折算系数
卧式车床	床身上最大回转直径	1/10
立式车床	最大车削直径	1/100
摇臂钻床	最大钻孔直径	1/1
卧式镗床	镗轴直径	1/10
坐标镗床	工作台面宽度	1/10
外圆磨床	最大磨削直径	1/10
内圆磨床	最大磨削孔径	1/10
矩台平面磨床	工作台面宽度	1/10
齿轮加工机床	最大工件直径	1/10
龙门铣床	工作台面宽度	1/100
升降台铣床	工作台面宽度	1/10
龙门刨床	最大刨削宽度	1/100
插床及牛头刨床	最大插削及刨削长度	1/10
拉床	额定拉力(t)	1/1

当某些通用机床无法用一个主参数表示时,则用设计顺序号来表示。

第二主参数是对主参数的补充,如最大工件长度、最大跨距、工作台工作面长度等,第二主参数一般不予给出。

(5) 机床的重大改进顺序号

当机床的性能及结构有重大改进,并按新产品重新设计、试制和鉴定时,在原机床型号尾部加重大改进顺序号,即汉语拼音字母A、B、C、…。

(6) 其他特性代号

其他特性代号用以反映各类机床的特性,如对数控机床,可用来反映不同的数控系统等;对于加工中心,可用以反映控制系统、联动轴数、自动交换主轴头、自动交换工作台等;对于柔性加工单元,可用以反映自动交换主轴箱;对于一般机床可用以反映同一型号机床的变型等。其他特性代号可用汉语拼音字母或阿拉伯数字或二者的组合来表示。

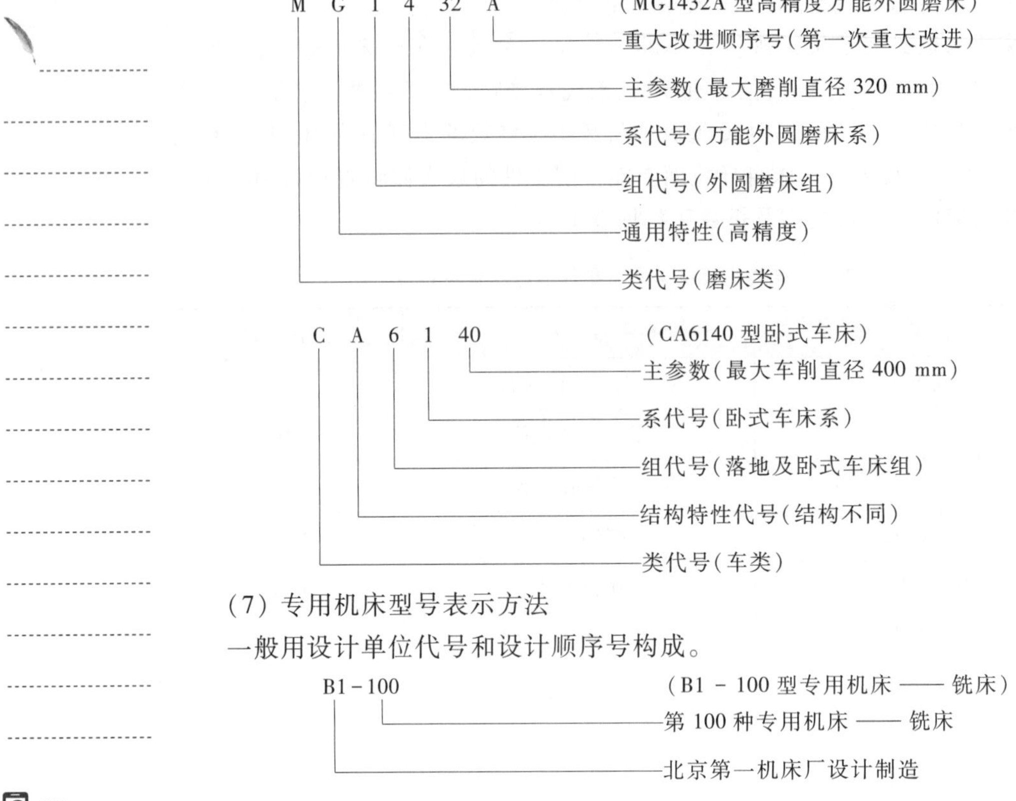

(7) 专用机床型号表示方法

一般用设计单位代号和设计顺序号构成。

微课
机床的传动系统

1.3.3　机床的传动系统

1. 机床传动的基本组成部分

金属切削过程中所需的各种运动都必须由机床实现。为了实现加工过程中所需的各种运动,机床必须有三个基本部分。

① 运动源　运动源是为执行件提供运动和动力的装置,如交流异步电动机、直流或交流调速电动机和伺服电动机等。

② 传动件　传动件是传递运动和动力的装置,通过它将运动和动力从动力源传至执行件,使执行件获得具有速度和方向的运动,并使有关执行件之间保持某种确定的相对运动关系。如齿轮、链轮、带轮、丝杠、螺母等,除机械传动外,还有液压传动和电气传动元件等。

③ 执行件　执行件是执行机床运动的部件,其任务是装夹刀具或工件,直接带动它们完成一定形式的运动,并保证运动轨迹的准确性。常用执行件有主轴、刀架、工作台等,是传递运动的末端件。

2. 机床的传动链

传动系统是一台机床运动的核心,它决定了机床的运动和功能。为了在机床上得到所需要的运动,必须通过一系列的传动件把运动源和执行件或执行件和执行件联系起来,构成传动联系。构成一个传动联系的一系列传动件称为传动链。

根据传动联系的性质不同,传动链可分为外联系传动链和内联系传动链。

(1) 外联系传动链

联系运动源与执行件的传动链称为外联系传动链。它的作用是使执行件得到预定速度的运动,并传递一定的动力。此外,还起到执行件变速、换向等作用。外联系传动链传动比的变化只影响生产率或表面粗糙度,不影响加工表面的形状。因此,外联系传动链不要求两末端件之间有严格的传动关系。如卧式车床中,从主电动机到主轴之间的传动链就是典型的外联系传动链。

(2) 内联系传动链

联系两个执行件,以形成复合成形运动的传动链称为内联系传动链。它的作用是保证两个末端件之间的相对速度或相对位移保持严格的比例关系,以保证被加工表面的性质。如在卧式车床上车螺纹时,连接主轴和刀具之间的传动链就属于内联系传动链。此时,必须保证主轴(工件)每转一转,车刀移动工件螺纹一个导程,才能得到要求的螺纹导程。又如滚齿机的范成运动传动链也属于内联系传动链。

机床的传动系统就是各种运动的传动链综合,机床传动系统的主体是表面成形运动传动系统,包括主运动传动系统和进给运动传动系统。为了适应不同的工艺要求,机床主运动要求必须能变换速度,同时进给运动也应能根据需要改变大小。目前,在普通机床中,主运动系统主要采用机械传动方式,其变速范围大,传递功率大,传动比准确,工作可靠,变速方便。实现有级变速方式的有两类传动机构:一类是传动比和传动方向固定不变的定传动比传动机构,称为定比机构,如定传动比齿轮副、丝杠螺母机构等;另一类是可变换传动比和传动方向的传动机构,称为换置机构,如挂轮变速、滑移齿轮变速等。

3. 机床的传动原理图

为了便于分析机床运动和传动联系,在机床的运动分析中,为了表示某一运动的传动联系,常用一些简明的符号来表示运动源与执行件、执行件与执行件之间的传动联系,这就是传动原理图。如图 1-8 所示,1、2、3、… 表示各种传动装置的运动输入输出点,u_v、u_x等表示换置机构的传动比。根据传动原理图,可分析机床有哪些传动链及其传动联系情况,可以由工件的运动参数要求,正确地计算换置机构的传动比,对机床进行运动调整;反之也可根据已知的机床传动路线的传动比,计算加工过程的运动参数。

下面以图 1-8 所示的卧式车床的传动原理图为例,说明传动原理图的画法及其所表示的内容。

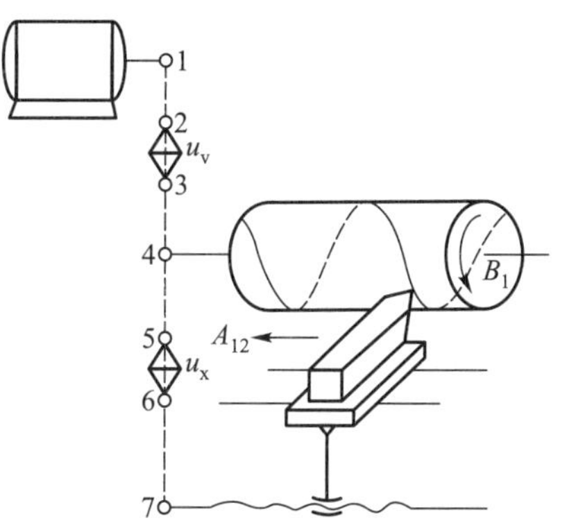

图 1-8 卧式车床传动原理图

电动机通过定传动比机构和换置机构带动主轴,从而使工件获得一定的转速,其传动路线是"电动机—1—2—u_v—3—4—主轴"。其中 1—2 和 3—4 段为传动比固定不变的定比传动结构,2—u_v—3 段是传动比 u_v可变的换置机构,调整 u_v值用以改变主轴的转速。电动机、主轴和这些传动装置构成了主运动传动链。在这条传动链中，执行件并不要求具有非常准确的运动量值，即不要求传动链两末端件具有严格的传动比，因此该传动链属于外联系传动链。

为完成螺纹加工，必须使刀具与工件之间的相对运动形成螺旋线复合运动。这时传动路线为“主轴—4—5—u_x—6—7—丝杠—刀具”，要得到所需的螺旋线，主轴每转一转，刀架移动工件螺纹的一个导程 $Ph_{螺纹}$。按照传动顺序，依次分析各传动轴间的传动关系，列方程式：

$$1_{主轴} \times u_x \times Ph_{丝杠} = Ph_{螺纹} \tag{1-7}$$

可得：

$$u_x = \frac{Ph_{螺纹}}{Ph_{丝杠}} \tag{1-8}$$

式中：u_x——换置机构传动比；

$Ph_{丝杠}$——机床丝杠导程，mm；

$Ph_{螺纹}$——被加工螺纹的导程，mm。

工件与刀具之间建立了严格的传动比联系，这条传动链属于内联系传动链，其中 4—5 和 6—7 段为定比传动机构，5—6 段是换置机构。

在这两条传动链中，动力都由电动机提供，但运动的来源不同，传动链中传动装置的要求不同，在外联系传动链中可以采用带传动、摩擦轮传动等传动比不太准确的传动装置，而内联系传动链中的传动装置必须具有准确的传动比。传动原理图表示了机床传动的最基本特征。因此，用它来分析、研究机床运动时，很容易找出两种不同类型机床的最根本区别，对于同一类型机床来说，不管它们具体结构有何明显的差异，但它们的传动原理图却是完全相同的。

4. 机床传动系统图和运动计算

（1）机床传动系统图

机床的传动系统图是表示机床全部运动传动关系的示意图。它比传动原理图更准确、更清楚、更全面地反映了机床的传动关系。

机床的传动系统画在一个能反映机床外形和各主要部件相互位置的投影面上，并尽可能绘制在机床外形的轮廓线内。图中的各传动元件是按照运动传递的先后顺序，以展开图的形式画出来的。该图只表示传动关系，并不代表各传动元件的实际尺寸和空间位置。在图中通常注明齿轮及蜗轮的齿数、带轮直径、丝杠的导程和头数、电动机功率和转数、传动轴的编号等。传动轴的编号，通常从运动源（电动机）开始，按运动传递顺序，依次用罗马数字Ⅰ、Ⅱ、Ⅲ、Ⅳ、…表示。如图 1-9

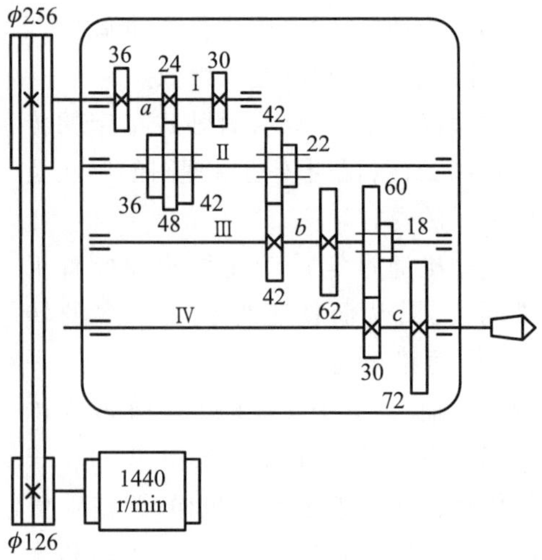

图 1-9　某中型卧式车床主传动系统图

所示为某中型卧式车床主传动系统图。

（2）传动路线表达式

为便于说明及了解机床的传动路线，通常把传动系统图数字化，用传动路线表达式（传动结构式）来表达机床的传动路线。图 1-9 所示车床主传动路线表达式为：

$$\text{电动机}(1440\text{r/min})-\frac{\phi126}{\phi256}-\text{I}-\begin{bmatrix}\frac{36}{36}\\\frac{24}{48}\\\frac{30}{42}\end{bmatrix}-\text{II}-\begin{bmatrix}\frac{42}{42}\\\frac{22}{62}\end{bmatrix}-\text{III}-\begin{bmatrix}\frac{60}{30}\\\frac{18}{72}\end{bmatrix}-\text{IV}(\text{主轴})$$

（3）主轴转数级数计算

根据前述主传动路线表达式可知，主轴正转时，利用各滑移齿轮组齿轮轴向位置的各种不同组合，主轴可得 3×2×2＝12 级正转转速。

（4）运动计算

机床运动计算通常有两种情况：

① 根据传动路线表达式提供的有关数据，确定某些执行件的运动速度或位移量。

【例 1-1】 根据如图 1-9 所示的主传动系统，计算主轴转速。

解：主轴各级转速数值可应用下列运动平衡式进行计算。

$$n_{主}=n_{电}\times\frac{D}{D'}(1-\varepsilon)\times\frac{Z_{\text{I}-\text{II}}}{Z'_{\text{I}-\text{II}}}\times\frac{Z_{\text{II}-\text{III}}}{Z'_{\text{II}-\text{III}}}\times\frac{Z_{\text{III}-\text{IV}}}{Z'_{\text{III}-\text{IV}}}$$

式中：$n_{主}$——主轴转速，r/min；

$N_{电}$——电动机转速，r/min；

D、D'——分别为主动、被动带轮直径，mm；

ε——V 带传动的滑动系数，可近似地取 0.02；

$Z_{\text{I}-\text{II}}$、$Z_{\text{II}-\text{III}}$、$Z_{\text{III}-\text{IV}}$ 及 $Z'_{\text{I}-\text{II}}$、$Z'_{\text{II}-\text{III}}$、$Z'_{\text{III}-\text{IV}}$——分别为 I—II、II—III、III—IV 轴之间主动和被动齿轮齿数。

主轴各级转速均可由上述运动平衡式计算出来，计算得主轴最高转速和最低转速分别为：

$$n_{主\max}=1\ 440\ \text{r/min}\times\frac{126}{256}\times(1-0.02)\times\frac{36}{36}\times\frac{42}{42}\times\frac{60}{30}=1\ 440\ \text{r/min}$$

$$n_{主\min}=1\ 440\ \text{r/min}\times\frac{126}{256}\times(1-0.02)\times\frac{24}{48}\times\frac{22}{62}\times\frac{18}{72}=31.5\ \text{r/min}$$

② 根据执行件所需的运动速度、位移量，或有关执行件之间需要保持的运动关系，确定相应传动链中换置机构的传动比，以便进行调整。

以螺纹车削加工传动系统的计算为例说明计算过程：找出传动链两末端件成形运动是螺旋线运动，两末端件是主轴和刀架；确定两末端件之间的运动关系，并由此确定计算位移量主轴转一转，刀架移动工件的一个导程 $Ph_{螺纹}$；根据计算位移，按照传动顺序，依次分析各传动轴间的传动关系，列平衡方程式。

【例 1-2】 根据如图 1-10 所示的车削螺纹进给传动链，确定挂轮变速机构的换置公式。

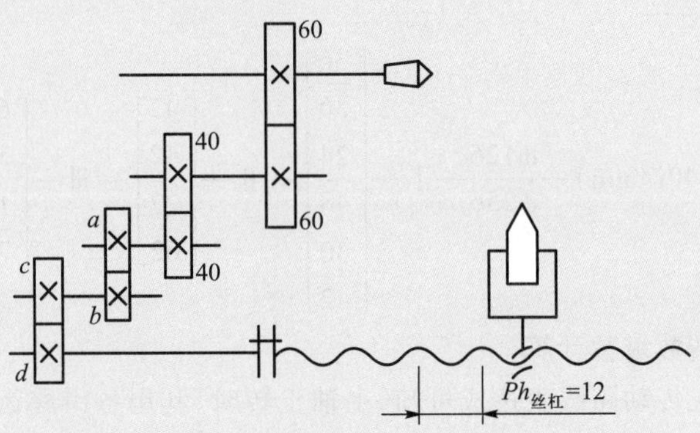

图 1-10　车削螺纹进给传动链

解：由图 1-10 所示得到运动平衡式为：

$$1\times\frac{60}{60}\times\frac{40}{40}\times\frac{a}{b}\times\frac{c}{d}\times12=Ph_{螺纹}$$

将上式化简后，得到挂轮的换置公式为：

$$u_x=\frac{a}{b}\times\frac{c}{d}=\frac{Ph_{螺纹}}{12}$$

应用此换置公式，适当的选择挂轮 a、b、c、d 的齿数，就可车削出导程为 $Ph_{螺纹}$ 的螺纹。

1.4　刀具概述

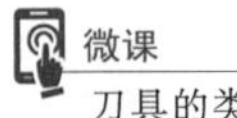

1.4.1　刀具的类型

刀具是完成切削加工的重要工具，它直接参与切削过程，从工件上切除多余的金属层。因为刀具变化灵活、收效显著，所以它是切削加工中影响生产率、加工质量和生产成本的最活跃的因素。在机床技术性能不断提高的情况下，刀具的性能直接决定机床性能的发挥。

根据用途和加工方法不同，刀具有如下几大类，如图 1-11 所示。

① 切刀类　包括车刀、刨刀、插刀、镗刀、成形车刀、自动机床和半自动机床用的切刀以及一些专用切刀。一般多为只有一条主切削刃的单刃刀具。

② 孔加工刀具　它是在实体材料上加工出孔或对原有孔扩大孔径，包括提高原有孔的精度和减小表面粗糙度值的一种刀具，如麻花钻、扩孔钻、锪钻、深孔钻、铰刀、镗刀等。

③ 铣刀类　是一种应用非常广泛的在圆柱或端面具有多齿、多刃的刀具，可以用来加工平面、各种沟槽、螺旋表面、轮齿表面和成形表面等。

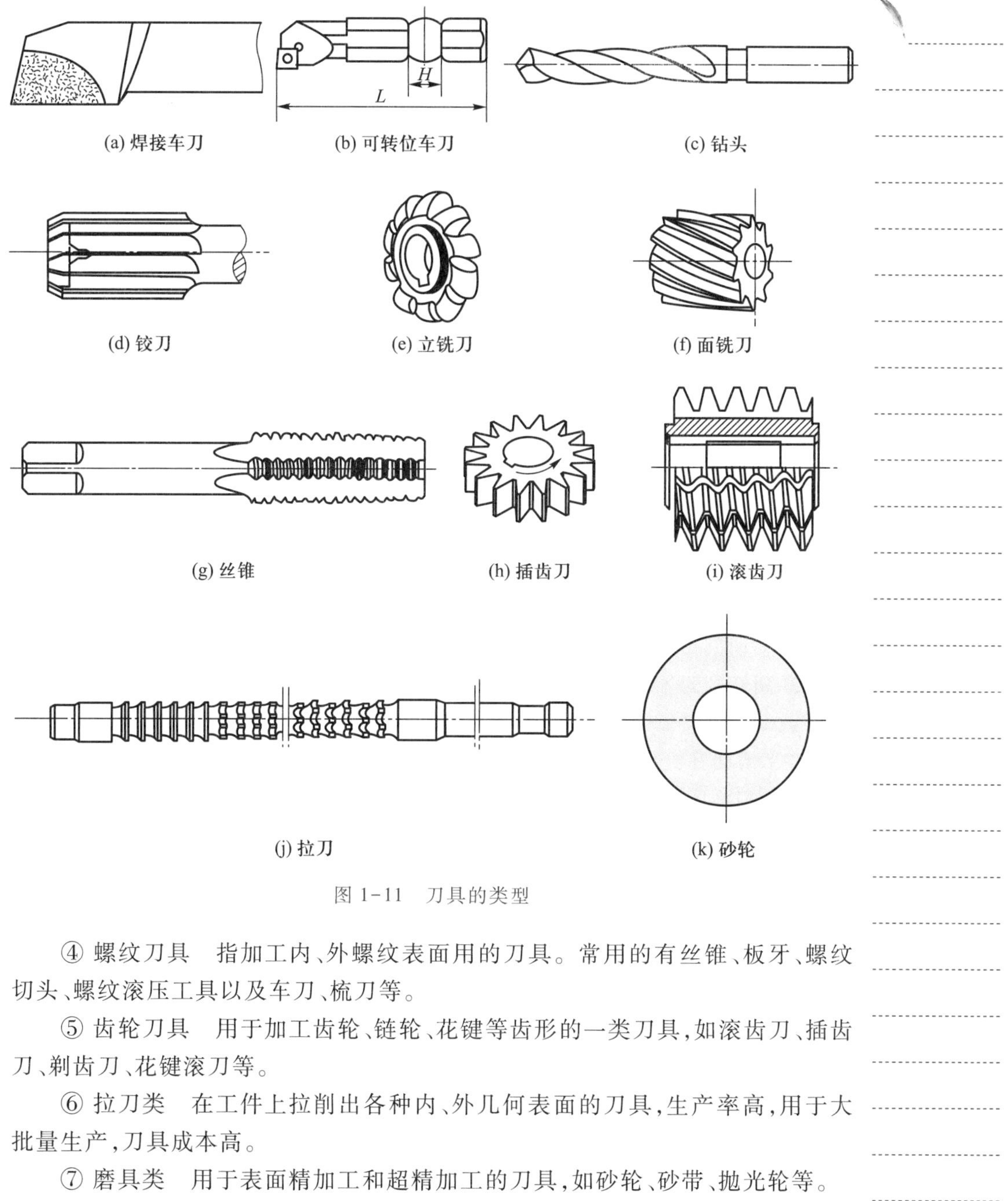

(a) 焊接车刀　(b) 可转位车刀　(c) 钻头

(d) 铰刀　(e) 立铣刀　(f) 面铣刀

(g) 丝锥　(h) 插齿刀　(i) 滚齿刀

(j) 拉刀　(k) 砂轮

图 1-11　刀具的类型

④ 螺纹刀具　指加工内、外螺纹表面用的刀具。常用的有丝锥、板牙、螺纹切头、螺纹滚压工具以及车刀、梳刀等。

⑤ 齿轮刀具　用于加工齿轮、链轮、花键等齿形的一类刀具，如滚齿刀、插齿刀、剃齿刀、花键滚刀等。

⑥ 拉刀类　在工件上拉削出各种内、外几何表面的刀具，生产率高，用于大批量生产，刀具成本高。

⑦ 磨具类　用于表面精加工和超精加工的刀具，如砂轮、砂带、抛光轮等。

⑧ 组合刀具、自动线刀具　它是根据组合机床和自动线特殊加工要求设计的专用刀具，可以同时或依次加工若干个表面。

⑨ 数控机床刀具　刀具配置根据零件工艺要求而定，有预调装置、快速换刀装置和尺寸补偿系统。

⑩ 特种加工刀具　如水刀等。

1.4.2　刀具的结构

微课
刀具的结构

刀具包含刀柄和切削部分，刀柄是指刀具上的夹持部分，切削部分是指刀具上直接参加切削工作的部分。在某些刀具（如外圆车刀）上切削部分也称为刀头。有些刀具（如麻花钻）还有导向部分。各类金属切削刀具切削部分的形状和几何参数都可由外圆车刀切削部分演变而来，因此，我们以外圆车刀为例研究刀具的几何参数。

如图 1-12 所示，车刀由刀头、刀体两部分组成。刀头用于切削，刀体用于装夹。刀头切削部分由三个面、两条切削刃和一个刀尖组成。

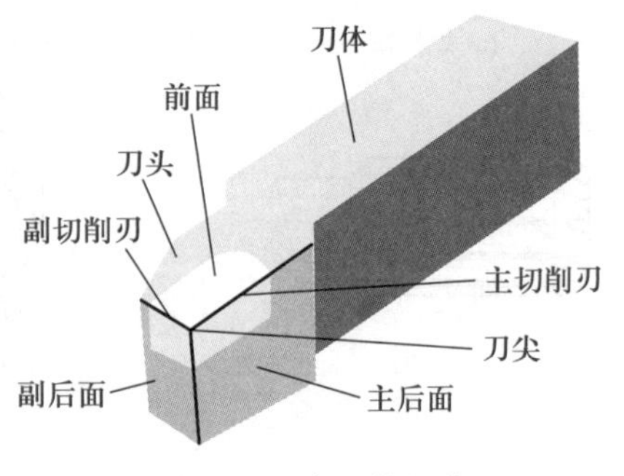

图 1-12　车刀的组成

1. 刀面

① 前面 A_γ　刀具上切屑流过的刀面。

② 主后面 A_α　与工件待加工表面相对的刀面。

③ 副后面 A_α'　与工件已加工表面相对的刀面。

2. 切削刃

① 主切削刃 S　担负主要切削工作，由前面与主后面在空间的交线形成。

② 副切削刃 S'　担负少量切削工作，由前面与副后面在空间的交线形成。

3. 刀尖

三个刀面在空间的交点，也可理解为主、副切削刃二条刀刃汇交的一小段切削刃。在实际应用中，为增加刀尖的强度与耐磨性，一般在刀尖处磨出直线或圆弧形的过渡刃。常见的刀尖结构如图 1-13 所示。

图 1-13　常见的刀尖的结构

微课
刀具参考系

1.4.3　刀具的几何参数

1. 刀具参考系的分类

为定量地表示刀具切削部分的几何形状，必须把刀具放在一个确定的参考系中，用一组确定的几何参数确切表达刀具表面和切削刃在空间的位置，该几何参数就是刀具的几何参数，该参考系就是刀具参考系。一个刀具参考系一般由三个相互垂直的参考平面构成。

(1) 刀具的静止参考系

它是用于定义刀具的设计、制造、刃磨和测量时几何参数的参考系,它不受刀具工作条件变化的影响,即只考虑主运动和进给运动的方向,不考虑进给运动的大小,刀具的安装定位基准与主运动方向平行或垂直。静止参考系中最常用的刀具标注角度参考系是正交平面参考系,其他参考系有法平面参考系、假定工作平面参考系等。

(2) 刀具的工作参考系

即规定刀具切削加工时的几何参数的参考系,它与刀具安装情况、切削运动大小和方向等有关。

2. 正交平面参考系及其标注角度

(1) 正交平面参考系

正交平面参考系由三个相互垂直的参考平面构成,即基面 P_r、切削平面 P_s 和正交平面 P_o,三个平面构成一个空间直角坐标系,如图 1-14 所示。

① 基面 P_r　通过主切削刃上选定点,垂直于主运动速度 v_c 方向的平面。它通常平行于车刀的安装面(底面)。

② 切削平面 P_s　通过主切削刃上选定点,与主切削刃相切并垂直于基面的平面。它包含主运动速度 v_c 方向,切于工件上的过渡表面。

③ 正交平面 P_o　通过切削刃上选定点并同时垂直于基面和切削平面的平面,它是测量平面。

(2) 正交平面参考系中的标注角度

如图 1-15 所示,在正交平面参考系中外圆车刀切削部分各个角度定义如下。

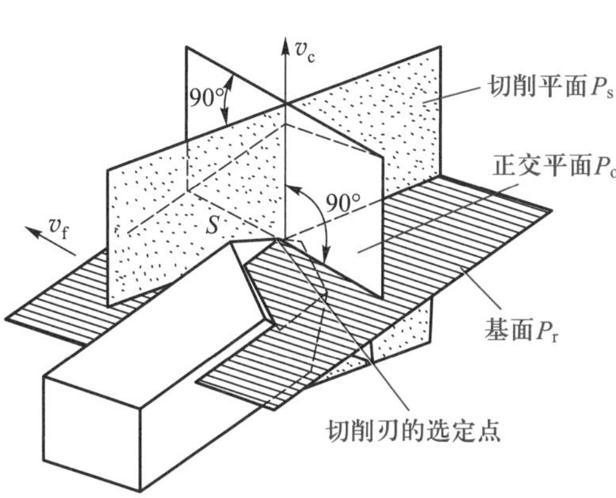

图 1-14　刀具的正交平面参考系

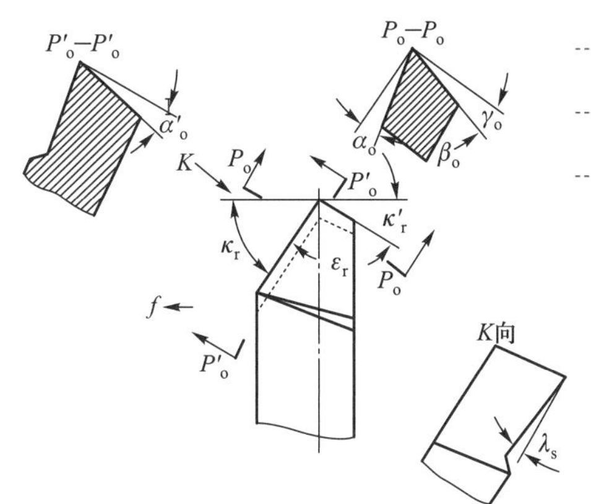

图 1-15　正交平面参考系中的标注角度

微课
刀具的几何角度

实验
车刀几何角度的测量

1) 在基面内定义的角度

① 主偏角 κ_r　过主切削刃上选定点,在基面内测量的切削刃与进给运动方向间的夹角,主偏角一般在 0°~90°之间。

② 副偏角 κ'_r　过副切削刃上选定点,在基面内测量的副切削刃与进给运动反方向间的夹角。

③ 刀尖角 ε_r 主、副切削刃在基面上的投影之间的夹角,它是派生角度。

$$\varepsilon_r = 180° - (\kappa_r + \kappa_r') \tag{1-9}$$

2）在正交平面内定义的角度

① 前角 γ_o 过主切削刃上选定点,在正交平面内测量的前面与基面之间的夹角。前面与基面平行时前角为零;刀尖位于前面最高点时,前角为正;刀尖位于前面最低点时,前角为负。前角表示刀具前面的倾斜程度,决定刀具的锋利程度。

② 后角 α_o 过主切削刃上选定点,在正交平面中测量的主后面与切削平面之间的夹角。刀尖位于后面最前点时,后角为正;刀尖位于后面最后点时,后角为负。

③ 楔角 β_o 前面与主后面之间的夹角,它是个派生角。它与前角、后角有如下的关系:

$$\beta_o = 90° - (\gamma_o + \alpha_o) \tag{1-10}$$

3）在切削平面内定义的角度

刃倾角 λ_s 过主切削刃上选定点,在切削平面中测量的主切削刃与基面间的夹角。图中 K 向视图即为车刀在切削平面上的投影图。当刀尖是主切削刃上最高点时,λ_s为正值;刀尖位于切削刃最低点时,λ_s 为负值;主切削刃与基面平行时,$\lambda_s = 0$。

4）在副切削平面内定义的角度

过副切削刃上选定点且垂直于副切削刃在基面上投影的平面称为副正交平面 P_o'。过副切削刃上选定点的切线且垂直于基面的平面称为副切削平面 P_s'。

副后角 α_o' 过副切削刃上选定点,在副正交平面 P_o'内测量的副后面与副切削平面之间的夹角。

上述的几何角度中,最常用的是主偏角 κ_r、副偏角 κ_r'、前角 γ_o、后角 α_o、刃倾角 λ_s和副后角 α_o',通常称为基本角度。这 6 个基本角度能完整地表达出车刀切削部分的几何形状,反映出刀具的切削特点。当主偏角 κ_r 和刃倾角 λ_s 确定后,主切削刃在空间的位置随之确定。在正交平面内,前角 γ_o 和后角 α_o 确定后,前面和主后面随之确定。副偏角 κ_r'和副后角 α_o'确定后副后面就随之确定。

3. 假定工作平面、背平面参考系及其标注角度

如图 1-16 所示,假定工作平面、背平面参考系的主要测量平面是假定工作平面P_f和背平面P_p。假定工作平面P_f是指过切削刃上选定点,垂直于该点基面,且同时包含进给运动方向的平面。背平面P_p是指过切削刃上选定点,垂直于该点基面和假定工作平面的平面。

相应地,在假定工作平面和背平面状态下刀具的角度也改变了,假定工作平面内前角、后角分别用γ_f、α_f表示,在背平面内则用γ_p、α_p表示,如图 1-17 所示。

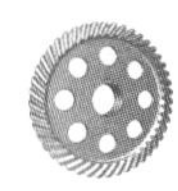

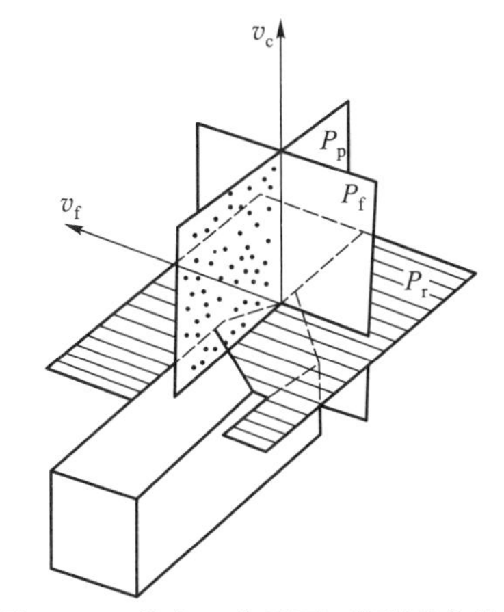

图 1-16 假定工作平面、背平面参考系

图 1-17 假定工作平面、背平面参考系的静止角度

4. 工作参考系及其标注角度

（1）工作参考系

实际工作中，往往因条件的变化而引起标注参考系中的各个坐标平面的位置发生变化，从而导致刀具实际工作角度不同于刀具的静止角度。因此，刀具切削加工时的实际几何参数就要在工作参考系中测量。以刀具与工件的实际相对位置和相对运动为基础，确定的刀具参考系称为工作参考系。工作参考系也分为正交平面工作参考系、法平面工作参考系及工作平面和背平面工作参考系等。

为合理表达切削过程中的刀具角度，按合成切削运动方向和实际安装情况来定义刀具的参考系，其符号应加注下标“e”，如图 1-18 所示。

正交平面工作参考系是由工作基面P_{re}、工作切削平面P_{se}和工作正交平面P_{oe}组成。工作基面P_{re}是指过切削刃上选定点并与合成切削速度v_e垂直的平面；工作切削平面P_{se}是指过切削刃上选定点与切削刃相切，并垂直于工作基面的平面；工作正交平面P_{oe}是指过切削刃上选定点并同时与工作基面和工作切削平面相垂直的平面。

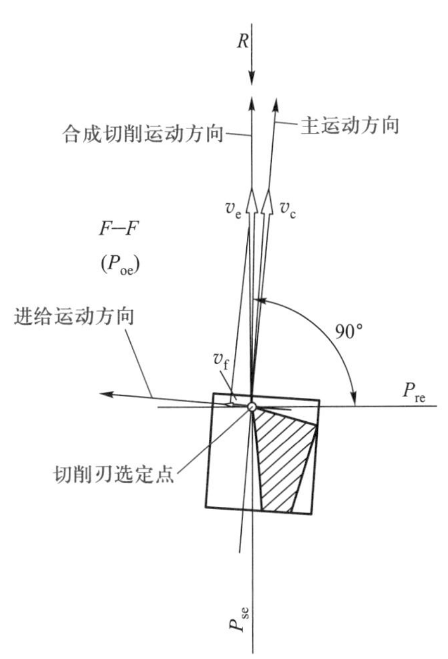

图 1-18 刀具工作参考系

（2）正交平面工作参考系中的标注角度

用工作参考系确定的刀具角度称为工作角度，又称为实际角度。在正交平面工作参考系中的工作角度分别用κ_{re}、κ'_{re}、γ_{oe}、α_{oe}、α'_{oe}、λ_{se}表示。

（3）实际工作情况对工作角度的影响

考虑进给运动和刀具在机床上的实际安装位置的影响，它们是切削过程中真正起作用的角度。在车削（切断、车螺纹、车丝杠）、镗孔、铣削等加工中，通常因刀

微课

刀具的工作角度及其影响

具工作角度的变化，对工件已加工表面质量或切削性能造成一定的影响。

1）进给运动对工作角度的影响

一般切削（如车外圆）时，进给速度远小于切削速度，此时刀具工作角度近似等于标注角度。但在进给速度较大时，改变了合成切削运动方向，工作角度就有较大改变。

① 横向进给的影响　切断、切槽、车端面等横向进给时，如图1-19所示，在背平面P_p内，因为刀具相对于工件的运动轨迹为阿基米德螺旋线，则合成的切削运动方向是它的切线方向，与主运动方向夹角为μ，刀具工作前、后角分别为：

$$\begin{cases}\gamma_{pe}=\gamma_p+\mu & (1-11)\\ \alpha_{pe}=\alpha_p-\mu & (1-12)\end{cases}$$

$$\tan\mu=\frac{v_f}{v_c}=\frac{f}{\pi d} \tag{1-13}$$

式中：f——刀具的横向进给量，mm/r；

d——切削刃上选定点处的工件直径，mm。

由上式看出，随着切削进行，切削刃越靠近工件中心，μ值越大，α_e越小，有时甚至达到负值，对加工有很大影响，不容忽视。

② 纵向进给的影响　车螺纹时，在假定工作平面P_f内，如图1-20所示，合成运动方向与主运动方向之间形成夹角μ_f，刀具左侧刃工作前、后角分别为：

$$\begin{cases}\gamma_{fe}=\gamma_f+\mu_f & (1-14)\\ \alpha_{fe}=\alpha_f-\mu_f & (1-15)\end{cases}$$

$$\tan\mu_f=\frac{v_f}{v_c}=\frac{f}{\pi d} \tag{1-16}$$

由上式看出，随着d的减小，左侧刀刃γ_{fe}将增大、α_{fe}将减小。右侧刃则相反。

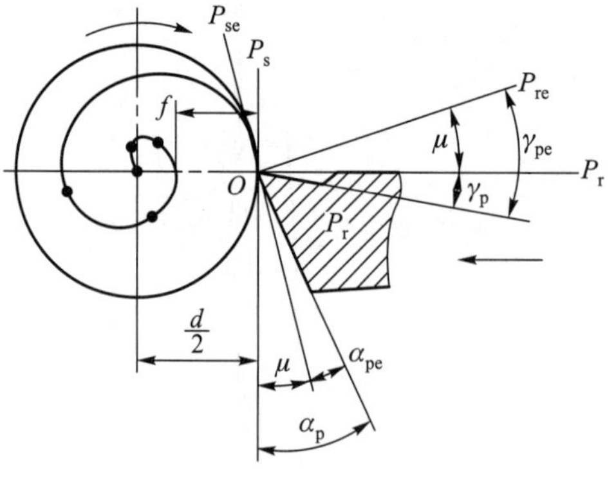

图1-19　横向进给运动对工作角度的影响

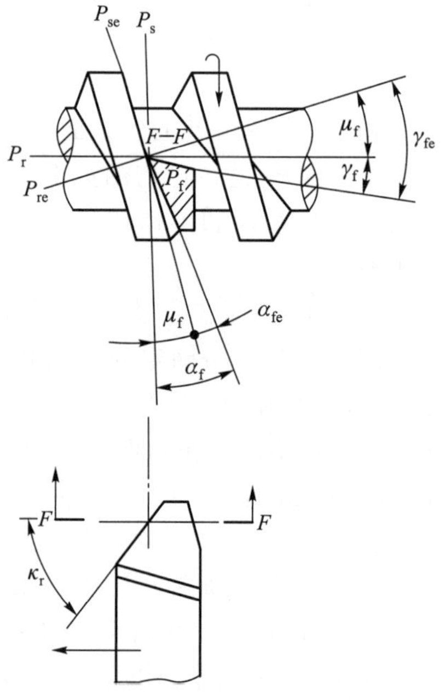

图1-20　纵向进给运动对工作角度的影响

2）刀具安装位置对工作角度的影响

① 刀尖安装高低的影响　如图 1-21 所示，$\lambda_s=0$ 的外圆车刀纵车外圆情况，刀尖高于或低于工件的中心线时，工作基面与基面之间有夹角 θ。这时，车刀的工作角度的变化为：

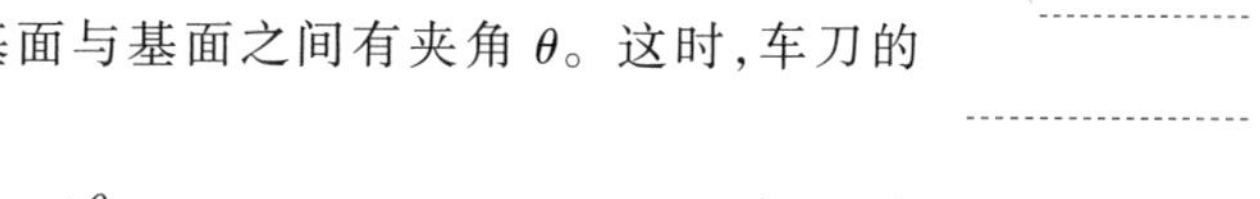

$$\begin{cases}\gamma_{oe}=\gamma_o\pm\theta & (1-17)\\ \alpha_{oe}=\alpha_o\mp\theta & (1-18)\end{cases}$$

$$\sin\theta=\frac{2h}{d} \qquad (1-19)$$

式中：h——刀尖高于工件中心线的数值，mm；

d——切削刃上选定点处的工件直径，mm。

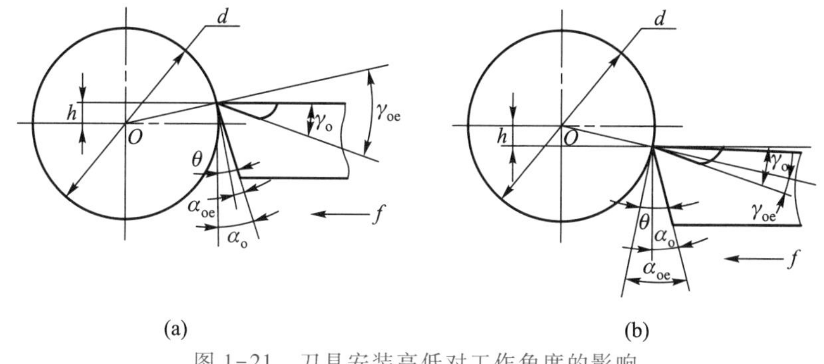

图 1-21　刀具安装高低对工作角度的影响

当刃倾角 $\lambda_s\neq0$ 时，即使刀尖与工件中心线等高，但切削刃上选定点高于或低于工件的中心线，刀具的工作角度也会产生变化。

② 刀柄安装偏斜对工作角度的影响　在车削时会出现刀柄与进给方向不垂直的情况，如图 1-22 所示，刀柄垂线与进给方向产生 θ 角的偏转，将引起工作主偏角 κ_{re} 和工作副偏角 κ_{re}' 的变化。这时，在基面内，刀具的工作主偏角和工作副偏角的变化为：

$$\begin{cases}\kappa_{re}=\kappa_r\pm\theta & (1-20)\\ \kappa_{re}'=\kappa_r'\mp\theta & (1-21)\end{cases}$$

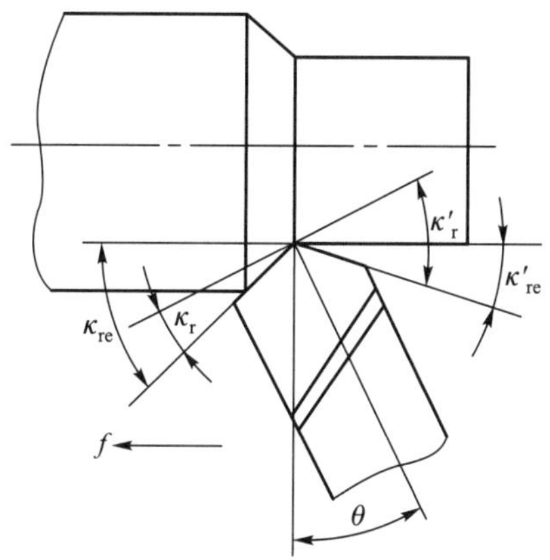

图 1-22　刀柄安装偏斜对工作角度的影响

1.4.4 刀具材料

刀具材料指的是刀具切削部分的材料。在切削加工中,刀具的切削部分直接完成切除余量和形成已加工表面的任务。刀具材料是工艺系统中影响加工效率和加工质量的重要因素,也是最灵活的因素。采用合理的刀具材料可大大提高切削加工生产率,降低刀具的消耗,保证加工质量。

1. 刀具材料应具备的性能

① 硬度和耐磨性 刀具材料的硬度应比工件材料的硬度高,一般常温硬度要求60HRC以上。刀具材料应具有较强的耐磨性。材料硬度越高,耐磨性也越好。刀具材料含有耐磨的合金碳化物越多,分布越均匀,晶粒越细则耐磨性越好。切削过程中为了抵抗刀具不断受到切屑和工件的摩擦引起的磨损,刀具材料必须具有高的耐磨损性能。

② 强度和韧性 切削工件时,刀具要承受很大的切削抗力,为了不产生脆性破坏和塑性变形,必须有足够的强度。在切削不均匀的加工余量或断续加工时,刀具受很大的冲击载荷,脆性大的刀具材料易产生崩刃和打刀,因此要求刀具有足够的冲击韧性和疲劳强度。

③ 耐热性 指在高温下能保持高硬度的能力,以适应切削速度提高的要求。

④ 导热性和耐热冲击性 刀具材料应具有良好的导热性,以便切削时产生的热量能迅速散走。为适应断续切削时瞬间反复的热冲击力形成的热应力和机械冲击形成的机械应力,刀具材料应具有良好的耐热冲击性能。

⑤ 抗黏结性 防止工件与刀具材料分子间在高温高压下互相吸附产生黏结。

⑥ 化学稳定性 指在高温下,刀具材料不易与周围介质发生化学反应。

⑦ 良好的工艺性 为便于制造,刀具材料应具备较好的被加工性能,例如热处理性能、高温塑性、可磨削加工性及焊接工艺性等。

⑧ 经济性 经济性是评定刀具材料的重要指标之一。有的材料虽然单件成本很高,但因其使用寿命长,分摊到每个零件上成本不一定很高。

2. 几种常见的刀具材料

(1) 高速钢

高速钢是指含有W(钨)、Mo(钼)、Cr(铬)、V(钒)合金元素的合金工具钢。常用于小型复杂刀具,如钻头、拉刀、成形刀具等。高速钢可用于加工的材料范围也很广泛,包括有色金属、铸铁、碳钢、合金钢等。

高速钢按性能分类,分为低合金高速钢、普通高速钢和高性能高速钢;按化学成分可分为钨系和钨钼系。下面介绍几种常用的高速钢:

① 普通高速钢 代号HSS,使用最多的普通高速钢是W18Cr4V、W6Mo5Cr4V2及W9Mo3Cr4V钢,含碳量为0.7%~0.9%,硬度为63~66HRC,不适于高速和硬材料切削。

W18Cr4V(简称W18) 属钨系高速钢,具有高的硬度、红硬性及高温硬度。其热处理范围较宽淬火不易过热,热处理过程不易氧化脱碳,磨削加工性能较好。该钢在500℃及600℃时硬度分别为63～64HRC及62～63HRC，对于大量的一般被加工材料具有良好的切削性能。但其碳化物偏析严重，热塑性低，合金元素含量多，成本高。

W6Mo5Cr4V2（简称W6） 属钼系高速钢，韧性、耐磨性、热塑性均优于W18Cr4V，而硬度、红硬性、高温硬度与W18Cr4V相当，磨削性能较差，当刀具温度高达500～600℃时，硬度仍无明显下降，能以比低合金刀具钢更高的速度进行切削，主要用于制造切削速度高、负荷重、工作温度高的各种切削刀具，如车刀、铣刀、滚刀、刨刀、拉刀、钻头、丝锥等。

W9Mo3Cr4V（简称W9） 它是根据我国资源情况研制的含钨量较多、含钼量较少的钨钼钢，其冶金质量、工艺性能兼有W18Cr4V钢和W6Mo5Cr4V2钢的优点，并避免或明显减轻了二者的主要缺点，生产成本较W18和W6都低。该钢有较好的硬度和韧性，其热塑性也很好，碳化物不均匀性介于W18和W6之间，焊接性能、磨削加工性能都较好，磨削效率比W6高20%，表面粗糙度值也小。制成的机用锯条、大小钻头、拉刀、滚刀、铣刀、丝锥等工具的使用寿命较W18刀具的高，等于或较高于W6刀具的使用寿命，插齿刀的使用寿命与W6刀具相当，制造的滚压滚丝轮对高温合金进行滚丝时收到效果显著。

② 高性能高速钢 代号HSS-E，它指在普通高速钢中加入一些合金，如Co、Al等，使其耐热性、耐磨性又有进一步提高，热稳定性高。但综合性能不如通用高速钢，不同牌号的高性能高速钢只有在各自规定的切削条件下，才能达到良好的加工效果。高性能高速钢的应用水平正不断提高，如发展低钴高碳钢W12Mo3Cr4V3Co5Si、含铝的超硬高速钢W6Mo5Cr4V2Al、W10Mo4Cr4V3Co8，提高韧性、热塑性、导热性，其硬度达67～69HRC，可用于制造出口钻头、铰刀、铣刀等。

③ 粉末冶金高速钢 分为高性能粉末冶金高速钢（代号HSS-E-PM）和普通粉末冶金高速钢（代号HSS-PM）。可用于加工超高强度钢、不锈钢、钛合金等难加工材料。用于制造大型拉刀和齿轮刀具，特别是切削时受冲击载荷的刀具效果更好。

（2）硬质合金

它是用高硬度、难熔的金属化合物（WC、TiC等）微米数量级的粉末与Co、Mo、Ni等金属黏结剂烧结而成的粉末冶金制品。其高温碳化物含量超过高速钢，具有硬度高（大于89HRC）、熔点高、化学稳定好、热稳定性好的特点，硬质合金刀具的切削速度比高速钢高4～10倍，切削效率是高速钢刀具的5～10倍，因此，现在硬质合金刀具是主要的刀具材料。但其韧性差，脆性大，承受冲击和振动能力低。同时刃口不易磨锋利，不适于制造刃形复杂的刀具。因此，硬质合金不能完全取代高速钢。

① K类，相当于原国家标准代号YG类 常用牌号有K10、K20、K20等。此类硬质合金是以WC为基，以Co作黏结剂，或添加少量TaC、NbC的合金/涂层合金制造而成，其硬度和耐磨性较差，主要用于短切屑材料的加工，如铸铁、冷硬铸铁、灰口铸铁的加工。

② P 类，相当于原国家标准代号 YT 类 常用牌号有 P01、P10 等。此类硬质合金是以 TiC、WC 为基，以 Co(Ni+Mo、Ni+Co)作黏结剂的合金/涂层合金制造而成，其硬度和耐磨性都明显提高，但韧性、抗冲击振动性差，主要用于长切屑材料的加工，如钢、铸钢、长切削可锻铸铁等的加工。

③ M 类，相当于原国家标准代号 YW 类 常用牌号有 M10、M20 等。此类硬质合金是以 WC 为基，以 Co 作黏结剂，添加少量 TiC(TaC、NbC)的合金/涂层合金制造而成，属于通用合金，用于不锈钢、铸钢、锰钢、可锻铸铁、合金钢、合金铸铁等的加工。

(3) 新型刀具材料

① 涂层刀具　采用化学气相沉积(CVD)或物理气相沉积(PVD)法，在硬质合金或其他材料刀具基体上涂覆一薄层耐磨性高的难熔金属(或非金属)化合物而得到的刀具材料，较好地解决了材料硬度及耐磨性、强度及韧性的矛盾。

涂层刀具的镀膜可以防止切屑和刀具直接接触，减小摩擦，降低各种机械热应力。使用涂层刀具，可缩短切削时间，降低成本，减少换刀次数，提高加工精度，且刀具寿命长。涂层刀具可减少或取消切削液的使用。

常用的涂层材料有 TiN、TiC、Al_2O_3 和超硬材料涂层。在切削加工中，常见的涂层均以 TiN 为主，但其在切削高硬材料时，存在着耐磨性高、强度差的问题，且涂层易剥落。采用特殊性能基体，涂以 TiN、TiC 和 Al_2O_3 复合涂层，可使基体和涂层得到理想匹配，具有高抗热振性和韧性，且表层耐磨性高。涂层与基体间有一富钴层，可有效提高抗崩损破坏能力，可加工各种结构钢、合金钢、不锈钢和铸铁，干切或湿切均可正常使用。超硬材料涂层刀片，可加工硅铝合金、铜合金、石墨、非铁金属及非金属，其应用范围从粗加工到精加工，寿命比硬质合金提高10~100 倍。

涂层材料的基体一般为粉末冶金高速钢或新牌号硬质合金。对于孔加工刀具材料，用粉末冶金高速钢及硬质合金为基体的涂层刀具，可进行高速切削。如涂层硬质合金钻头，钻削速度达 240m/min，主轴转速为 8 000 r/min，钻一个孔仅用 1s，钻头磨损轻微，表面粗糙度 *Ra*6.4 μm。

近年来，随着现代化加工中心及精密机床的发展，要求切削工具也要适应并实现高速高精度化的要求。一种可进行高速铣削的(切削速度达 600 m/min)刀片，涂层多达 2 000 层，涂层物质为 TiN 和 AlN 二者交互涂镀，每层镀膜厚 1 nm，其硬度高达 4 000 HV，与一般涂层刀具相比，工具寿命明显延长。

② 陶瓷刀具材料　常用的陶瓷刀具材料是以从 Al_2O_3 或 Si_3N_4 为基体成分在高温下烧结而成的。其硬度可达 91~95 HRA，耐磨性比硬质合金高十几倍，适于加工冷硬铸铁和淬硬钢；在 1200℃ 高温下仍能切削，高温硬度可达 80HRA，在 540℃ 时为 90HRA，切削速度比硬质合金高 2~10 倍；具有良好的抗黏结性能，使它与多种金属的亲和力小；化学稳定性好，即使在熔化时，与钢也不起相互作用；抗氧化能力强。

陶瓷刀具最大的缺点是脆性大、强度低、导热性差。采用提高原材料纯度，喷雾制粒，真空加热，亚微细颗粒，热压(HP)静压(HIP)工艺，加入氧化物、碳化物、氮化物、硼化物及纯金属等，可提高陶瓷刀具性能。

Al_2O_3 基陶瓷刀具是采用在 Al_2O_3 中加入一定比例（15%～30%）TiC 和一定量金属如 Ni、Mo 等制成的刀具，可提高抗弯强度及断裂韧性，抗机械冲击和耐热冲击能力也得以提高，适用于各种铸铁及钢料的精加工和粗加工。此类牌号有 M16、SG3、AG2 等。

Si_3N_4 基陶瓷刀具比 Al_2O_3 基陶瓷刀具具有更高的强度、韧性和疲劳强度，有更高的切削稳定性。其热稳定性更高，在 1 300～1 400 ℃时仍能正常切削，且允许更高的切削速度。导热系数为 Al_2O_3 基陶瓷刀具的 2～3 倍，因此耐热冲击能力更强。此类刀具适于端铣和切有氧化皮的毛坯工件等。此外，可对铸铁、淬硬钢等高硬材料进行精加工和半精加工。此类牌号有 SM、7L、105、FT80、F85 等。

在 Si_3N_4 中加入 Al_2O_3 等形成的新材料称为塞隆（Sialon）陶瓷，它是迄今陶瓷刀具材料中强度最高的，断裂韧性也很高，其化学稳定性、抗氧化性能力都很好。有些品种的强度甚至随温度升高而升高，称为超强度材料，是高速粗加工铸铁及镍基合金的理想刀具材料。

此外，还有其他陶瓷刀具，如 ZrO_2 陶瓷刀具可用来加工铝合金、铜合金；TiB_2 刀具可用来加工汽车发动机精密铝合金件。

（4）超硬刀具材料

它是有特殊功能的材料，是金刚石和立方氮化硼的统称，用于超精加工及硬脆材料加工。它们可用来加工任何硬度的工件材料，包括淬火硬度达 65～67HRC 的工具钢，有很高的切削性能，切削速度比硬质合金刀具提高 10～20 倍，且切削时温度低，超硬材料加工的表面粗糙度值很小，切削加工可部分代替磨削加工，经济效益显著提高。

① 金刚石　金刚石有天然及人造两类，除少数超精密及特殊用途外，工业上多使用人造金刚石作为刀具及磨具材料。

金刚石具有极高的硬度，比硬质合金及切削用陶瓷高几倍。磨削时金刚石的研磨能力很强，耐磨性比一般砂轮高 100～200 倍，且随着工件材料硬度增大而提高。金刚石具有很高的导热性，刃磨非常锋利，粗糙度值小，可在纳米级稳定切削。金刚石刀具具有较低的摩擦系数，可以保证较好的工件质量。

金刚石刀具主要用于加工各种有色金属，如铝合金、铜合金、镁合金等，也可用于加工钛合金、金、银、铂、各种陶瓷和水泥制品；对于各种非金属材料，如石墨、橡胶、塑料、玻璃及其聚合材料的加工效果都很好。金刚石刀具超精密加工广泛用于加工激光扫描器和高速摄影机的扫描棱镜、特形光学零件、电视、录像机、照相机零件、计算机磁盘等，而且随着晶粒不断细化，还可用来制作切割用水刀。

② 立方氮化硼　其有很高的硬度及耐磨性，仅次于金刚石；热稳定性比金刚石高 1 倍，可以高速切削高温合金，切削速度比硬质合金高 3～5 倍；有优良的化学稳定性，适于加工钢铁材料；导热性比金刚石差但比其他材料高得多，抗弯强度和断裂韧性介于硬质合金和陶瓷之间。用立方氮化硼刀具可加工以前只能用磨削方法加工的特种钢，它还非常适合数控机床加工。

1.5　工件概述

1.5.1　概述

工件是机械加工过程中被加工对象的总称，任何一个工件都经过由毛坯到成品的过程。工件的毛坯加工表面类型、结构特征以及技术要求等都直接影响加工的方法、刀具的选择以及夹具的设计等，即加工时考虑到各方面因素，才能正确确定加工工艺和加工方法。

1. 工件的毛坯

毛坯是工件的基础，毛坯的种类和质量对机械加工的质量有很大影响，如在确定毛坯时，充分注意利用新工艺、新技术、新材料的可能性，使毛坯质量提高，以节约机械加工劳动量，提高工件加工质量。

2. 工件表面的构成

工件的表面一般由多种几何形状构成，如图 1-23 所示，该轴由几个回转表面构成，其中 D_2、D_4 是配合轴径表面，D_1、D_5 是支承轴径表面，它们是工作表面，其余各面起连接工作表面的作用。因此，从使用要求来看，每个工件都有一个或几个表面直接影响其使用性能，这些表面是主要表面，其他属于辅助表面。机械加工工艺系统就是为了保证主要表面的加工要求。又如箱体零件的安装基面和支承孔是主要加工表面，其他属于支持、连接表面。

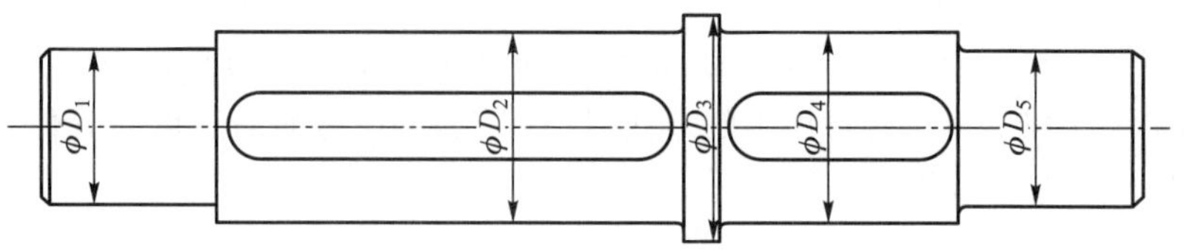

图 1-23　工件的表面构成

3. 工件的质量要求

工件质量包括加工精度和表面质量两方面。加工精度指工件加工后的几何参数（尺寸、形状和位置）与规定的理想零件的几何参数符合的程度，符合程度越高，加工精度也越高。具有绝对准确参数的零件叫理想零件。从实际出发，没有必要把零件做得绝对精确，只要保证其功能，精度保持在一定范围即可。工件表面质量指加工后表面的微观几何性能和表层的物理、力学性能。包括表面粗糙度、波度、表层硬化、残余应力等，它们直接影响零件的使用性能。

工件是机械加工工艺系统的核心。获得毛坯的方法不同，工件结构不同，切削加工方法也有很大差别。例如，用精密铸造和锻造、冷挤压等制造的毛坯只要少量的机械加工，甚至不需加工。

工件的形状和尺寸对工艺系统有影响，工件形状愈复杂，被加工表面数量愈多，则制造愈困难，成本愈高。在可能的范围内，应采用最简单的表面及其组合来构成。加工精度和表面粗糙度的等级应根据实际要求确定，等级越高越需要复杂工具和设备，费用就越大，在能满足工作要求的前提下，具有最低加工精度和粗糙度等级的零件其工艺性最好。

1.5.2 工件的安装和基准

工件在夹具上定位和夹紧的过程称安装。常用的安装方法有直接找正定位的安装、按划线找正的安装和用夹具找正的安装。

为了保证工件的正确安装,必须在工件上选定合理的安装定位基准。在设计零件时,也必须根据功能的要求,选择合理的设计基准。所谓基准就是工件上用来确定其他点、线、面的位置的那些点、线、面。一般用中心线、对称线或平面来做基准。因而选择基准,包括选择用于确定工件上各点、线、面位置的设计基准,确定工件在夹具上位置的定位基准,检验时的测量基准,装配时确定零部件在整机中位置的装配基准。其中定位基准、装配基准、测量基准称为工艺基准。作为基准的点、线、面在工件上不一定具体存在,因而常由一些具体的表面来体现,这些表面就称为基面。例如,在车床上用三爪自定心卡盘加持一根圆柱轴,实际定位表面是外圆柱面,而它所体现的定位基准是这根圆轴的轴心线。

知识的梳理

本单元的内容是学习现代机械制造技术的基础。介绍了机械制造过程、机械加工运动、机械加工设备、刀具等基本知识,要能正确理解相关的基本概念,熟悉工艺过程、切削运动、切削用量的相关知识,了解机床的分类、基本构造和机床的基本传动方式,重点掌握切削刀具的几何参数。本单元内容直观性、实践性很强,在学习时可与“工程材料与热加工”“机械设计基础”课程的有关内容相结合,根据具体情况有选择性地进行。

思考与练习

1-1 什么是生产过程、工艺过程、机械加工工艺过程?

1-2 什么是生产纲领?

1-3 简述各种生产组织类型的特点。

1-4 简述机器制造过程的基本组成。

1-5 什么叫简单成形运动?什么叫复合成形运动?其本质区别是什么?

1-6 什么是工件表面的发生线?它的作用是什么?

1-7 车外圆时工件加工前直径为 62 mm,加工后直径为 58 mm,工件转速为 480 r/min,刀具每秒钟沿工件轴向移动 2 mm,工件加工长度为 110 mm,切入长度为 3 mm,求 v、f、a_p 和切削工时 t。

1-8 举例说明通用机床、专门化机床和专用机床的主要区别是什么?它们的适用范围怎样?

1-9 解释下列机床型号的含义:

X6132　　B6063　　CK6132B　　M1432　　Z3040

1-10 什么叫外联系传动链?什么叫内联系传动链?其本质区别是什么?

1-11 画出题 1-11 图示螺纹铣削的传动原理图,并说明为实现所需成形运动,需有几条传动链?

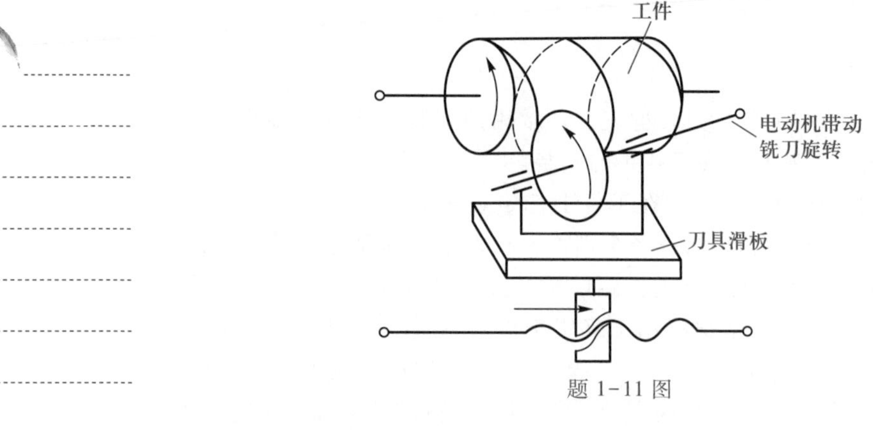

题 1-11 图

1-12　刀具切削部分应具备哪些性能？

1-13　如题 1-13 图所示为切断刀与镗孔刀工作状态示意图，请在图中注明刀具的三面、两刃、一尖及刀具几何角度。

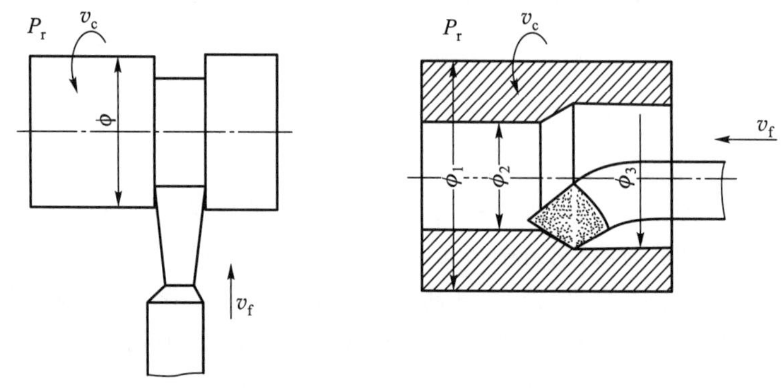

题 1-13 图

1-14　分析内孔镗刀刀具安装高低的工作角度变化，并在题 1-14 图中标注。

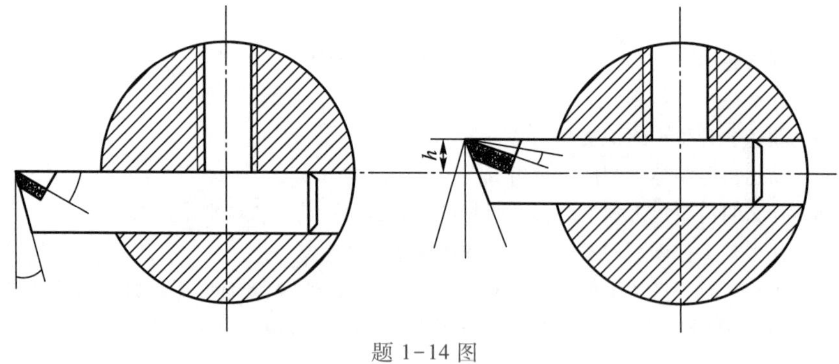

题 1-14 图

1-15　车削外径为 36 mm、内径为 29 mm、螺距为 6 mm 的梯形螺纹时，若使用刀具前角为 0°，左刃后角为 12°，右刃后角为 6°，试问左右刃工作前、后角是多少？

单元二　金属切削过程

知识要点

1. 金属切削的过程概述；

2. 切削变形、切削力、切削温度、刀具磨损及耐用度等对金属切削过程的影响规律；

3. 金属切削过程基本规律的应用。

技能目标

1. 掌握金属切削过程及其基本规律；

2. 掌握金属切削过程基本规律的应用；

3. 初步掌握根据机床、刀具、夹具等实际条件查阅相关手册确定各种切削加工参数的方法；

4. 了解金属加工过程中的各种物理现象，如切削力、切削热、刀具磨损、积屑瘤、鳞刺等。

2.1　金属切削过程概述

金属切削过程是指通过切削运动，刀具从工件上切下多余的金属层，形成切屑和已加工表面的过程。即被加工工件的切削层在刀具前面推挤下产生塑性变形，形成切屑而被切下来的过程。在这个过程中产生一系列现象，如切屑、切削力、切削热、切削温度和刀具磨损等，这些现象产生的根本原因是切削过程中的弹性变形和塑性变形。讨论这些现象，学习这些规律，对于合理选择金属切削条件，分析解决切削加工中质量、效率等问题具有重要意义。

微课

切削层及相关参数

2.1.1　切削层及相关参数

切削层是指由切削部分的一个单动作或指切削部分走过工件的一个单程，或指只产生一圈过渡表面的动作所切除的工件材料层。以车削加工为例，如图 2-1 所示，工件转一转，车刀沿工件轴向移动一个进给量 f（单位为 mm/r）。这时，刀具切过工件的一个单程所切除的工件材料称为切削层。在刀具基面内度量的切削层的参数称为切削层参数。切削层的参数有如下几个。

（1）切削层公称厚度 a_c

过切削刃选定点垂直于过渡表面度量的切削层尺寸为切削层公称厚度，简称切削厚度，单位为 mm。

$$a_c = f\sin\kappa_r \tag{2-1}$$

（2）切削层公称宽度 a_w

沿着过渡表面度量的切削层尺寸为切削层公称宽度，简称切削宽度，单位为 mm。

$$a_w=\frac{a_p}{\sin\kappa_r} \tag{2-2}$$

可见，在 f 与 a_p 一定的条件下，主偏角 κ_r 越大，切削厚度 a_c 越大，切削宽度 a_w 越小；κ_r 越小时，a_c 越小，a_w 越大；当 $\kappa_r=90°$ 时，$a_c=f$，$a_w=a_p$，切削层为一矩形，如图 2-1c~e 所示。因此，在切削用量中 f 和 a_p 两个要素又称为切削层的工艺参数。

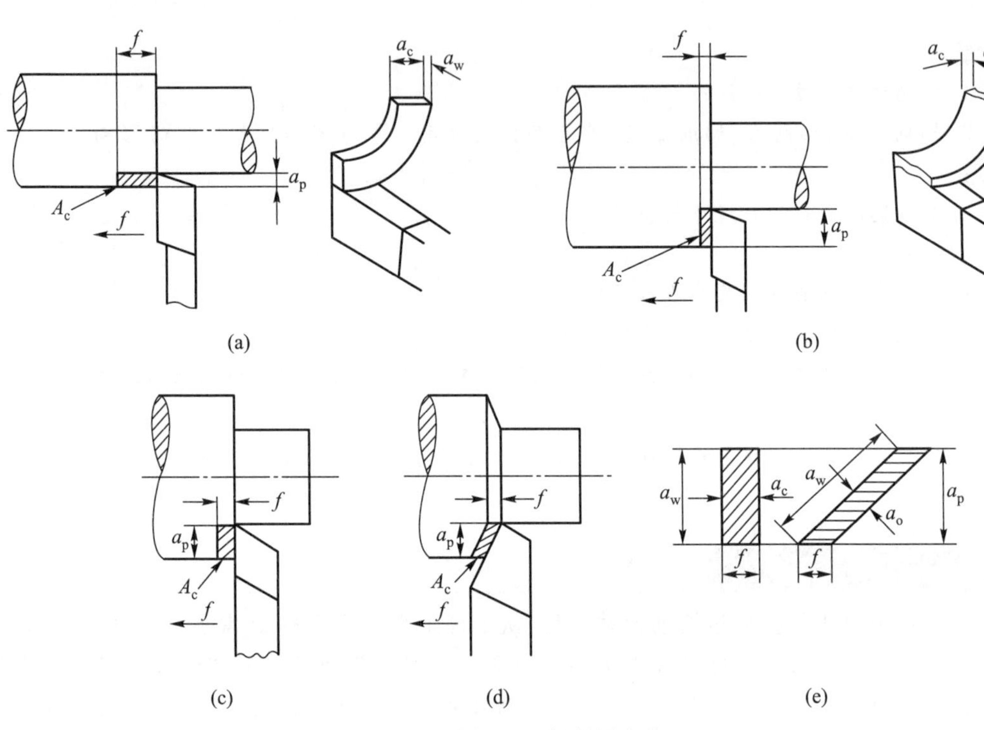

图 2-1　切削层参数

（3）切削层公称横截面面积 A_c

在切削层投影平面里度量的横截面面积为切削层公称横截面面积，简称切削面积，单位为 mm^2。

$$A_c=a_c a_w=fa_p \tag{2-3}$$

切削层参数是切削过程研究的重要参数，切削过程的各种物理现象也主要发生于切削层内。掌握切削层的基本概念和物理实质，对研究切削过程中的切屑变形、刀具磨损等有着重要的意义。

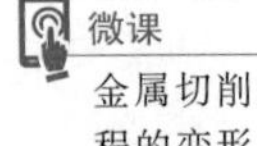
微课
金属切削过程的变形

2.1.2　金属切削过程的变形

如图 2-2 所示，塑性金属材料在刀具的作用下，会沿与作用力成 45°角的方向产生剪切滑移变形，并当变形达到一定极限时就会沿着变形方向产生剪切滑移破坏。若刀具连续运动，虚线以上的材料就会在刀具的作用下与下方材料分离，产生切削变形。

金属在切削过程中主要产生剪切和滑移变形，图 2-3 表示了金属的滑移线和流动轨迹，其中横向线是金属流动轨迹线，纵向线是金属的剪切滑移线。金属

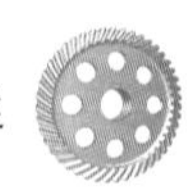

切削过程的塑性变形通常可以划分三个变形区，各区特点如下：

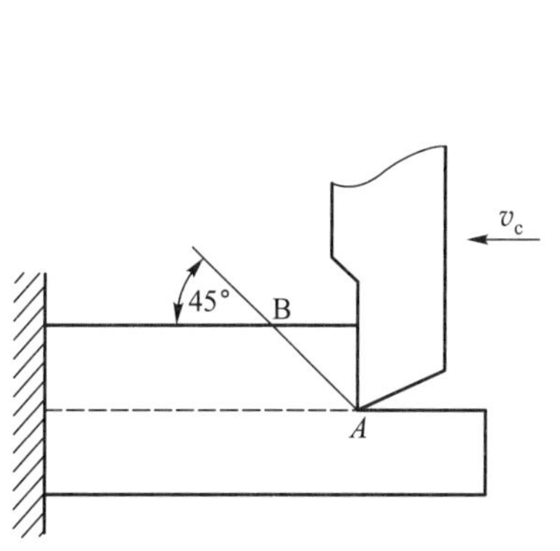

图 2-2 塑性金属材料的剪切破坏

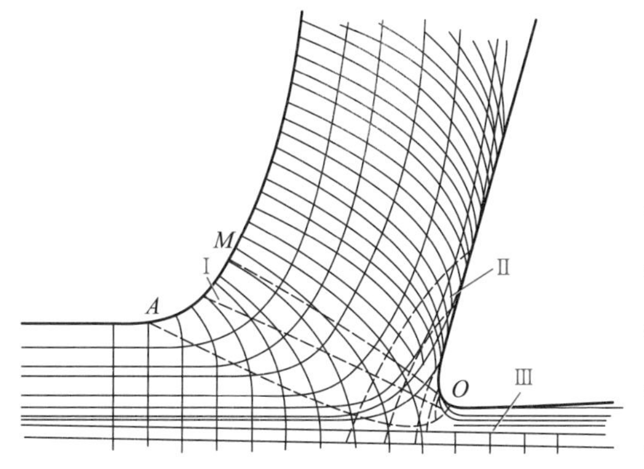

图 2-3 金属切削过程中滑移线与流线

（1）第Ⅰ变形区

切削层金属从开始塑性变形到剪切滑移基本完成，这一过程区域称为第Ⅰ变形区。第Ⅰ变形区是金属切削变形过程中最大的变形区，此区域较窄，宽度仅 0.02～0.2 mm。工件材料在刀具前面挤压作用下，从图中 *OA* 线开始发生塑性变形到 *OM* 线晶格的剪切滑移基本完成为止，在这个区域内，金属将产生大量的切削热。这一区域是切削过程中的主要变形区，又称剪切区。

（2）第Ⅱ变形区

产生塑性变形的金属切削层材料经过第Ⅰ变形区后沿刀具前面流出，在靠近前面处形成第Ⅱ变形区。切屑沿前面滑移排出时紧贴前面的底层金属进一步受前面的挤压阻滞和摩擦，再次剪切滑移变形而纤维化。因其变形主要是摩擦引起的，故这一区域又称摩擦变形区。

（3）第Ⅲ变形区

金属切削层在已加工表面受刀具刀刃钝圆部分的挤压与摩擦而产生塑性变形部分的区域。已加工表面受到切削刃纯圆部分与后面的挤压、摩擦和回弹，造成纤维化和加工硬化。第Ⅲ变形区直接影响已加工表面的质量和刀具的磨损。这一区域又称挤压、摩擦、回弹变形区。

2.1.3 切屑的类型

切屑层经过第Ⅰ变形区形成了切屑。根据切削层金属的变形特点和变形程度不同，切屑可分为四类。如图 2-4 所示。

（1）带状切屑

此类切屑的特点是形状为带状，内表面比较光滑，外表面可以看到剪切面的条纹，呈毛茸状，如图 2-4a 所示。这是加工塑性金属时最常见的一种切屑。一般切削厚度较小，切削速度高，刀具前角大时，容易产生这类切屑。

（2）节状切屑

挤裂切屑形状与带状切屑差不多，不过它的外表面呈锯齿形，内表面一些地

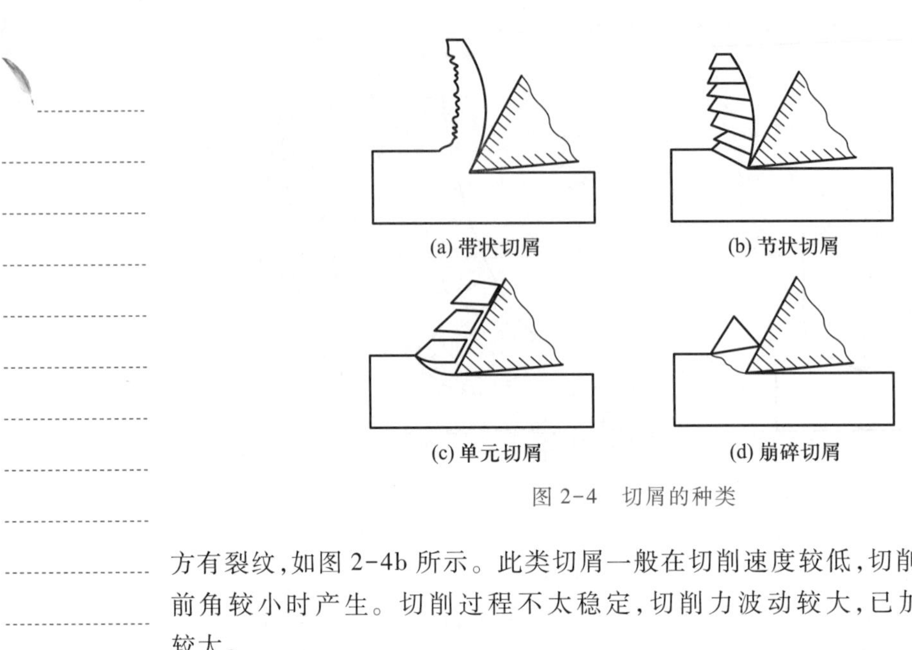

图 2-4　切屑的种类

方有裂纹,如图 2-4b 所示。此类切屑一般在切削速度较低,切削厚度较大,刀具前角较小时产生。切削过程不太稳定,切削力波动较大,已加工表面粗糙值较大。

(3) 单元切屑

在切削速度很低,切削厚度很大的情况下,切削钢以及铅等材料时,由于剪切变形完全达到材料的破坏极限,切下的切削断裂成均匀的颗粒状,成为梯形的单元切屑,如图 2-4c 所示。这种切屑类型较少。此时切削力波动最大,已加工表面粗糙值较大。

(4) 崩碎切屑

如图 2-4d 所示,此类切屑为不连续的碎屑状,形状不规则,而且加工表面也凹凸不平。主要在加工白口铁、高硅铸铁等脆硬材料时产生。不过对于灰铸铁和脆铜等脆性材料,产生的切屑也不连续,由于灰铸铁硬度不大,通常得到片状和粉状切屑,高速切削甚至为松散带状,这种脆性材料产生切屑可以算中间类型切屑。这时已加工工件表面质量较差,切削过程不平稳。

以上切屑虽然与加工不同材料有关,但加工同一种材料采用不同的切削条件也将产生不同的切屑。如加工塑性材料时,一般得到带状切屑,但如果前角较小,速度较低,切削厚度较大时将产生节状切屑;如前角进一步减小,再降低切削速度,或加大切削厚度,则得到单元切屑。切削如铸铁等脆性金属材料时,若切削层金属未经明显的塑性变形,就在弯曲拉应力作用下脆断,则得到不规则的细粒状切屑,这时已加工工件表面质量较差,切削过程不平稳。

生产中常利用切屑类型转化的条件,控制切屑的形状和尺寸,达到断屑和卷屑目的。

微课
积屑瘤的形成及其对加工过程的影响

2.1.4　积屑瘤的形成及其对加工过程的影响

1. 积屑瘤的形成

在切削速度不高而又能形成连续切削,加工一般钢材或其他塑性材料时,常在前面切削处粘着一块剖面呈三角形的硬块,它能代替刀面和刀刃进行切削,这

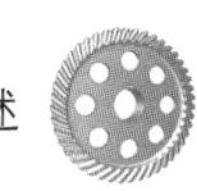

就是积屑瘤。它是由切屑在刀具的前面上黏结摩擦形成的,如图 2-5 所示。

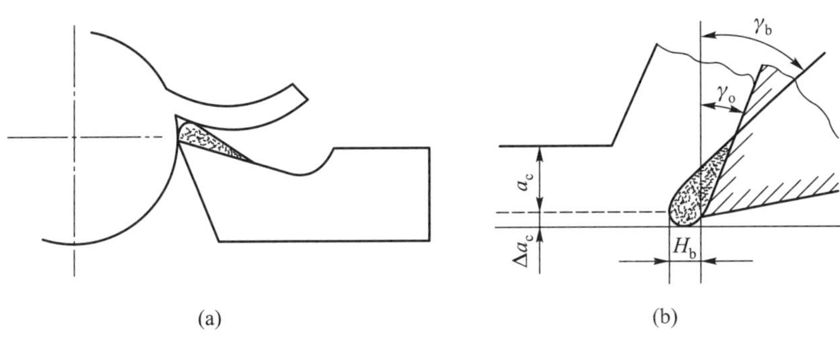

图 2-5 积屑瘤

积屑瘤的产生不但与材料的塑性有关,而且也与刀刃前区的温度和压力有关。一般材料的塑性越强,越容易产生积屑瘤;温度与压力太低不会产生积屑瘤,温度太高也不会产生积屑瘤。

2. 积屑瘤对切削过程产生的影响

积屑瘤硬度很高,是工件材料硬度的 2~3 倍,能同刀具一样对工件进行切削。在切削过程中产生的影响如下:

(1) 实际刀具前角增大

由于积屑瘤的黏附,刀具前角增大可减小切削力,对切削过程有积极的作用。而且,切削瘤的高度 H_b越大,实际刀具前角也越大,切削更容易。

(2) 实际切削厚度增大

当切削瘤存在时,实际的金属切削层厚度比无切削瘤时增加了 Δa_c,显然,这对工件切削尺寸的控制是不利的。而且切削瘤还在不停地变化,因此 Δa_c也并不固定,这样就可能在加工过程中产生振动。

(3) 加工后表面粗糙度增大

积屑瘤本身是一个变化的过程。积屑瘤的底部一般比较稳定,而它的顶部极不稳定,经常会破裂,然后再形成。破裂的一部分随切屑排除,而另一部分仍留在加工表面上,使加工表面变得非常粗糙。因此,如果想提高表面加工质量,则必须控制积屑瘤的产生。

(4) 切削刀具的耐用度降低

从积屑瘤在刀具上的黏附来看,积屑瘤应该对刀具有保护作用,它代替刀具切削,减少了刀具磨损。但是积屑瘤的黏附是不稳定的,它会周期性的从刀具上脱落,当它脱落时,可能使刀具表面金属剥落,从而使刀具磨损加大。对于硬质合金刀具这一点表现尤为明显。

3. 避免积屑瘤产生的措施

根据积屑瘤产生的原因可以知道,积屑瘤是切屑与刀具前面摩擦,在摩擦温度达到一定程度时,切屑与前面接触层金属发生加工硬化产生的,因此可以采取以下几个方面的措施来避免积屑瘤的发生。

① 首先从加工前的热处理工艺阶段解决。通过热处理,提高工件材料的硬

度，降低材料的加工硬化。

② 调整刀具角度，增大前角，从而减小切屑对刀具前面的压力。

③ 降低切削速度，使切削层与刀具前面接触面温度降低，避免黏结现象的发生。

④ 采用较高的切削速度，增加切削温度，因为温度高到一定程度，积屑瘤也不会产生。

⑤ 更换切削液，采用润滑性能更好的切削液，减少切削摩擦。

2.1.5　鳞刺现象

在较低的切削速度下，用高速钢、硬质合金或陶瓷刀具切削一些常用的塑性金属材料时，以及在车、刨、插、钻、拉、滚齿、车螺纹、铰螺纹、板牙等加工工序中，都可能出现鳞刺。鳞刺对零件表面质量有严重影响，使零件表面层产生残余应力，进而使零件表面容易产生微裂纹，降低零件的疲劳强度。对于装配零件，装配后实际接触表面减小，接触刚度降低，影响机器的工作精度。

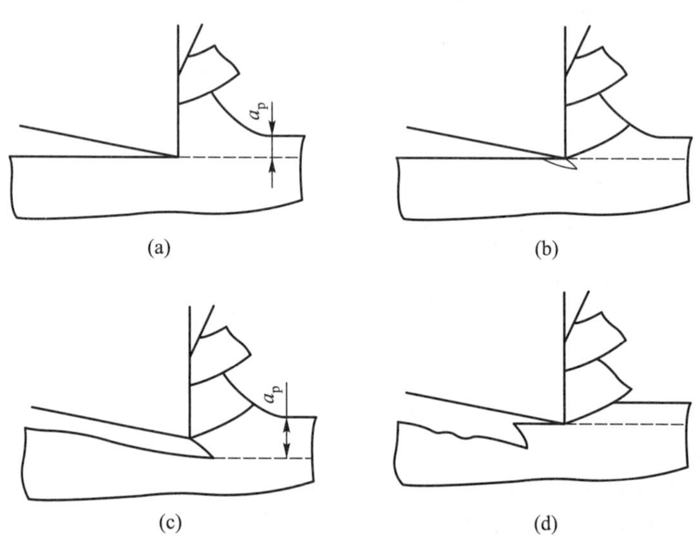

图 2-6　鳞刺的形成过程

鳞刺的形成过程如图 2-6 所示，可以看出，金属材料尤其是塑性金属材料在切削加工过程中，导致鳞刺形成的原因是刀具前面与切屑摩擦形成黏结层并逐渐堆积，切屑在刀具的前面上周期性地停滞，代替刀具的前面挤压切削层，加剧了金属材料的塑性变形。切削层金属的积聚使切削层增大并向切削线以下延伸，导致切削刃前方的加工面上产生导裂，当切削力超过黏结力时，切屑流出并被切离而导裂层残留在已加工表面上形成鳞刺。

需要说明的是积屑瘤对鳞刺也有影响，由于积屑瘤使用其圆钝的前端挤压切削层，使切削层中的金属大部分成为切屑流出，而很小一部分周期地冷焊和层积在积屑瘤的前端，层积到一定高度后，便被积屑瘤刮顶而成为鳞刺。从另一个方面讲，积屑瘤的存在，导致刀具的切削角度变化，由切削瘤代替切削刃切削，刀具的锋利程度下降，刀具变钝，更容易造成切削层在刀具的前面上层积，增大切

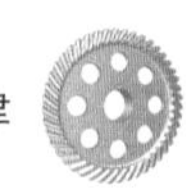

削抗力，致使切削表面撕裂，形成鳞刺，如图 2-7 所示。积屑瘤周期地形成鳞刺并使积屑瘤前端周期地破碎，因此积屑瘤加剧鳞刺的形成，使加工表面质量严重下降。

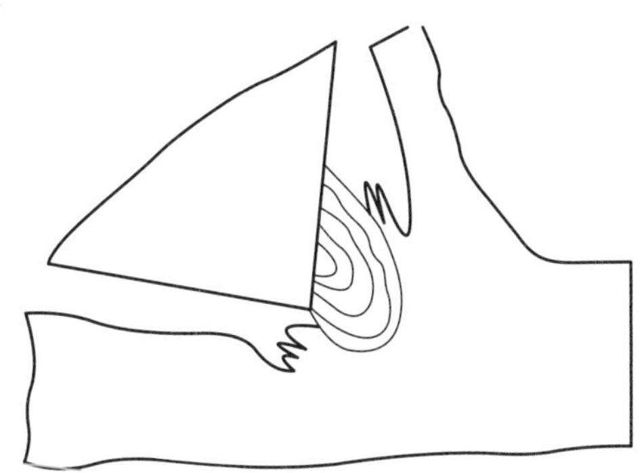

图 2-7　积屑瘤对鳞刺的影响示意图

微课
切削力

2.2　切削过程基本规律

2.2.1　切削力

切削过程中由工件作用在刀具上的切削抗力称为切削力。切削力的来源有两个：一是切削层金属、切屑和工件表面层金属的弹性、塑性变形而产生的抗力；二是刀具与切屑、工件表面间的摩擦阻力。

1. 切削合力和分力

如图 2-8 所示，直角自由切削时，作用在前面上的力有弹、塑性变形抗力 $F_{n\gamma}$ 和摩擦力 $F_{f\gamma}$；作用在后面上的力有弹、塑性变形抗力 $F_{n\alpha}$ 和摩擦力 $F_{f\alpha}$。它们的合力 $F_{r\alpha}$ 作用在前面上近切削刃处。直角非自由切削时，由于副切削刃的影响，使直角自由切削时的 F_r 改变了方向。为了便于测量和应用，将合力分解成三个互相垂直的分力：主切削力 F_c、吃刀抗力 F_p 和进给抗力 F_f。

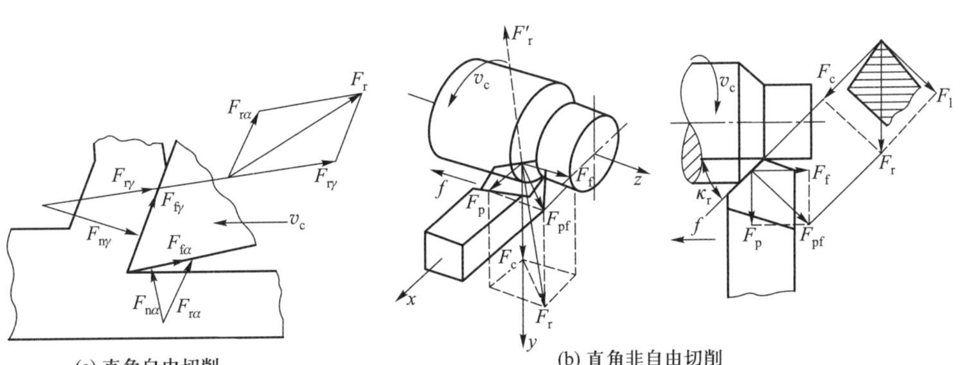

图 2-8　切削力的来源和分力

① 主切削力 F_c　垂直于基面，与主切削速度方向一致的分力。它是最大的一个分力，是设计及使用刀具、计算机床功率、设计主传动系统的主要依据，也是

夹具设计及切削用量选择的依据。

② 吃刀抗力 F_p 在基面内，与进给方向相垂直，即沿吃刀方向上的分力。吃刀抗力 F_p 影响工艺系统的变形，会引起工艺系统振动，影响加工表面质量。

③ 进给抗力 F_f 在基面内，与进给运动方向平行，即沿进给方向上的分力。它是验算机床进给系统零件强度的依据。

由图 2-8 可知，合力与各分力之间的关系为：

$$F_r = \sqrt{F_c^2+F_{pf}^2} = \sqrt{F_c^2+F_p^2+F_f^2} \tag{2-4}$$

$$F_p = F_{pf}\cos\kappa_r \tag{2-5}$$

$$F_f = F_{pf}\sin\kappa_r \tag{2-6}$$

式中：F_{pf}——合力 F_r 在基面上的分力。

在一定的切削条件下，利用测力仪可以测出各个切削分力。将测量数据加以适当处理，可以得到切削力的经验公式。实验结果表明，切削力与切削用量呈幂函数关系，其表达式如下：

$$F_c = C_{F_c} a_p^{x_{F_c}} f^{y_{F_c}} v_c^{n_{F_c}} k_{F_c} \tag{2-7}$$

$$F_p = C_{F_p} a_p^{x_{F_p}} f^{y_{F_p}} v_c^{n_{F_p}} k_{F_p} \tag{2-8}$$

$$F_f = C_{F_f} a_p^{x_{F_f}} f^{y_{F_f}} v_c^{n_{F_f}} k_{F_f} \tag{2-9}$$

式中：C_{F_c}、C_{F_p}、C_{F_f}——影响系数，其大小与实验条件有关；

x_{F_c}、x_{F_p}、x_{F_f}——被吃刀量 a_p 对切削各分力的影响指数；

y_{F_c}、y_{F_p}、y_{F_f}——进给量 f 对切削各分力的影响指数；

n_{F_c}、n_{F_p}、n_{F_f}——切削速度 v_c 对切削各分力的影响指数；

k_{F_c}、k_{F_p}、k_{F_f}——实验条件与计算条件不同时的修正系数。

一般说来，$y_{F_c}<x_{F_c}<n_{F_c}$，所以在粗车时，尽量使用较大的进给量。公式中的系数和指数可以根据切削条件从工艺手册中查出。

2. 单位切削力

用单位切削力 p 来计算主切削力较为简易直观。单位切削力是指切除单位切削层面积所产生的主切削力，用 p 表示：

$$p = \frac{F_c}{A_c} = \frac{F_c}{a_p f} = \frac{F_c}{a_c a_w} \tag{2-10}$$

3. 切削功率和单位切削功率

切削功率 P_c 指在切削过程中消耗的功率，它是各分力方向上所消耗功率的和。由于主运动方向的功率消耗最大，通常用主运动消耗的功率表示切削功率 P_c：

$$P_c = \frac{F_c v_c \times 10^{-3}}{60} \tag{2-11}$$

则机床电动机所需功率 P_E：

$$P_E = \frac{P_c}{\eta} \tag{2-12}$$

式中：η——机床的传动效率，一般 $\eta=0.75\sim0.85$。P_c 和 P_E 单位是 kW，F_c 单位是 N，v_c 单位是 m/min。

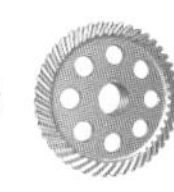

式(2-12)是校核和选取机床电动机的主要依据。

单位切削功率 P_s 是指单位时间内切除金属层单位体积所消耗功率：

$$P_s=\frac{P_c}{E_W} \tag{2-13}$$

式中：E_W——单位时间内切除的金属量，mm^3/s。P_s 单位是 $kW/(mm^3\cdot s^{-1})$。

则：

$$P_s=\frac{pa_p fv_c\times10^{-3}}{1000a_p fv_c}=p\times10^{-6} \tag{2-14}$$

4. 影响切削力的因素

(1) 工件材料

工件材料的强度、硬度越高，材料的剪切屈服强度 τ_s 越大，虽然变形系数 ξ 有所下降，但单位切削力增大。强度、硬度相近的材料，若其塑性或韧性越大，切屑越不易折断，使切屑与前面间的摩擦增加，切削力越大。

(2) 切削用量

背吃刀量 a_p 和进给量 f 增大，分别会使切削宽度 a_w 和切削厚度 a_c 增大，切削层面积 A_c 增大，变形抗力和摩擦力增加，使切削力增大，但两者影响程度不同。a_p 加大，a_w 和 A_c 增大，但变形系数不变，使切削力成正比增大。f 加大，a_c 和 A_c 增大，但变形系数 ξ 有所下降，使切削力不成正比增大。因而，在切削加工中，如果从切削力和切削功率来考虑，加大进给量比加大背吃刀量有利，这样既可提高效率又减小了单位切削力。

如图 2-9 所示，加工塑性金属材料(如用 YT15 车刀加工 45 钢)时，在中速和高速(v_c > 40 m/min)下，切削力一般随着切削速度的增大而减小。切削脆性材料(如灰铸铁、黄铜等)时，因其塑性变形很小，切屑和前面的摩擦也很小，所以，切削速度对切削力没有显著影响。

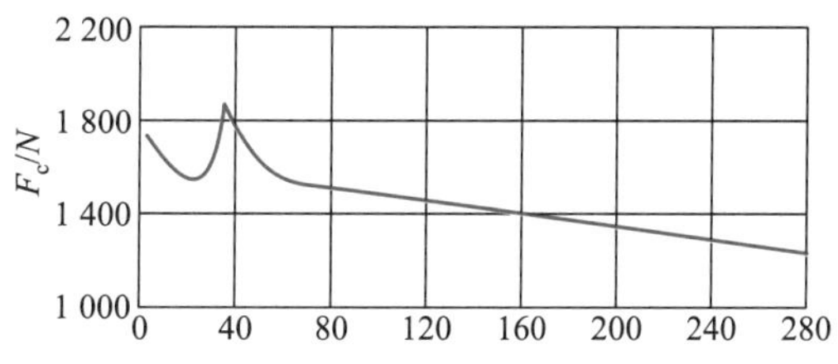

图 2-9 切削速度对切削力的影响

(3) 刀具几何参数

前角 γ_o 加大，被切金属的变形减小，切削力显著下降。一般地，加工塑性较大的金属材料时，前面对切削力的影响比加工塑性较小的金属材料更显著。例如，车刀前角每增加 1%，加工 45 钢的 F_c 降低约 1%，加工紫铜的 F_c 降低约 2%~3%，而加工铅黄铜的 F_c 仅降低 0.4%。图 2-10 为前角对切削力的影响。

主偏角 κ_r 对主切削力 F_c 影响较小，影响程度不超过 10%，如图 2-11 所示，κ_r 在 60°~75°之间时，主切削力 F_c 最小。但主偏角 κ_r 对进给抗力 F_f 和吃刀抗力 F_p 的影响较大，吃刀抗力 F_p 随主偏角 κ_r 的增大而减小，进给抗力 F_f 随主偏角 κ_r 的增大而增大。车削细长轴类零件时，为减小在吃刀抗力 F_p 作用下工件弯曲变形的影响，往往采用 90°的主偏角以减小吃刀抗力 F_p。

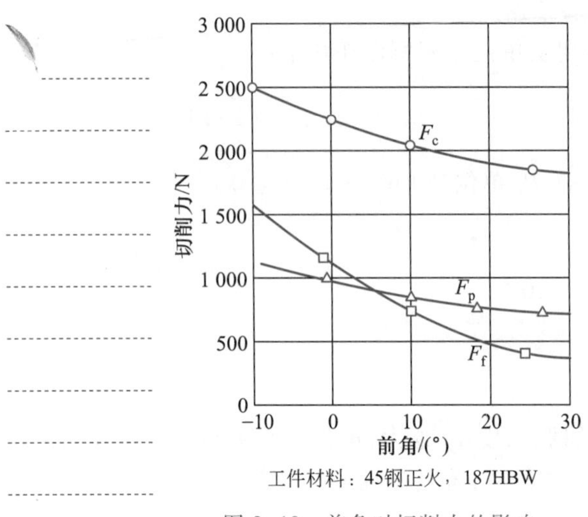

图 2-10　前角对切削力的影响

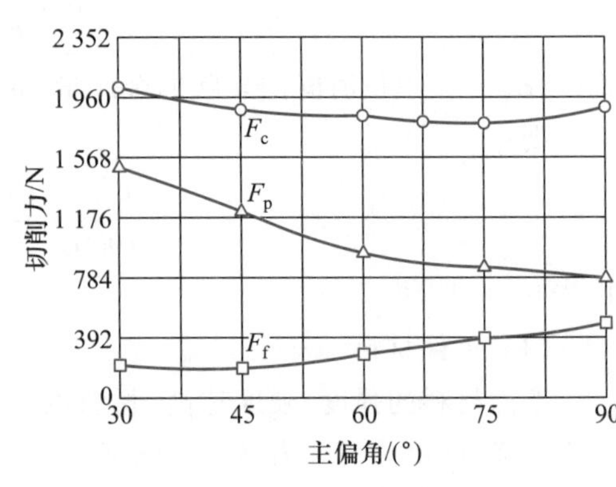

图 2-11　主偏角对切削力的影响

刃倾角 λ_s 的绝对值增大时,使主切削刃参加工作长度增加,摩擦加剧;但在法向剖面中刃口圆弧半径减小,刀刃锋利,切削变形小,上述因素综合作用的结果,使 F_c 变化较小。当刃倾角由正值向负值变化时,吃刀抗力 F_p 增大,进给抗力 F_f 减小。通常刃倾角每增加 1°,吃刀抗力增减 2%~3%。因此,切削时不宜选用过大的刃倾角。如图 2-12 所示为刃倾角对切削力的影响。

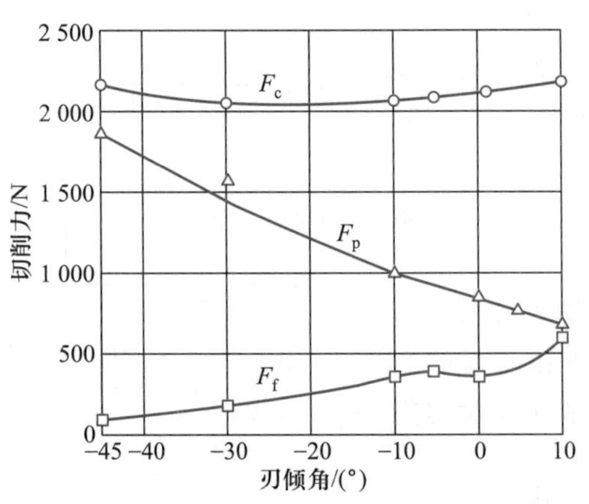

图 2-12　刃倾角对切削力的影响

刀尖圆弧半径增大,使切削力增大,它主要对 F_p、F_f 影响较大,而对 F_c 影响较小。例如,圆弧半径由 0.25 mm 增大到 1 mm 时,F_p 可增大 20%,易引起振动。

此外,刀具材料不同,刀具与工件之间的摩擦因数不同,因此对切削力的影响也不同。在同样的切削条件下,陶瓷刀具切削力最小,高速钢刀具切削力最大。刀具的磨损会加剧后面与工件的摩擦,增大切削力。使用切削液能改变刀具与工件的摩擦状况,从而影响切削力。

2.2.2 切削热与切削温度

1. 切削热

如图 2-13 所示，切削过程中切削区的变形和摩擦所消耗的能量转化产生的热，称为切削热。其中包括剪切区变形功形成的热 Q_p，切屑与前面摩擦功形成的热 $Q_{\gamma f}$，已加工表面与刀具后面摩擦功形成的热 $Q_{\alpha f}$。这些切削热又分别通过切屑、刀具、工件和周围介质传散，各部分所传出的热量分别为 Q_{ch}、Q_c、Q_w 和 Q_f。显然有：

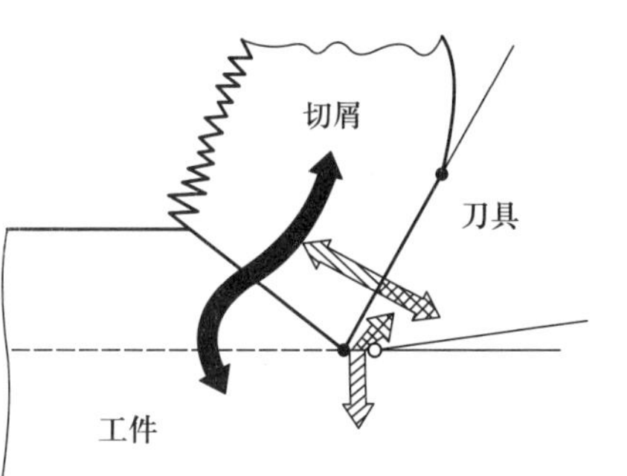

图 2-13　切削热的来源和传散

$$Q_p+Q_{\gamma f}+Q_{\alpha f}=Q_{ch}+Q_c+Q_w+Q_f$$

影响热传导的主要因素是工件和刀具材料的导热能力以及周围介质的状况。一般情况下，切削热大部分由切屑带走和传入工件。

2. 切削温度

切削温度一般指切屑与前面接触区域的平均温度，是切削热在工件与刀具上作用的结果，切削温度的高低，决定于切削热的多少和传散的快慢。

切削温度实验公式如下：

$$\theta = C_\theta v_c^{z_\theta} f^{y_\theta} a_p^{x_\theta} K_\theta \tag{2-15}$$

式中：x_θ、y_θ、z_θ——分别表示切削用量中 a_p、f、v_c 对温度的影响指数；

C_θ——与实验条件有关的影响系数；

K_θ——切削条件改变后的修正系数。

刀具上温度最高点是前面上近切削刃处，这是由于剪切变形热及切屑连续摩擦热作用，以及刀楔处热量集中不易散发所致。图 2-14 是前面上切削温度分布的实验结果。可见，刀尖的切削温度最高，因此需对刀尖进行冷却。

3. 影响切削温度的因素

切削热是由切削过程的变形和摩擦转变而来的，所以一方面影响切削变形、切削力的因素都对切削温度有影响；另一方面切削温度与切削热传散快慢有关。

(1) 切削用量

切削用量中，切削速度对切削温度影响最大，进给量次之，背吃刀量影响最小。因为 a_p 增大后，a_w 也增大，切屑与刀具接触面积以相同比例增大，散热条件显著改善；f 增大，a_c 增大，但 a_w 不变，切屑与前面接触长度增加，散热条件有所改善；v_c 提高，消耗的功增多，产生热量增多，而切削面积并没有

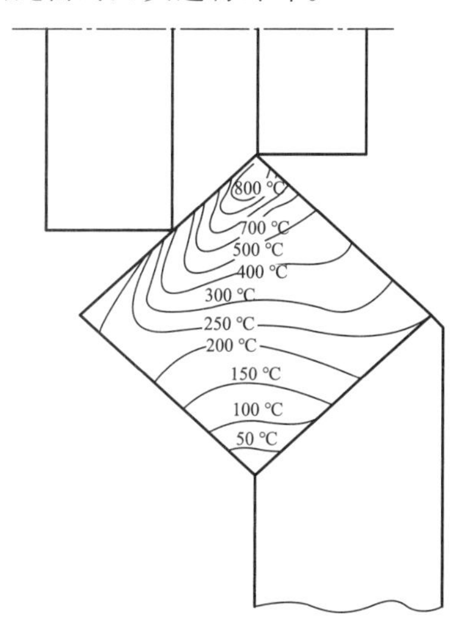

图 2-14　前面上的切削温度分布

改变，所以切削速度是影响温度的主要因素。因此，为了不产生很高的切削温度，在需要增大切削用量时，应首先考虑增大背吃刀量，其次是进给量，最后是选择切削速度。

（2）刀具几何参数

刀具几何参数中，前角增大，切削变形减小，摩擦减小，产生的热量少，切削温度低；如果前角进一步增大，则因刀具的散热体积减小，切削温度不会进一步降低，如图 2-15 所示。

主偏角 κ_r 减小，使切削宽度 a_w 增大，切削厚度减小，因此，切削变形增大，切削温度升高。但 a_w 进一步增大，散热条件改善了，所以切削温度随之下降，如图 2-16 所示。因此，当工艺系统刚性足够大时，可选用小的主偏角以降低切削温度。

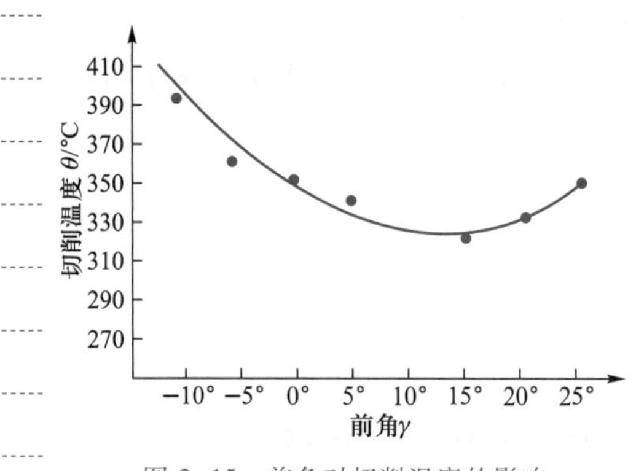

图 2-15　前角对切削温度的影响

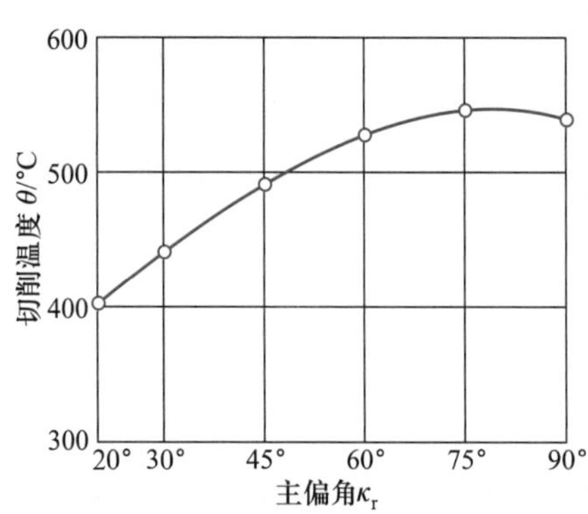

图 2-16　主偏角对切削温度的影响

刀尖圆弧半径加大，切削区塑性变形加大，切削温度升高，但大圆弧半径又改善了刀尖处的散热条件，所以增大刀尖圆弧半径，有利于刀尖处局部切削温度的降低。

（3）工件材料

工件材料是通过强度、硬度和导热系数等性能对切削温度产生影响的。材料的强度、硬度高，切削时所耗功率就多，产生的切削热也多，温度就越高。脆性金属的抗拉强度和伸长率都小，切削过程中的塑性变形很小，所以产生热很少，温度也较低。工件材料导热系数大时，由切屑和工件传导出的热量较多，切削温度就较低，但整个工件的温度升高很快，易使工件因热变形而影响加工精度；如果工件材料导热系数小，则切削区温度较高，又对刀具不利。

此外，合理地使用切削液也是降低切削温度的有效措施。

2.2.3　刀具磨损和耐用度

在切削过程中，刀具与切屑、工件之间产生剧烈的挤压、摩擦，从而产生磨损。刀具的磨损对切削加工的效率、质量和成本有直接的影响。

1. 刀具磨损的形式

刀具磨损分为正常磨损和非正常磨损。正常磨损是指刀具在设计和使用合

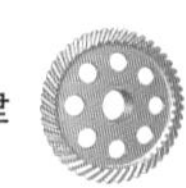

理、制造和刃磨质量符合要求的情况下，在切削过程中逐渐产生的磨损。非正常磨损是切削过程中突然或过早产生的损坏现象，如脆性破损（崩刃、碎裂、剥落等），卷刃等。正常磨损主要有以下几种形式：

（1）前面磨损

在切削速度较高，切削厚度较大的情况下加工塑性金属材料时，由于摩擦、高温和高压作用，使前面上近切削刃处磨出一月牙洼，此区域是切削温度最高的地方，磨损最严重。前面磨损量用月牙洼深度 *KT* 或宽度 *KB* 表示，如图 2-17a、b 所示，其中图 2-17a 是前面月牙洼磨损的断面形状，图 2-17b 是前面月牙洼磨损的形状。

（2）后面磨损

在切削速度较低、切削厚度较小的情况下切削塑性金属材料或加工脆性金属材料时，刀具的磨损以后面的磨损为主。这时会在切削刃附近的后面上磨出后角为零的小棱面，这就是后面磨损，如图 2-17c 所示，这是生产中常见的形式。在切削刃参加切削工作的各点上，后面磨损是不均匀的。在近刀尖处的区域，由于高温高压，散热差，磨损较大，其最大值用 *VC* 表示；在靠近待加工表面处，由于工件表面硬皮的作用，磨成较严重的深沟，其最大磨损量用 *VN* 表示；位于上述两者之间的是较均匀的磨损区，它反映了正常的磨损过程，磨损量用其平均值 *VB* 表示。

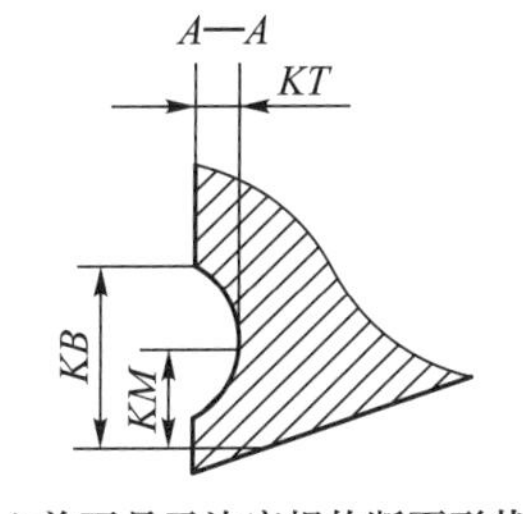

(a) 前面月牙洼磨损的断面形状

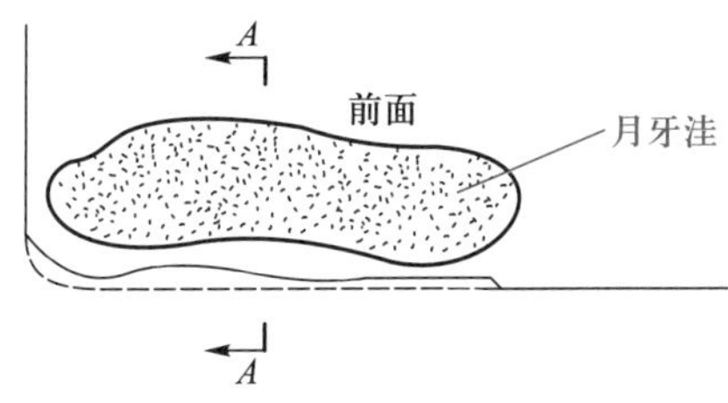

(b) 前面月牙洼磨损的形状

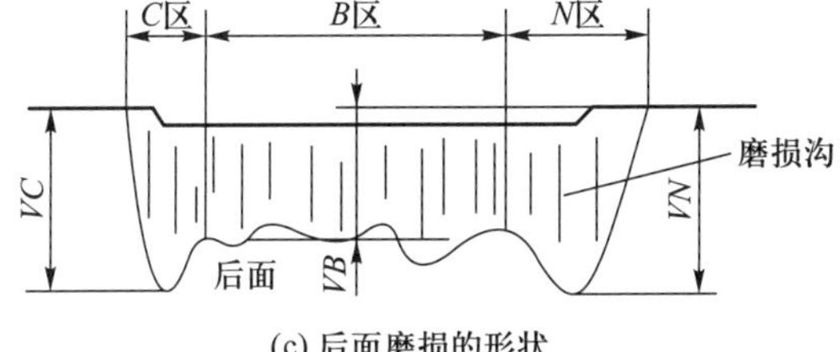

(c) 后面磨损的形状

图 2-17 刀具正常磨损形式

（3）前、后面同时磨损

在用中等切削速度和进给量切削塑性金属时，刀具上同时出现前面磨损和后面磨损。

2. 刀具磨损的原因

刀具磨损是机械、热、化学三种作用综合的结果。其原因主要有以下几方面：① 磨粒磨损，② 黏结磨损，③ 扩散磨损，④ 相变磨损，⑤ 氧化磨损。

3. 刀具破损的原因

刀具破损主要由机械冲击力作用或受热后内应力作用造成的。

4. 磨损过程和磨钝标准

（1）磨损过程

正常磨损情况下，刀具磨损量随切削时间增加而逐渐扩大。如图 2-18 所示，后面磨损过程可分为三个阶段：

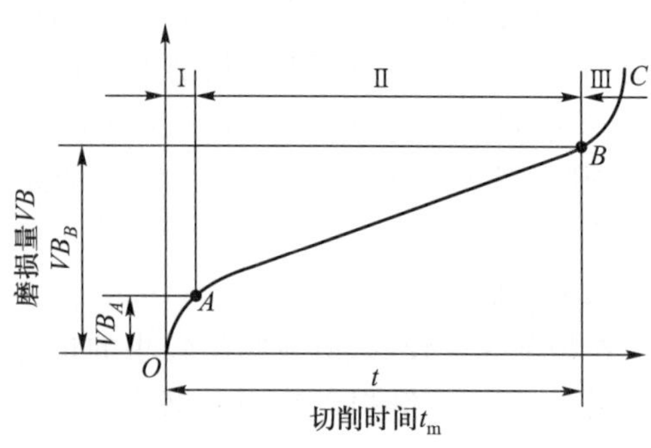

图 2-18　刀具磨损过程

① 初期磨损阶段（Ⅰ段）　初期磨损阶段时间较短，是刀具表面的粗糙不平所引起的磨损。因为后面与工件表面实际接触面很小，压强很大，故磨损很快，它与刀具刃磨质量有很大关系。

② 正常磨损阶段（Ⅱ段）　随着切削时间增长，磨损量以较均匀缓慢的速度加大。这是由于经过Ⅰ段后，接触面增大，压强减小所致。这一正常磨损阶段是刀具工作的有效阶段。此段中 *AB* 线段基本上是一条向上倾斜的直线，直线的斜率代表磨损的程度（单位时间内的磨损量称为磨损强度），该强度近似为常数，这是比较刀具切削性能的重要指标之一。

③ 急剧磨损阶段（Ⅲ段）　磨损量达到一定数值后，磨损急剧加速，继而刀具损坏。这是由于切削时间过长，磨损严重，切削温度剧增，刀具强度、硬度降低所致。工作时要尽量避免发生急剧磨损。

（2）磨钝标准

为了保证刀具有足够的寿命，必须在刀具的实际磨损量达到急剧磨损阶段之前的某一值时就停止使用，进行刃磨或更换刀刃。所谓磨钝标准就是规定的刀具后面磨损带中间部分平均磨损量允许达到的最大值 *VB*。这是衡量刀具是否应该刃磨或更换刀刃的标准。

制订磨钝标准需考虑被加工对象特点和具体加工条件。如工艺系统刚性差时，应规定较小的磨钝标准；切削难加工的材料时，也规定较小的磨钝标准；加工精度及表面质量要求较高时，应减小磨钝标准，以确保加工质量；加工大型工件，为避免中途换刀，可加大磨钝标准；在自动化生产中使用的刀具，一般都根据工件的精度要求制订刀具磨钝标准。

5. 刀具耐用度

刃磨后的刀具，自开始切削直到磨损量达磨钝标准为止的切削工作时间，称为刀具耐用度，以 *T* 表示，这是确定换刀时间的重要依据。刀具寿命与刀具耐用度有着不同的含义。刀具寿命表示一把新刀用到报废之前总的切削时间，其中包括多次重磨。因此，刀具寿命等于刀具耐用度乘以重磨次数。刀具耐用度也可用达到磨钝标准前的切削路程（单位为 km）或加工的零件数 *N* 表示。

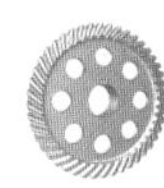

6. 影响刀具耐用度的因素

切削温度直接决定刀具的耐用度，所以影响切削温度的因素都对耐用度有影响。

根据刀具耐用度公式可看出：v_c 对刀具耐用度影响最大，f 次之，a_p 最小。所以，在实际生产中，应先选择大的 a_p，最后选刀具耐用度下的 v_c。这样既能保持刀具耐用度，发挥刀具切削性能，又能提高切削效率。

刀具几何参数中，前角 γ_o 增大，变形系数减小，切削力、切削温度都降低，耐用度提高。但 γ_o 太大，刀刃强度变低，散热也差，易于破损，耐用度反而下降了。前角对刀具耐用度影响呈“驼峰型”，它的峰顶前角是耐用度最高的前角。

主偏角 κ_r 减小，使刀尖圆弧半径增大，增加了刀具强度和改善了散热条件，所以耐用度增大，允许切削速度也提高。

加工件材料从力学性能、金相组织、化学成分等各方面影响切削过程，其强度、硬度越高，加工时产生的切削力越大，切削温度越高，所以刀具磨损快，刀具耐用度低；其导热性差，则切削区域温度升高，刀具耐用度降低。

刀具材料是影响刀具耐用度的主要因素，其高温硬度越高，越耐磨，耐用度也越高。改善材料的切削性能，使用新型刀具材料，能使刀具耐用度成倍提高。

2.3 切削过程基本规律的应用

研究金属切削过程的目的是应用这些基本规律解决切削过程的工艺问题，合理地确定切削过程的工艺参数，以保证加工质量和生产效率。

2.3.1 切屑的控制

切屑的控制就是要控制切屑的类型、流向、卷曲和折断。切屑的控制对切削过程的正常、顺利、安全进行具有重要的意义。在有些情况下，切屑的控制是加工过程能否进行的决定性因素。在数控加工和自动化制造过程中，切屑的控制是工艺系统的重要组成部分。

1. 切屑的流向、卷曲

如图 2-19 所示，在直角自由切削时，切屑在正交平面内流出。在直角非自由切削时，由于刀尖圆弧半径和切削刃的影响，切屑流出方向与主剖面形成一个出屑角 η，η 与主偏角 κ_r 和副切削刃工作长度有关；斜角切削时，切屑的流向受刃倾角 λ_s 影响，出屑角 η 约等于刃倾角 λ_s。

如图 2-20 所示，λ_s 为负值时，切屑流向已加工表面；λ_s 为正值时，切屑流向待加工表面；λ_s 为 0°时，切屑沿过渡表面法线方向流出。

切屑的卷曲是由于切削过程中的塑性和摩擦变形、切屑流出时的附加变形而产生的。通过在前面上制出的卷屑槽(断屑槽)、凸台、附加挡块以及其他障碍物可以使切削产生充分的附加变形。采用卷屑槽能可靠地促使切屑卷曲，切屑在流经断屑槽时，受外力作用产生力矩使切屑卷曲。

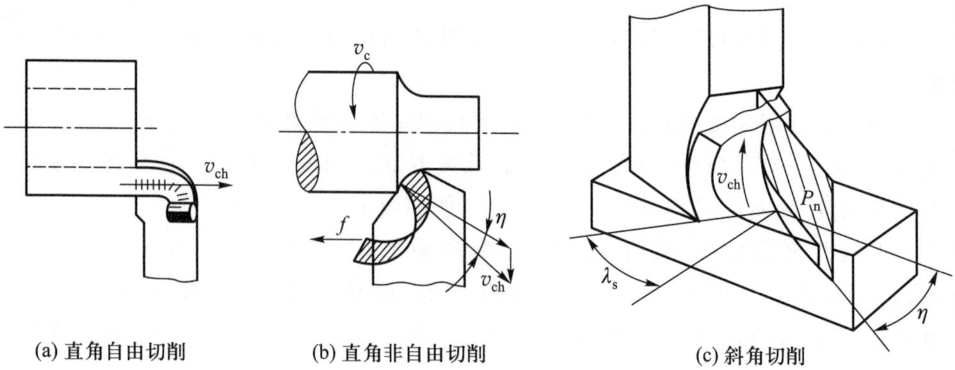

(a) 直角自由切削　(b) 直角非自由切削　(c) 斜角切削

图 2-19　切屑的流向

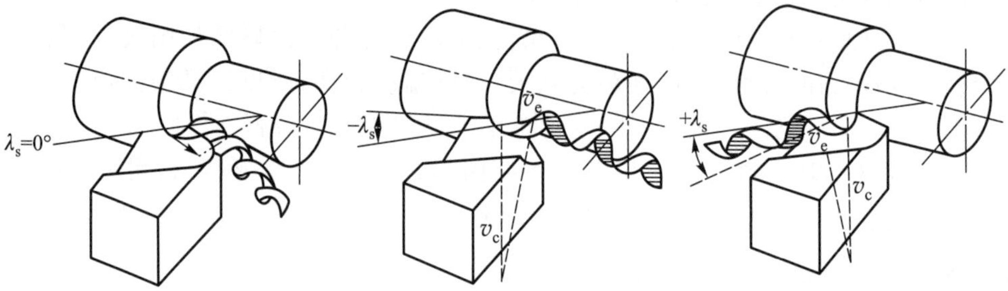

图 2-20　λ_s 对切屑流向的影响

2. 影响断屑的因素

（1）卷屑槽的尺寸参数

卷屑槽的槽形有折线形、直线圆弧形和全圆弧形三种，如图 2-21 所示。槽的宽度 l_{Bn} 和反屑角 δ_{Bn} 是影响断屑的主要因素。宽度减小和反屑角增大，都能使切屑卷曲变形增大，切屑易折断。但 l_{Bn} 太小或 δ_{Bn} 太大，切屑易堵塞，排屑不畅，会使切削力、切削温度升高。

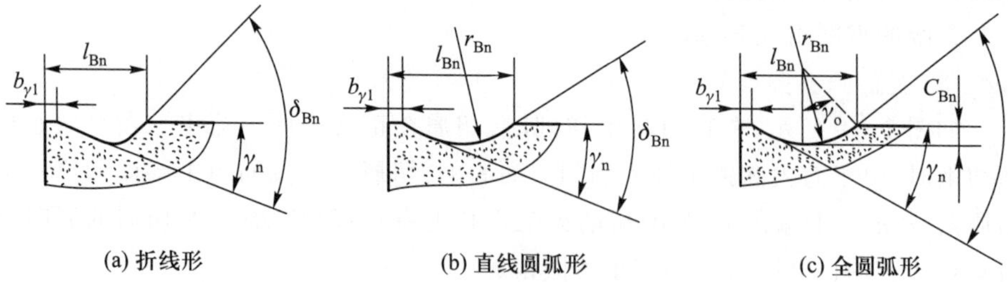

(a) 折线形　(b) 直线圆弧形　(c) 全圆弧形

图 2-21　卷屑槽的槽形

卷屑槽斜角 γ_n 也影响切屑的流向和屑形，在可转位车刀或焊接车刀上可作成外斜、平行和内斜三种槽形。外斜式槽形使切屑与工件表面相碰而形成 C 形屑；内斜式槽形使切屑背离工件流出；平行式槽形可在背吃刀量 a_p 变动范围较宽的情况下仍能获得断屑效果。

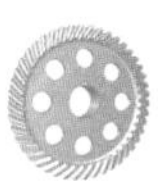

（2）刀具角度

主偏角和刃倾角对断屑影响最明显，κ_r 越大，切削厚度越大，切屑在卷曲时弯曲应力越大，易于折断。一般来说，κ_r 在 75°～90°范围较好。刃倾角是控制切屑流向的参数。刃倾角为负值时，切屑流向已加工表面或加工表面；刃倾角为正值时，切屑流向待加工表面或背离工件。

（3）切削用量

切削速度提高，易形成长带状屑，不易断屑；进给量增大，切屑厚度也按比例增大，切屑卷曲应力增大，容易折断；背吃刀量减小，主切削刃工作长度变小，副切削刃参加工作比例变大，使出屑角 η 增大，切屑易流向待加工表面碰断。当 a_c/a_w 值较小时，切屑薄而宽，断屑较困难；反之，a_c/a_w 值较大时，较易断屑。

生产中，应综合考虑各方面因素，根据加工材料和已选定的刀具角度和切削用量，选定合理的卷屑槽结构和参数。

2.3.2 刀具的几何参数的作用及其选择

刀具的几何参数包括刀具角度、刀面的结构和形状、切削刃的型式等。刀具合理的几何参数是在保证加工质量的条件下，获得最高刀具寿命的几何参数。刀具几何参数的选配是否合理，对加工精度、表面质量、生产率以及经济性等均有较大影响。

（1）前角的作用及其选择原则

① 作用　合理的前角可使刀具锋利，切削变形和切削力减小，切削温度降低，而且有足够的刀具寿命和较好的加工表面质量。

② 选择原则　在保证加工质量和足够刀具寿命的前提下，尽可能选取大的前角。具体选择时，首先应根据工件材料选配。切削塑性材料时，为减小塑性变形，在保证足够的刀具强度前提下，尽可能选择大的前角，工件材料塑性越大，前角越大；切割铸铁等脆性材料时，应选取较小的前角。其次，应考虑刀具切削部分的材料。高速钢的抗弯强度和冲击韧性高于硬质合金，故其前角可大于硬质合金刀具；陶瓷刀具的脆性大于前两者，故其前角应最小。此外还应考虑加工要求。粗加工时，特别是工件表面有硬皮、形状误差较大和断续切削时，前角应取小值；精加工时，前角应取大值；成形刀具为减小刃形误差，前角应取小值。

（2）后角的作用及其选择原则

① 作用　后角的大小会影响工件表面质量、加工精度、切削刃锋利程度、刀尖的强度以及刀具寿命等。适当大的后角可减少主后面与过渡表面之间的摩擦，减少刀具磨损；后角增大，使切削刃钝圆半径城小，在小进给量时可避免或减小切削刃的挤压，有助于提高表面质量。

② 选择原则　首先，粗加工时因切削力大，容易产生振动和冲击，为保证切削刃的强度，后角应取小值；精加工时，为保证已加工表面的质量，后角应取较大值。例如在切削 45 钢时，粗车取 $\alpha_o = 4° \sim 7°$，精车取 $\alpha_o = 6° \sim 10°$。其次，加工塑性和韧性大的材料时，工件已加工表面的弹性恢复大，为减少摩擦，后角应取大

值;加工脆性材料时,为保证刀具强度,一般选较小的后角。此外,高速钢刀具的后角可比同类型的硬质合金刀具后角稍大些,一般大 2°~3°。

副后角的作用主要是减少副后面与已加工表面之间的摩擦,其大小一般与主后角相同,也可略小些。

(3) 主偏角与副偏角的作用及其选择原则

① 作用　主偏角、副偏角的大小均影响加工表面的粗糙度,影响切削层的形状以及切削分力的大小和比例,对刀尖强度、断屑与排屑、散热条件等均有直接影响。

② 主偏角的选择原则　粗加工时,主偏角应选大些,以减振、防崩刃;精加工时,主偏角可选小些,以减小表面粗糙度;工件材料强度、硬度高时,主偏角应取小些(如切削冷硬铸铁和淬硬钢时 κ_r取 15°),以改善散热条件,提高刀具寿命;工艺系统刚性好,应取较小的主偏角,刚性差时应取较大的主偏角。如车削细长轴时取 $\kappa_r \geqslant 90°$,以减小背向力。

③ 副偏角的选择原则　在工艺系统刚性允许的条件下,副偏角常选取较小的值,一般取 $\kappa_r = 5° \sim 10°$,最大不超过 15°;精加工刀具 κ_r'应更小,必要时可磨出 $\kappa_r' = 0$ 的修光刃。

(4) 刃倾角的作用及其选择原则

① 作用　刃倾角的大小会影响排屑方向、切削刃强度及锋利程度以及工件的变形和工艺系统的振动等。

② 选择原则　一般根据工件材料及加工要求选择。对加工一般钢料或铸铁,粗加工时为保证刀具有足够的强度,通常取 $\lambda_s = -5° \sim 0°$,若有冲击负荷,取 $\lambda_s = -15° \sim -5°$;精加工时为使切屑不流向已加工表面使其划伤,取 $\lambda_s = 0° \sim 5°$;如有加工余量不均匀、断续表面、剧烈冲击等现象,应选取绝对值较大的负刃倾角;进行微量($a_p = 5 \sim 10\ \mu m$)精细切削时,取 $\lambda_s = 45° \sim 75°$。切削淬硬钢、高强度钢等难加工材料时,则取 $\lambda_s = -30° \sim -20°$。

2.3.3　材料的切削加工性

材料的切削加工性是指对某种材料进行切削加工的难易程度。研究材料加工性的目的是为了寻找改善材料切削加工性的途径。

1. 衡量切削加工性的指标

(1) 刀具耐用度指标

刀具性能与材料切削加工性关系最为密切。在相同的加工条件下,切削某种材料时,若一定切削速度下刀具耐用度 T 较长或在相同耐用度下的切削速度 v_{cT}较大,则该材料的切削加工性较好;反之,其切削加工性较差。

在切削普通材料时,用耐用度达到 60 min 时所允许的切削速度 v_{c60}来衡量材料加工性的好坏;切削难加工材料时,用 v_{c20}来评定。

以切削正火状态 45 钢的 v_{c60}作为基准,记作$(v_{c60})_j$,而将其他各种材料的 v_{c60}与它相比,比值 κ_v 称为材料的相对加工性。凡 κ_v 大于 1 的材料,其加工性较好,小于 1 者,加工性差。常用的 κ_v 分为八级,如表 2-1 所示。

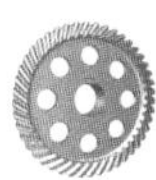

表 2-1 材料的相对加工性等级

加工性等级	名称及品种		K_v	代表性材料
1	很容易切削材料	一般有色金属	>3.0	铜铅合金、铝铜合金、铝镁合金
2	容易切削材料	易切削钢	2.5~3.0	退火 15Cr、自动机钢
3		较易切削钢	1.6~2.5	正火 30 钢
4	普通材料	一般钢及铸铁	1.0~1.6	45 钢、灰铸铁
5		稍难切削材料	0.65~1.0	2Cr13 调质、45 钢
6	难切削材料	较难切削材料	0.5~0.65	40Cr 调质、65Mn 调质
7		难削材料	0.15~0.5	50Cr 调质、1Cr18Ni9Ti、钛合金
8		很难切削材料	<0.15	某些钛合金、铸造镍基高温铸铁

(2) 切削力、切削温度指标

在相同切削条件下,凡切削力大、切削温度高的材料难加工,即加工性差;反之,则加工性好。如铜、铝加工性比钢好,灰铸铁加工性比冷硬铸铁好,正火 45 钢加工性比淬火 45 钢好。切削力大,则消耗功率多。在粗加工或工艺系统刚性差时,也可用切削功率作为加工性指标。

(3) 加工表面质量指标

精加工时,常以此为切削加工性指标。凡容易获得好的加工表面质量(包括表面粗糙度、冷作硬化程度及残余应力等)的材料,其切削加工性较好,反之较差。例如,低碳钢切削加工性不如中碳钢,纯铝的切削加工性不如硬铝合金。

(4) 断屑难易程度指标

凡切屑容易控制或容易断屑的材料,其切削加工性较好,反之则较差。在自动线和数控机床上,常以此为切削加工性指标。

2. 常用材料切削加工性及其改善措施

(1) 普通金属材料

硬度低、韧性高的材料,如黄铜、铝合金及低碳钢等,在切削时断屑困难,易产生积屑瘤,影响加工表面质量。可采用增大刀具前角,提高切削速度或增大前角、低速加切削液;在刀具上磨制断屑槽控制卷屑槽断屑;或对材料进行热处理,如用冷变形方法提高铝合金硬度,对低碳钢进行正火处理,细化晶粒等,来改善材料的切削加工性。

对于硬度高、韧性差的材料,如高碳钢、碳素工具钢及灰铸铁等,切削时产生的切削力大,消耗功率多,刀具易磨损。可采用耐磨性高的刀具,减小前角和主偏角,降低切削速度以及对材料进行热处理等,改善切削加工性。

（2）难加工材料

对于硬度、强度和伸长率均很高的高合金钢，加工时切削力大，消耗功率多，切削温度高，断屑困难，加工表面质量也差，刀具磨损剧烈。对此类综合加工性指标均很差的材料进行加工，最好用涂层硬质合金刀片，采用大前角（10°~20°）、大主偏角（45°~75°）、负刃倾角（−10°~−5°）、大刀尖圆弧半径，磨制断屑槽，降低切削速度（<100 m/min）等措施来减小切削力，提高刀具强度。也可通过退火、回火及正火处理来改善其加工性。

对于硬度、强度不高，但塑性和韧性特别高的高锰钢，如 M13、40Mn18Cr3、50Mn18Cr4 等，其加工硬化特别严重，硬度会提高两倍多，工件表面上还会形成高硬度氧化层（Mn_2O_3）；其导热系数很小，是 45 钢的 1/4，切削温度高；切削力大，比切削 45 钢增大 60%。高锰钢比高合金钢更难加工。加工高锰钢应选用硬度高、有一定韧性、导热系数较大、高温性能好的刀具。粗加工时，采用 YG 类、YH 类或 YW 类硬质合金；精加工时，可采用 YT14、YG6X 等合金。实践证明，用复合氧化铝陶瓷刀具高速精车高锰钢，效果很好，且切削速度可提高 2~3 倍。若要提高切削刃强度和改善散热条件，前角应选小值。但为使切削变形不致过大，前角又不宜过小，一般 $\gamma_o=-3°\sim3°$，$\alpha_o=8°\sim12°$，$\lambda_s=-5°\sim0°$，切削速度较低。背吃刀量 a_p 和进给量 f 应选大值，以使切削层超过表面硬化层，防止刀具磨损加大。此外，可高温回火处理高锰钢，使其加工性得以改善。

对于以铬为主的不锈钢，经常在淬火、回火或退火状态下加工，综合力学性能适中，切削加工一般不难。以铬、镍为主的不锈钢，淬火后切削加工性比较差，加工后硬化很严重，易生成积屑瘤而使加工表面质量恶化；导热系数为 45 钢的 1/3，切削温度也高，硬质夹杂物易与刀具发生黏结，使刀具耐用度降低。因此，不适宜采用 YT 类刀具，一般用 YG 类（最好采用添加钽、铌的 YG6A）、YH 类或 YW 类，以及采用特殊基体如陶瓷涂 TiN 和 Al_2O_3 的涂层刀片，采用较大前角（$\gamma_o=15°\sim30°$）、较大后角以减小切削变形；采用大主偏角 κ_r、负刃倾角 λ_s，以减小切削力，增大刀头强度；采用中等切削速度；也可采用高性能高速钢刀具。

冷硬铸铁的硬度极高是其难加工的主要原因。它的塑性很低，切削力和切削热都集中在切削刃附近，因而刀刃很容易崩损。冷硬铸铁零件的结构尺寸和加工余量一般都较大，因而进一步加大了加工难度。应选用硬度、强度都好的刀具材料，一般采用细晶粒或超细晶粒的 YG 类和 YH 类硬质合金、复合氧化铝或氮化硅陶瓷刀具对冷硬铸铁进行精加工、半精加工。前角取小值，$\gamma_o=-4°\sim0°$，且取 $\alpha_o=4°\sim6°$，$\lambda_s=0°\sim5°$，以提高切削刃和刀尖的强度，主偏角也应适当减小。

2.3.4 切削液

合理选用切削液可以改善切屑、工件与刀具间的摩擦情况，抑制积屑瘤的成长，从而降低切削力和切削温度，减小工件热变形和刀具磨损，提高刀具耐用度、加工精度，改善已加工表面质量。

1. 切削液的作用

① 冷却作用　切削液浇注到切削区域后，可以使切削、刀具和工件上的热量

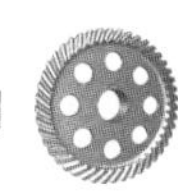

散逸而起到冷却作用，降低切削温度，从而提高刀具耐用度和加工质量。在刀具材料的耐热性和导热性较差，以及工件材料的热膨胀系数较大、导热性较差情况下，切削液的冷却作用显得更为重要。

② 润滑作用　金属切削时，切屑、工件与刀具间的摩擦可分为干摩擦、流体润滑摩擦和边界摩擦三大类。当切屑、工件与刀具界面间存在切削液油膜，形成流体润滑摩擦时，能得到比较好的效果。

③ 清洗作用　当金属切削中产生碎屑或磨粉时，要求切削液具有良好的清洗作用，以防止划伤加工表面和机床导轨面。清洗性能的好坏，与切削液的渗透性、流动性和使用的压力有关。加入大剂量的表面活性剂和少量矿物油，可提高其清洗效果。为了提高冲刷能力，使用中往往给予一定的压力，并保持足够的流量。

④ 防锈作用　为了减小工件、机床、刀具等受周围介质（空气、水分等）的腐蚀，要求切削液具有一定的防锈作用。其作用的好坏取决于切削液本身的性能和加入的防锈添加剂的作用。在气候潮湿地区，对防锈作用的要求显得更为突出。

除以上四方面外，对切削液还有价廉、配制方便、性能稳定、不污染环境、不易燃、对人体无害等要求。

2. 切削液的添加剂

为了改善切削液的性能（如防腐变臭、防锈）所加入的化学物质，称为添加剂。它包括以下几类：

① 油性添加剂　单纯矿物油与金属的吸附力差，润滑效果不好，如在矿物油中添加油性添加剂，将改善润滑作用。

② 极压添加剂　这种添加剂主要利用添加剂中的化合物，在高温下与加工金属快速反应形成化学吸附膜，从而起固体润滑剂作用。

③ 表面活性剂　表面活性剂是一种有机化合物，它使矿物油微小颗粒稳定分散在水中，形成稳定的水包油乳化液。

3. 切削液的种类和选用

切削加工中最常用的切削液分水溶性切削液和非水溶性切削液两大类。

（1）水溶性切削液

主要有水溶液、乳化液、化学合成液及离子型切削液等。

① 水溶液　在水中加入防锈剂、清洗剂、油性添加剂。其冷却、清洗作用较好，广泛用于磨削和粗加工。

② 乳化液　是在水中加乳化油搅拌而成的乳白色液体。乳化油是由矿物油与表面活性乳化剂配置成的一种油膏。按乳化油的含量可配置成不同浓度的乳化液。低浓度乳化液主要起冷却作用，高浓度乳化液主要起润滑作用，适用于精加工和复杂工序加工。

乳化油中也常添加防锈剂、极压添加剂，来提高乳化液的防锈、润滑性能。

③ 化学合成液　由50%的水和50%的乳化剂、油酸钠、三乙醇胺和亚硝酸钠组成。它是新型的高性能切削液，具有良好的冷却、润滑、清洗和防锈性能，常用

于高速磨削,可提高生产率、砂轮耐用度和磨削表面质量。

④ 离子型切削液　是由阴离子型、非离子型表面活性剂和无机盐配置而成的母液加水稀释而成的。切削时由于摩擦产生的静电荷,可与母液在水溶液中离解成的各种强度的离子迅速反应而消除,降低切削温度。常用于磨削和粗加工。

(2) 非水溶性切削液

① 切削油　有矿物油、动物油、动植物混合油。动植物混合油易变质,较少使用。机油用于普通车削、攻螺纹;煤油或与矿物油的混合油用于精加工有色金属和铸铁;煤油或与机油的混合油用于普通孔或深孔加工;蓖麻油或豆油也用于螺纹加工;轻柴油用于自动机床上,做自身润滑液和切削液用。

② 极压切削油　在切削油中加入硫、氯和磷极压添加剂,形成非常结实的润滑膜,能显著提高润滑效果和冷却作用。

③ 固体润滑剂　用二硫化铝、硬脂酸和石蜡做成蜡棒,涂在刀具表面,切削时可减小摩擦,起润滑作用。

4. 切削液的使用方法

① 浇注法　切削加工时,将切削液直接浇注到切削区。此时,浇注量应充足,浇注位置应尽量接近切削区。深孔加工时,应使用大流量、高压力的切削液,以达到有效地冷却、润滑和排屑目的。

② 喷雾冷却法　利用入口压力为 0.29~0.59 MPa 的压缩空气使切削液雾化,并高速喷向切削区。喷离喷嘴的雾状液滴因压力减小,体积骤然膨胀,温度有所下降,从而进一步提高了它的冷却作用,这种方法叫做喷雾冷却法。

③ 高压内冷却法　高压内冷却是在高压作用下使切削液通过刀体内部的通道直接流向切削区,起到充分冷却作用。

知识的梳理

本单元首先对金属切削过程进行了讲解,重点介绍了切削过程中的一些情况,比如切削变形、积屑瘤,鳞刺等现象,这些现象是如何产生的,对加工有什么影响都做了讲解;其次重点介绍了切削过程中切削力、切削热与切削温度、刀具磨损和耐用度的基本变化规律,以及切削过程中基本规律的应用。学生通过对本单元的学习,初步掌握根据实际加工条件查阅相关手册确定各种切削加工参数的方法。

思考与练习

2-1　金属切削过程的实质是什么?

2-2　为什么说切削温度是形成积屑瘤的主要条件?在切削过程中,如何抑制积屑瘤的产生?

2-3　试述前角、切削速度改变对切削变形的影响规律。

2-4 为什么说背吃刀量对切削力 F_c 的影响指数 $x_{Fc}\approx1$，而进给量对 F_c 的影响指数 $y_{Fc}<1$？

2-5 什么是切削层？切削层的参数是如何定义的？

2-6 分别说明切削速度、进给量及背吃刀量改变对切削温度的影响。

2-7 刀具磨钝标准与刀具耐用度之间有何关系？确定刀具耐用度有哪几种方法？要提高刀具耐用度，前角和主偏角应如何改变？

2-8 车削直径为 60 mm，长为 200 mm 的棒料外圆，若选用 $a_p=4$ mm，$f=0.5$ mm/r，$n=140$ r/min，试问切削速度 v_c 为多少？切削时间 t_m 为多少？若使刀具主偏角 $\kappa_r=75°$，试问其切削厚度、切削宽度、切削面积各为多少？

2-9 简述断屑过程。断屑槽有几种形式？各有何特点？

2-10 粗磨外圆、钻孔、精铰孔、精刨铸铁件、拉孔、滚削齿轮各采用什么切削液？为什么？

单元三　外圆表面加工及设备

知识要点

1. 介绍外圆表面常见的加工方法、工艺范围及特点；
2. 常用的外圆表面加工设备加工范围、传动系统和内部结构；
3. 外圆车刀和砂轮的种类、结构及选用；
4. 外圆表面加工的测量方法、常见缺陷及预防措施。

技能目标

1. 通过单元的学习，应掌握常用外圆加工设备的工艺范围、特点、传动原理和内部结构，并根据实际情况进行选用；
2. 熟悉外圆加工的刀具种类和用途以及常用夹具和装夹方法，并根据技术要求进行选用；
3. 熟悉外圆表面加工的测量方法、常见缺陷及预防措施。

外圆表面是轴类、圆盘类和套筒类零件的主要表面，同时也可能是这些零件的辅助表面，外圆表面的加工在零件加工中占有很大的比重，如图 3-1 所示。

外圆表面的技术要求：

① 尺寸精度　外圆直径、长度；

② 几何精度　圆度、轴线的直线度、圆柱度；与其他表面间的同轴度、垂直度、圆跳动和圆跳动；

③ 表面质量　表面粗糙度、表面硬度、残余应力等。

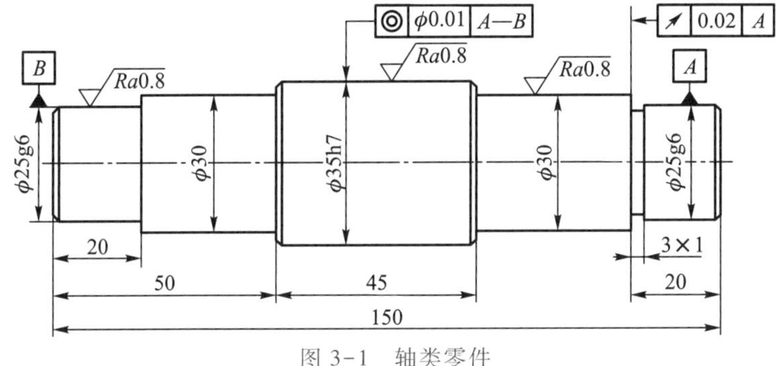

图 3-1　轴类零件

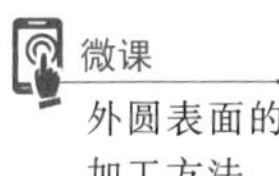

外圆表面的加工方法

3.1　外圆表面的加工方法

外圆表面的加工主要采用车削和磨削两种方法。当要求精度高、粗糙度低时，还可能用到光整加工的研磨、超精加工和抛光。

车削加工因切削层厚度大、进给量大而成为外圆表面加工最有效最经济的方法。尽管车削加工也能获得较高的加工精度和质量，但就其经济性来看一般适宜外圆表面的粗加工和半精加工。

磨削加工切削速度高、切削量小，是外圆表面最主要的精加工方法，适用于各种高硬度表面。

光整加工是精加工之后进行的超精密加工，适用于某些精度和表面质量要求很高的零件加工。

每一种加工方法达到的加工精度、表面粗糙度、生产率和生产成本各不相同，因此，在加工时必须根据实际情况选择最合适的加工方案，加工出满足图样要求的零件。

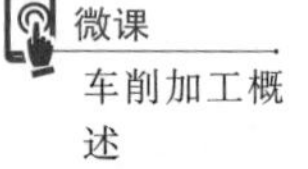
微课
车削加工概述

3.2　外圆表面的车削加工及设备

车削加工是在车床上利用工件的旋转运动（主运动）和刀具的直线运动（进给运动）改变毛坯的形状和尺寸，把它加工成符合图样要求的零件的加工过程。车削加工的范围很广，常用于加工带有回转表面的各种不同形状的零件，如圆柱体、圆锥体、成形面和各种螺纹等。加工件尺寸精度可达IT9～IT7，表面粗糙度可达到 $Ra1.6 \sim 6.3$ μm，对有色金属，利用精细车的方法，尺寸精度可达IT6～IT5，表面粗糙度可达 $Ra0.2 \sim 0.8$ μm。图3-2为车床加工的主要加工工艺类型。

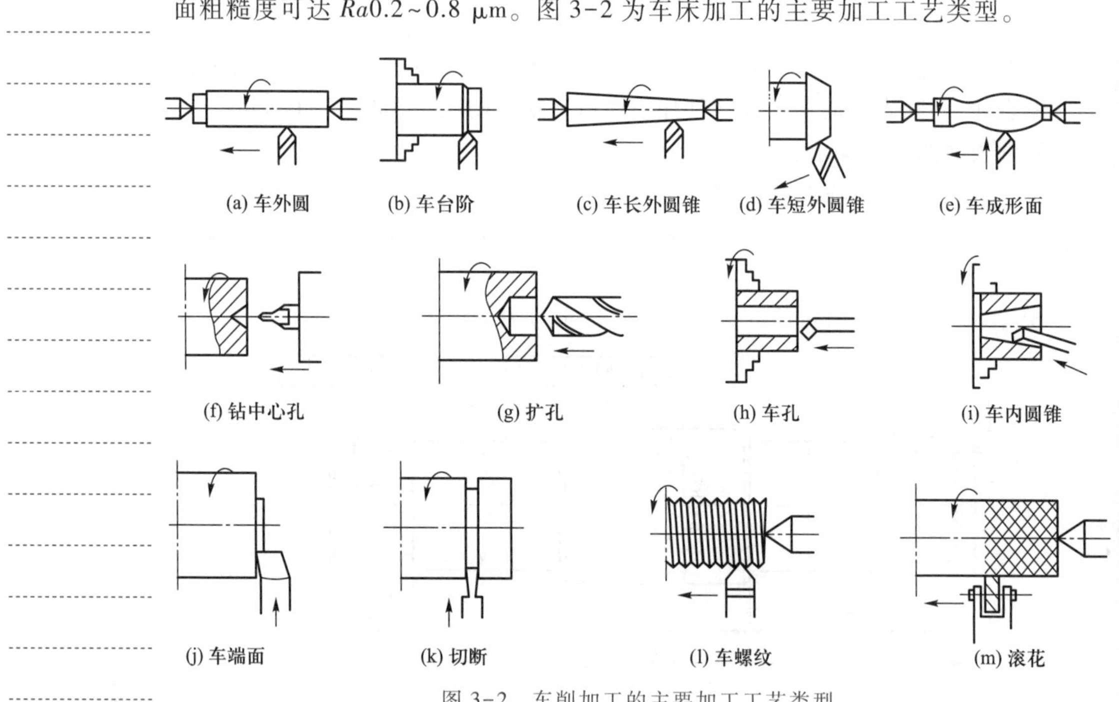

图3-2　车削加工的主要加工工艺类型

车削加工的特点：

① 车刀结构简单、刚度高，制造、刃磨和装夹方便，刀具价格低廉。

② 车削过程平稳，有利于提高生产率。

③ 可在一次安装中完成内外圆、端面和切槽加工，可获得较高的同轴度、外

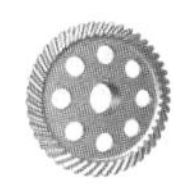

圆轴线与端面的垂直度。

④ 可用于加工各种钢料、铸铁、有色金属和非金属材料，不易加工硬度在30 HRC 以上的淬火钢。

根据所用机床的精度不同，车削加工可以达到的加工精度等级也不相同，表3-1是车削加工所能达到的技术指标。采用高精度机床与合适的车刀如金刚石车刀相配合，可以达到更高的精度，完成如计算机硬盘盘基类零件的超精密加工。

表 3-1 车削加工的主要精度技术指标

精度项目	普通车床	精密车床	高精密车床
外圆圆度	0.01	0.0035	0.0014
外圆圆柱度	0.01/100	0.005/100	0.0018/100
端面平面度	0.02/200	0.0085/200	0.0035/200
螺纹螺距精度	0.06/300	0.018/300	0.007/300
表面粗糙度 Ra/μm	2.5～1.25	1.25～0.32	0.32～0.02

3.2.1 车床

车床是车削加工所必需的工艺装备之一。它提供车削加工所需的成形运动、辅助运动和切削动力，保证加工过程中工件、夹具与刀具的相对正确位置。

1. 车床的类型

车床种类繁多，根据结构布局、用途和加工对象的不同，主要分为以下几类：

(1) 卧式车床

卧式车床是通用车床中应用最普遍、工艺范围最广泛的一种车床。在卧式车床上可以完成各种类型的内外回转体表面的加工，还可以进行钻、扩、铰、滚花等加工。但其自动化程度低，加工生产率低，加工质量受操作者的技术水平影响较大，所以多适用于单件小批生产。本书主要以介绍卧式车床为主。

(2) 落地车床和立式车床

当工件直径大，而长度短时，可采用落地车床或立式车床加工。两者相比，立式车床由于主轴轴线采用垂直位置，工件的安装平面处于水平位置，有利于工件的安装和调整，机床的精度保持性也好，因而实际生产中较多采用立式车床。

(3) 转塔车床

转塔车床与卧式车床的不同之处是前者没有尾座和丝杠，在尾座的位置装有一个多工位的转塔刀架，该刀架可装多把刀具，通过转塔转位可使不同的刀具依次处于工作位置，对工件进行不同的加工，减少了反复装夹刀具的时间。因此，在成批加工形状复杂的工件时具有较高的生产率。

除上述较常见的几类车床外，还有机械式自动和半自动车床、液压仿形车床及多刀半自动车床等。特别是近几年来，数控车床和数控车削中心的应用得到迅速的普及，已经逐步在车削加工设备中处于主导地位。

2. 车床的组成

车床尽管类型很多，结构布局各不相同，但其基本组成大致相同。以卧式车

床为例,如图 3-3 所示,主要组成部分有:

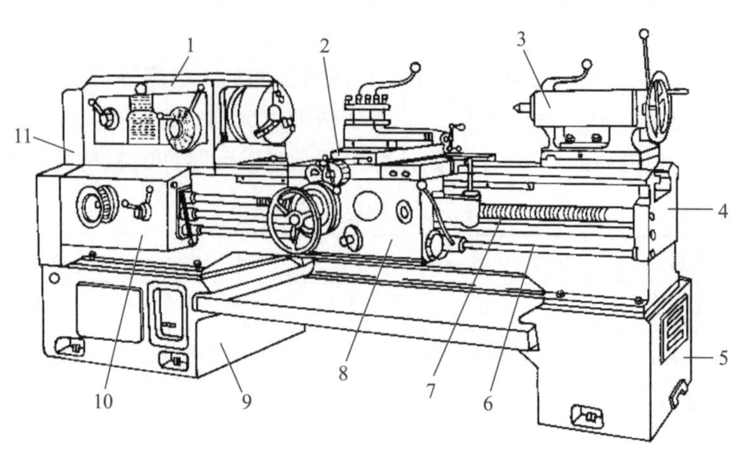

1—主轴箱;2—刀架和拖板;3—尾座;4—床身;5—右床腿;6—光杠;
7—丝杠;8—滑板箱;9—左床腿;10—进给箱;11—挂轮箱

图 3-3　CA6140 型卧式车床的组成

(1) 主轴箱

主轴箱固定在床身的左上部,内部装有主运动传动系统即主轴部件。其功能是支承主轴部件并传递动力实现主运动。

(2) 进给箱

进给箱安装在床身左端前侧,内部有进给运动传动系统,用以控制光杠及丝杠的进给运动变换和不同进给量的变换。

(3) 滑板箱

滑板箱安装在床身前侧拖板的下方,与拖板相连。其作用是使刀架实现纵向和横向进给、快速移动或车削加工。

(4) 刀架和拖板

拖板安装在床身的导轨上,在滑板箱的带动下沿导轨做纵向运动;刀架安装在拖板上,可与拖板一起纵向运动,也可经滑板箱的传动在拖板上做横向运动。刀架上安装刀具。

(5) 尾座

尾座安装在床身导轨上,可沿导轨纵向移动调整位置。它用于支承长工件和安装钻头等刀具进行孔加工。

(6) 床身

床身是卧式车床的基本支承件,固定在左床腿和右床腿上,其作用是用以支承各主要部件,并使它们保持准确的相对位置。

3. CA6140 型卧式车床

CA6140 型卧式车床是普通精度级的卧式车床的典型代表,它的主参数是最大加工直径,为 400 mm,第二主参数是最大加工长度,有 750 mm、1 000 mm、1 500 mm、2 000 mm 四种。这种机床的加工范围广,适应性强,可以加工轴类、盘

套类零件；可车削米制、英制、模数制、径节制 4 种标准螺纹和精密、非标准螺纹；可完成钻、扩、铰孔加工。但结构比较复杂，适用于单件小批生产或机修、工具车间使用。

（1）机床的传动系统

如图 3-4 所示是 CA6140 型卧式车床的传动系统图。它主要包括主运动传动链、进给运动传动链和螺纹车削传动链。

微课

CA6140 型卧式车床主运动传动链（1）

1）主运动传动链

主运动传动链的首末端件是电动机和主轴。它的功能是将动力源（电动机）的运动及能量传给主轴，使主轴带动工件旋转。它可使主轴获得 24 级正转转速和 12 级反转转速。

主运动由主电动机经 V 带轮传动副传至主轴箱内的轴 Ⅰ 而输入主轴箱，轴 Ⅰ 上的双向摩擦片式离合器 M_1 控制主轴的启动、停转及换向。M_1 左边摩擦片被压紧时，主轴正转；右边摩擦片被压紧时，主轴反转；当两边摩擦片都脱开时，主轴停转。轴 Ⅰ 的运动经离合器 M_1 和轴 Ⅱ 上的滑移变速齿轮传至轴 Ⅱ，再经过轴 Ⅲ 上的滑移变速齿轮传至轴 Ⅲ，然后分两路传给主轴 Ⅵ。当主轴 Ⅵ 上的滑移齿轮 Z50 位于左边位置时，轴 Ⅲ 运动经齿轮 63/50 直接传给主轴，主轴获得高转速；当 Z50 位于右边位置与 Z58 连为一体时，运动经轴 Ⅲ、轴 Ⅳ、轴 Ⅴ 之间的背轮机构传给主轴，主轴获得中低转速。主运动传动路线的表达式为：

微课

CA6140 型卧式车床主运动传动链（2）

$$\underset{\substack{1\,450\ \mathrm{r/min}\\7.5\ \mathrm{kW}}}{\text{电动机}}-\frac{\phi130}{\phi230}-\mathrm{I}-\left\{\begin{array}{l}M_1\text{左}-\left\{\begin{array}{l}56/38\\51/43\end{array}\right\}\\ M_1\text{右}-50/34-34/30\end{array}\right\}-\mathrm{II}-\left\{\begin{array}{l}39/41\\22/58\\30/50\end{array}\right\}-\mathrm{III}-$$

$$\left\{\begin{array}{l}\left\{\begin{array}{l}20/80\\50/50\end{array}\right\}-\mathrm{IV}-\left\{\begin{array}{l}20/80\\51/50\end{array}\right\}-\mathrm{V}-\frac{26}{58}-M_2\\ \text{------------}63/50\text{------------}\end{array}\right\}-\text{主轴}\mathrm{VI}$$

由传动路线表达式可知，主轴正转转速级数 $n=2\times3\times(1+2\times2)$ 级 $=30$ 级。但在轴 Ⅲ—Ⅴ 之间的 4 种传动比分别为 $u_1=1/16, u_2\approx1/4, u_3=1/4, u_4\approx1$，因而，实际上只有 3 种不同的传动比。故主轴的实际转速级数是 $n=2\times3\times(1+2\times2-1)$ 级 $=24$ 级。同理，反转时主轴的转速级数为 12 级。

主轴的转速可按下列运动平衡式计算：

$$n_{\text{主}}=1\ 450\times\frac{130}{230}\times u_{\mathrm{I-II}}u_{\mathrm{II-III}}u_{\mathrm{III-IV}} \tag{3-1}$$

式中：$n_{\text{主}}$——主轴转速，r/min；

$u_{\mathrm{I-II}}$、$u_{\mathrm{II-III}}$、$u_{\mathrm{III-VI}}$——分别为轴 Ⅰ—Ⅱ、轴 Ⅱ—Ⅲ、轴 Ⅲ—Ⅵ 之间的变速传动比。

微课

CA6140 型卧式车床进给运动传动链

2）进给运动传动链

进给运动传动链的两个末端件分别是主轴和刀架，其作用是实现刀具纵向或横向移动及变速与换向。它包括车螺纹进给运动传动链和机动进给运动传动链。此处主要介绍机动进给运动传动链，车螺纹进给运动传动链在螺纹加工单元进行介绍。

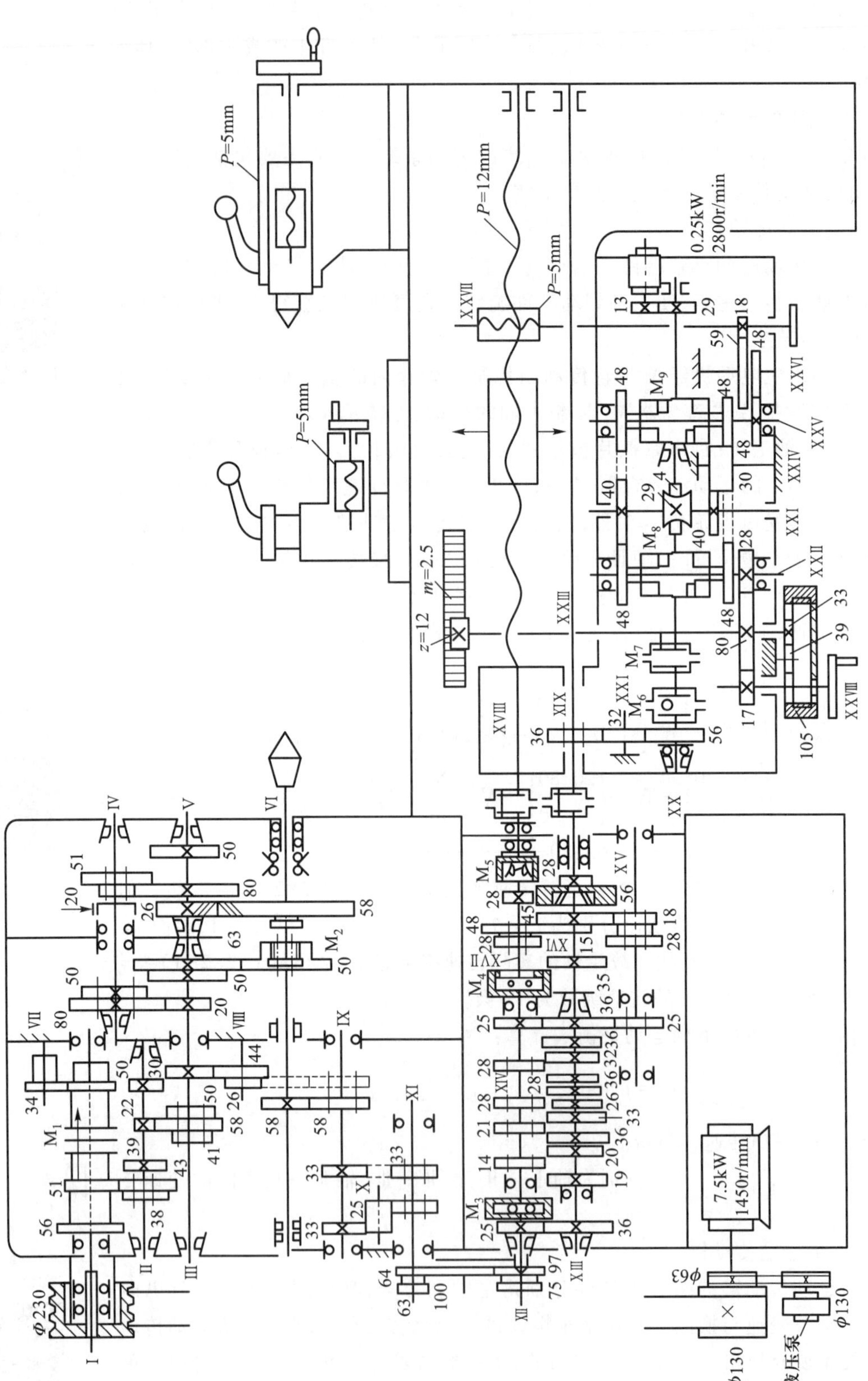

图 3-4　CA6140 车床传动系统图

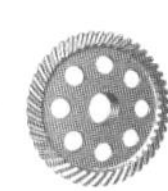

机动进给传动链主要是用来加工圆柱面和端面，为了减少螺纹传动链丝杠及开合螺母磨损，保证螺纹传动链的精度，机动进给是由光杠经滑板箱传动的。

① 纵向机动进给传动链　CA6140 型卧式车床纵向机动进给量有 64 种。当运动由主轴经正常导程的米制螺纹传动路线时，可获得正常进给量。进给运动传动路线表达式为：

$$\text{主轴}-\frac{58}{58}-\left\{\begin{array}{c}\frac{33}{33}\\ \frac{33}{25}\times\frac{25}{33}\end{array}\right\}-\frac{63}{100}\times\frac{100}{75}-\frac{25}{36}-u_{\text{基}}-\frac{25}{36}\times\frac{36}{25}-u_{\text{倍}}-\frac{28}{56}-\text{光杠}-$$

$$-\frac{36}{32}\times\frac{32}{56}-M_6-M_7-\frac{4}{29}-\left\{\begin{array}{l}\left\{\begin{array}{l}\frac{40}{30}-\frac{30}{48}-M_8\downarrow\\ \frac{40}{48}-M_8\uparrow\end{array}\right\}-\frac{28}{80}-\text{齿轮、齿条}-\text{纵向进给}\\ \left\{\begin{array}{l}\frac{40}{48}-M_9\uparrow\\ \frac{40}{30}-\frac{30}{48}-M_9\downarrow\end{array}\right\}-\frac{48}{48}-\frac{59}{18}-\text{丝杠}-\text{横向进给}\end{array}\right.$$

其中，$u_{\text{基}}$ 是轴 XⅢ 和轴 XⅣ 之间变速机构的 8 种传动比，即：

$$u_{\text{基}1}=\frac{26}{28}=\frac{6.5}{7};\quad u_{\text{基}2}=\frac{28}{28}=\frac{7}{7};\quad u_{\text{基}3}=\frac{32}{28}=\frac{8}{7};\quad u_{\text{基}4}=\frac{36}{28}=\frac{9}{7};$$

$$u_{\text{基}5}=\frac{19}{14}=\frac{9.5}{7};\quad u_{\text{基}6}=\frac{20}{14}=\frac{10}{7};\quad u_{\text{基}7}=\frac{33}{21}=\frac{11}{7};\quad u_{\text{基}8}=\frac{36}{21}=\frac{12}{7}$$

上述变速机构是获得各种螺纹的基本机构，称为基本螺距机构或称基本组。$u_{\text{倍}}$ 是轴 XⅤ 和轴 XⅦ 之间变速机构的 4 种传动比，即：

$$u_{\text{倍}1}=\frac{18}{45}\times\frac{15}{48}=\frac{1}{8};\quad u_{\text{倍}2}=\frac{28}{35}\times\frac{15}{48}=\frac{1}{4};$$

$$u_{\text{倍}3}=\frac{18}{45}\times\frac{35}{28}=\frac{1}{2};\quad u_{\text{倍}4}=\frac{28}{35}\times\frac{35}{28}=1$$

上述 4 种传动比按倍数关系排列，用于扩大机床车削螺纹导程的种数，这个变速机构称为增倍机构或增倍组。

由此可得：

$$f_{\text{纵}}=1_{(\text{主轴})}\times\frac{58}{58}\times\frac{33}{33}\times\frac{63}{100}\times\frac{100}{75}\times\frac{25}{36}\times u_{\text{基}}\times\frac{25}{36}\times\frac{36}{25}\times u_{\text{倍}}\times\frac{28}{56}\times\frac{36}{32}\times\frac{32}{56}$$

$$\times\frac{4}{29}\times\frac{40}{30}\times\frac{30}{48}\times\frac{28}{80}\times\pi\times2.5\times12\ \text{mm/r}$$

化简后得运动平衡式：

$$f_{\text{纵}}=0.71u_{\text{基}}\,u_{\text{倍}}\tag{3-2}$$

可得到 32 种正常进给量（范围为 0.08～1.22 mm/r），其余 32 种进给量可分别通过英制螺纹传动路线和扩大导程传动路线得到。

② 横向机动进给传动链　由传动系统图分析可知，当横向机动进给与纵向

进给的传动路线一致时，所得到的横向进给量是纵向进给量的一半，横向与纵向进给量的种数相同，都为 64 种。

③ 刀架快速机动移动 为了缩短辅助时间，提高生产效率，CA6140 型卧式车床的刀架可实现快速机动移动。刀架的纵向和横向快速移动由快速移动电动机（$P=0.25$ kW，$n=2\ 800$ r/min）传动，经齿轮副 13/29 使轴 XX 高速转动，再经蜗轮蜗杆副 4/29、滑板箱内的转换机构，使刀架实现纵向或横向的快速移动。快移方向由滑板箱中双向离合器 M_8 和 M_9 控制。其传动路线表达式为：

$$\text{电动机快速移动}—\frac{13}{29}—\text{XX}—\frac{4}{29}—\text{XXI}—\begin{Bmatrix}M_8\cdots\cdots\text{纵向}\\M_9\cdots\cdots\text{横向}\end{Bmatrix}$$

刀架快速纵向右移的速度为：

$$v_{\text{纵右(快)}}=2800\times\frac{13}{29}\times\frac{4}{29}\times\frac{40}{30}\times\frac{30}{48}\times\frac{28}{80}\times\pi\times2.5\times12\ \text{m/min}=4.76\ \text{m/min} \quad (3-3)$$

（2）卧式车床的结构

1）主轴箱

主轴箱的功用是支承主轴，将动力传给主轴，使其实现启动、停止、变速和换向等，并把进给运动从主轴传往进给系统，使进给系统实现换向和扩大螺距等。因此，主轴箱中通常包含有主轴及其轴承，传动机构，启动、停止以及换向装置，制动装置，操纵机构和润滑装置等。

① 卸荷皮带装置 由电动机经 V 带传动使主轴箱的轴 I 获得运动，为提高轴 I 的运动平稳性，其上的带轮 1 采用了卸荷结构，如图 3-5 所示，箱体 4 上通过螺钉固定法兰 3，带轮 1 用螺钉和定位销与花键套筒 2 连接并支承在法兰 3 内的两个深沟球轴承上，花键套筒 2 以它的内花键与轴 I 相连。因此，带轮的运动可通过花键套筒 2 带动轴 I 旋转，但带传动所产生的拉力经法兰 3 直接传给箱体，使轴 I 不受 V 带拉力的作用，减少弯曲变形，提高传动的平稳性。卸荷带轮装置特别适用于要求传动平稳的精密机床主轴上。

② 主轴部件结构及其轴承的调整 主轴部件主要由主轴、主轴支承及安装在主轴上的齿轮等组成，如图 3-6 所示。

主轴是外部有花键、内部空心的阶梯轴。在拆卸主轴顶尖时，可由孔穿过拆卸钢棒。主轴前端加工有莫氏 6 号锥度的锥孔，用于安装前顶尖。

主轴应具有较高的回转精度（主轴端部径向跳动和轴向窜动不得大于 0.01 mm）及足够的刚度和良好的抗振性能。经过生产实践使用的检验，CA6140 的主轴形成了前后双支承、后端定位的结构。其中，前轴承采用 P5 级精度的双列圆柱滚子轴承，用于承受径向力，通过轴承内环与主轴在轴向的相对移动使内环产生弹性变形，以调整轴承的径向间隙；后支承采用推力轴承和角接触球轴承组合，分别用以承受双向轴向力和径向力，轴承的间隙由主轴后端的螺母调整。前后轴承均采用油泵供油润滑。轴上 z_{58} 斜齿轮靠近主轴前端布置，以减小径向力对主轴弯曲变形的影响，同时可抵消部分主轴承受的轴向载荷。

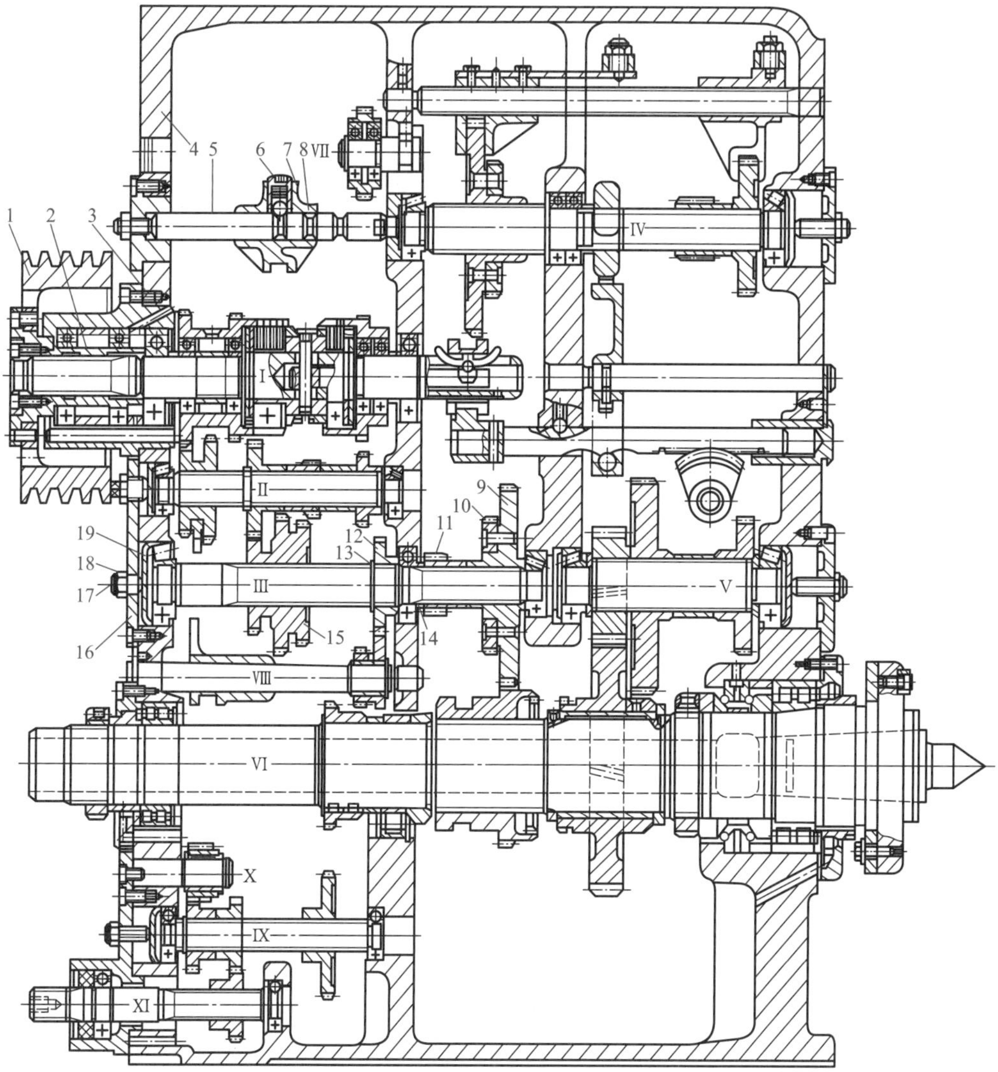

1—带轮；2—花键套筒；3—法兰；4—箱体；5—导向轴；6—调节螺钉；7—螺母；8—拨叉；9、10、11、12—齿轮；13—弹簧卡圈；14—垫圈；15—三联滑移齿轮；16—轴承盖；17—螺钉；18—锁紧螺母；19—压盖

图 3-5 CA6140 型卧式车床主轴箱展开图

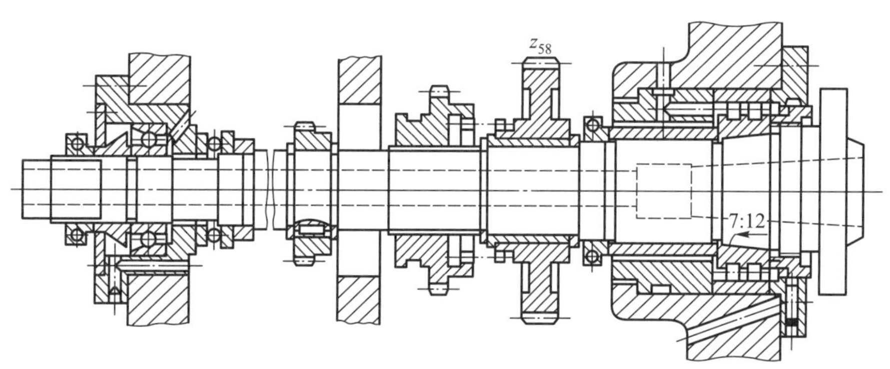

图 3-6 主轴部件

③ 闸带式制动器　CA6140 型卧式车床采用闸带式制动器，以达到主轴快速停止运动，缩短辅助时间的目的，其结构如图 3-7 所示。

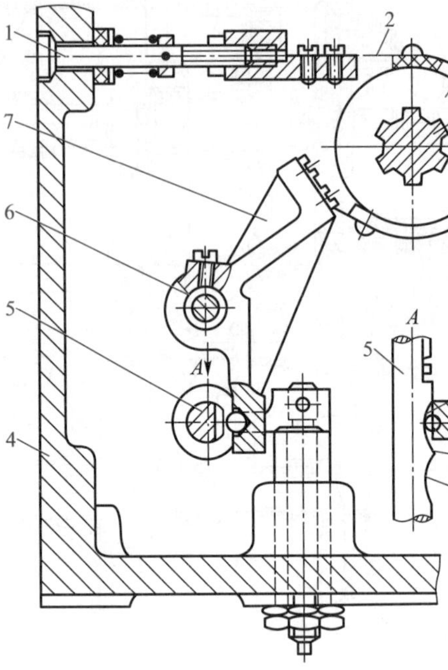

1—调节螺钉；2—制动带；3—制动轮；4—箱体；5—齿条轴；6—杠杆支承轴；7—杠杆

图 3-7　制动器结构原理图

④ 摩擦离合器和制动器　双向摩擦离合器 M_1 装在轴 Ⅰ 上，其作用是控制主轴Ⅵ正转、反转或停止。制动器安装在轴Ⅳ上，当摩擦离合器脱开时，用制动器进行制动，使主轴迅速停止运动，以便缩短辅助时间，如图 3-8 所示。

摩擦离合器还可起过载保护作用。当机床超载时，摩擦片打滑，于是主轴停止转动，从而避免损坏机床零部件。摩擦片之间的压紧力是根据离合器应传递的额定扭矩来确定的。

2）滑板箱

滑板箱的作用是将丝杠或光杠传来的旋转运动转变为直线运动并带动刀架进给，控制刀架运动的接通、断开和换向，手动操纵刀架移动和实现快速移动，机床过载时控制刀架自动停止进给等。CA6140 型卧式车床的滑板箱是由以下几部分机构组成：接通、断开和转换纵、横向进给运动的操纵机构；接通丝杠传动的开合螺母机构；保证机床工作安全的互锁机构；保证机床工作安全的过载保护机构；实现刀架快慢速自动转换的超越离合器等。下面将介绍主要机构的结构、工作原理及有关调整。

① 纵、横向机动进给操纵机构　图 3-9 所示为 CA6140 型卧式车床的机动进给操纵机构。刀架的纵向和横向机动进给运动的接通、断开，运动方向的改变和刀架快速移动的接通和断开，均集中由手柄 1 来操纵，且手柄扳动方向与刀架运动方向一致。

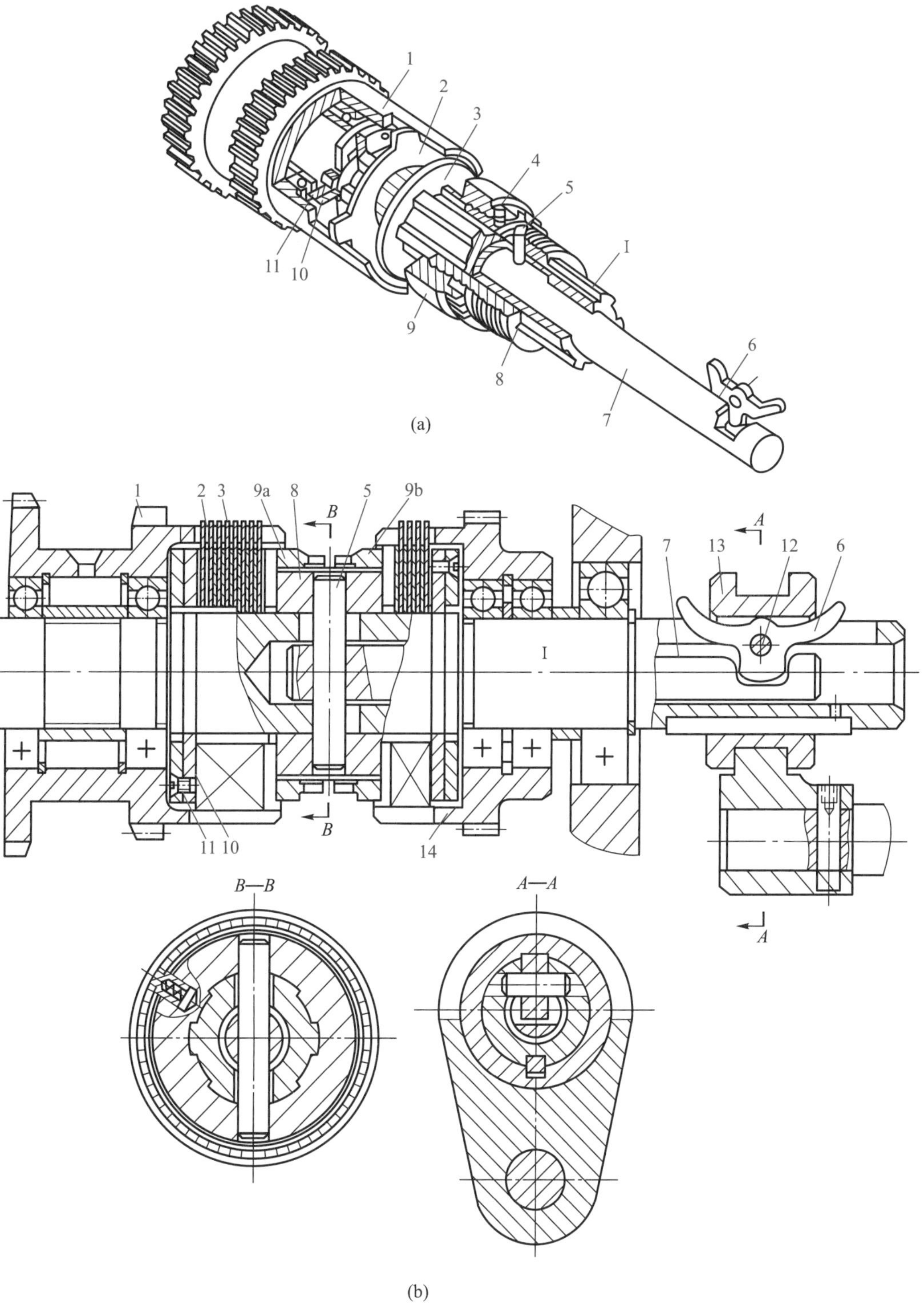

(a)

(b)

1—双联空套齿轮；2—外摩擦片；3—内摩擦片；4—弹簧销；5—圆销；6—羊角形摆块；7—拉杆；8—压套；9—螺母；10、11—止推片；12—销轴；13—滑套；14—空套齿轮

图 3-8 摩擦离合器结构

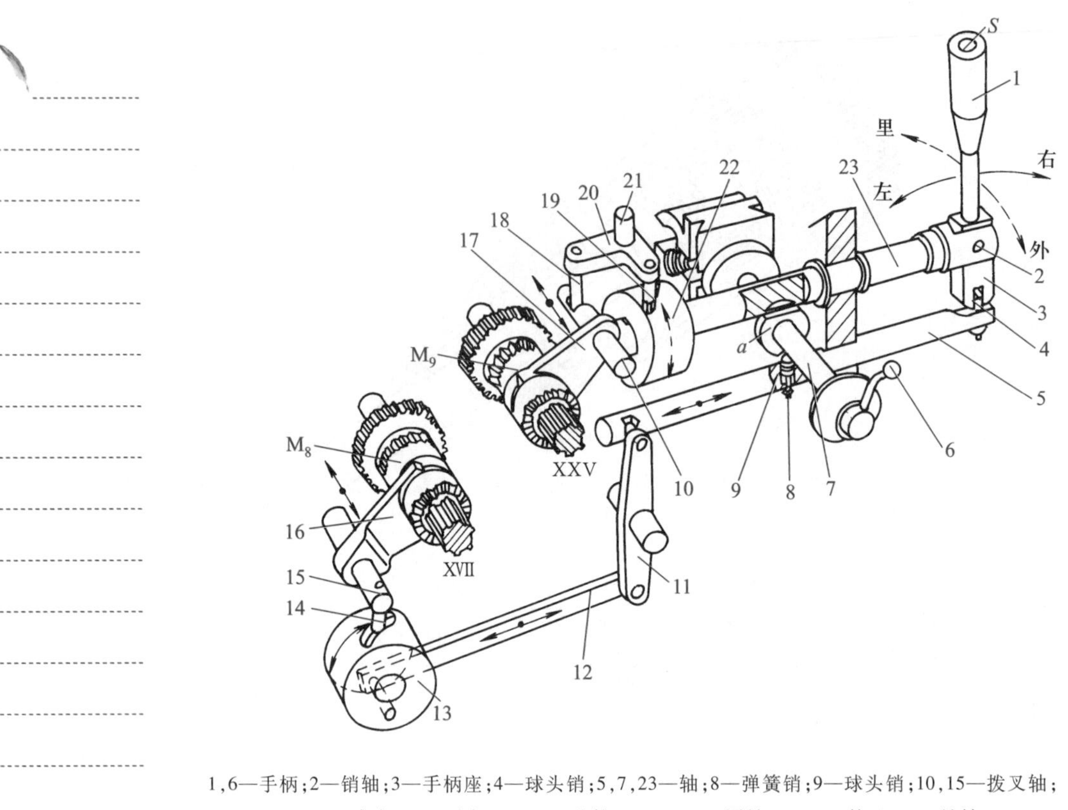

1,6—手柄;2—销轴;3—手柄座;4—球头销;5,7,23—轴;8—弹簧销;9—球头销;10,15—拨叉轴;11,20—杠杆;12—连杆;13,22—凸轮;14,18,19—圆销;16,17—拨叉;21—销轴

图 3-9　CA6140 型卧式车床的机动进给操纵机构

② 超越离合器的结构　超越离合器 M_6 的作用是实现同一轴运动的快、慢速自动转换。如图 3-10 中 *A*—*A* 剖面所示,超越离合器由齿轮 6(它作为离合器的外壳)、星形体 5、三个滚柱 8、顶销 13 和弹簧 14 组成。当刀架机动工作进给时,空套齿轮 6 为主动逆时针方向旋转,在弹簧 14 及顶销 13 的作用下,使滚柱 8 挤向楔缝,并依靠滚柱 8 与齿轮 6 内孔孔壁间的摩擦力带动星形体 5 随同齿轮 6 一起转动,再经安全离合器 M_7 带动轴 XX 转动,实现机动进给。当快速电动机启动时,运动由齿轮副 13/29 传至轴 XX,则星形体 5 由轴 XX 带动做逆时针方向的快速旋转,此时,在滚柱 8 与齿轮 6 及星形体 5 之间的摩擦力和惯性力的作用下,使滚柱 8 压缩顶销而移向楔缝的大端,从而脱开齿轮 6 与星形体 5(即轴 XX)间的传动联系,齿轮 6 已不再为轴 XX 传递运动,轴 XX 是由快速电动机带动做快速转动,刀架实现快速运动。当快速电动机停止转动时,在弹簧及顶销和摩擦力的作用下,使滚柱 8 又瞬间嵌入楔缝,并楔紧于齿轮 6 和星形体之间,刀架立即恢复正常的工作进给运动。由此可见,超越离合器 M_6 可实现轴 XX 快、慢速运动的自动转换。

③ 安全离合器的结构　安全离合器 M_7 是防止进给机构过载或发生偶然事故时损坏机床部件的保护装置。如图 3-10 所示,它是当刀架机动进给过程中,如进给抗力过大或刀架移动受到阻碍时,安全离合器能自动断开轴 XX 的运动,使自动进给停止。

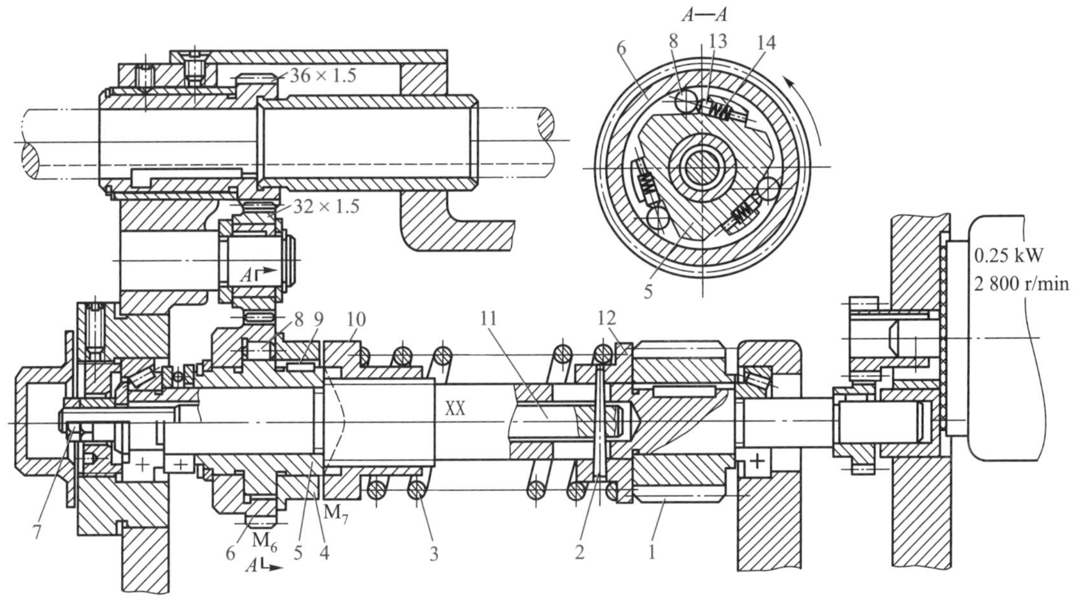

1—蜗杆;2—圆柱销;3、14—弹簧;4—M_7 左半部;5—星形体;6—齿轮(M_6 外壳);7—调整螺母;8—滚柱;9—平键;10—M_7 右半部;11—拉杆;12—弹簧座;13—顶销

图 3-10 CA6140 型卧式车床安全离合器及超越离合器结构

3.2.2 车刀

车刀是完成车削加工所必需的工具。它直接参与从工件上切除余量的车削加工过程。车刀性能的优劣对车削加工的质量、生产率有决定性的影响。尤其是随着车床性能的提高和高速主轴的应用,车刀的性能直接影响机床性能的发挥。车刀的性能取决于刀具的材料、结构和几何参数。

1. 车刀的类型

(1) 按用途分类

在车削加工中,为了加工各种不同表面或不同的工件,需要采用各种不同加工用途的车刀,常用的有外圆车刀、偏刀、切断刀、螺纹车刀等。车刀的种类如图 3-11 所示。

(2) 按结构分类

车刀按结构可分为整体式、焊接式、机夹式和可转位式等,如图 3-12 所示。

1) 整体式高速钢车刀

选用一定形状的整体高速钢刀条,在其一端刃磨出所需的切削部分形状就形成了整体式高速钢车刀。这种车刀刃磨方便,可以根据需要刃磨成不同用途的车刀,尤其是适宜于刃磨各种刃形的成形车刀,如切槽刀、螺纹车刀等。刀具磨损后可以多次重磨。但其刀杆也是高速钢材料,造成刀具材料的浪费,且刀杆强度低,当切削力较大时,会造成破坏。因此整体式高速钢车刀一般用于较复杂成形表面的低速精车。

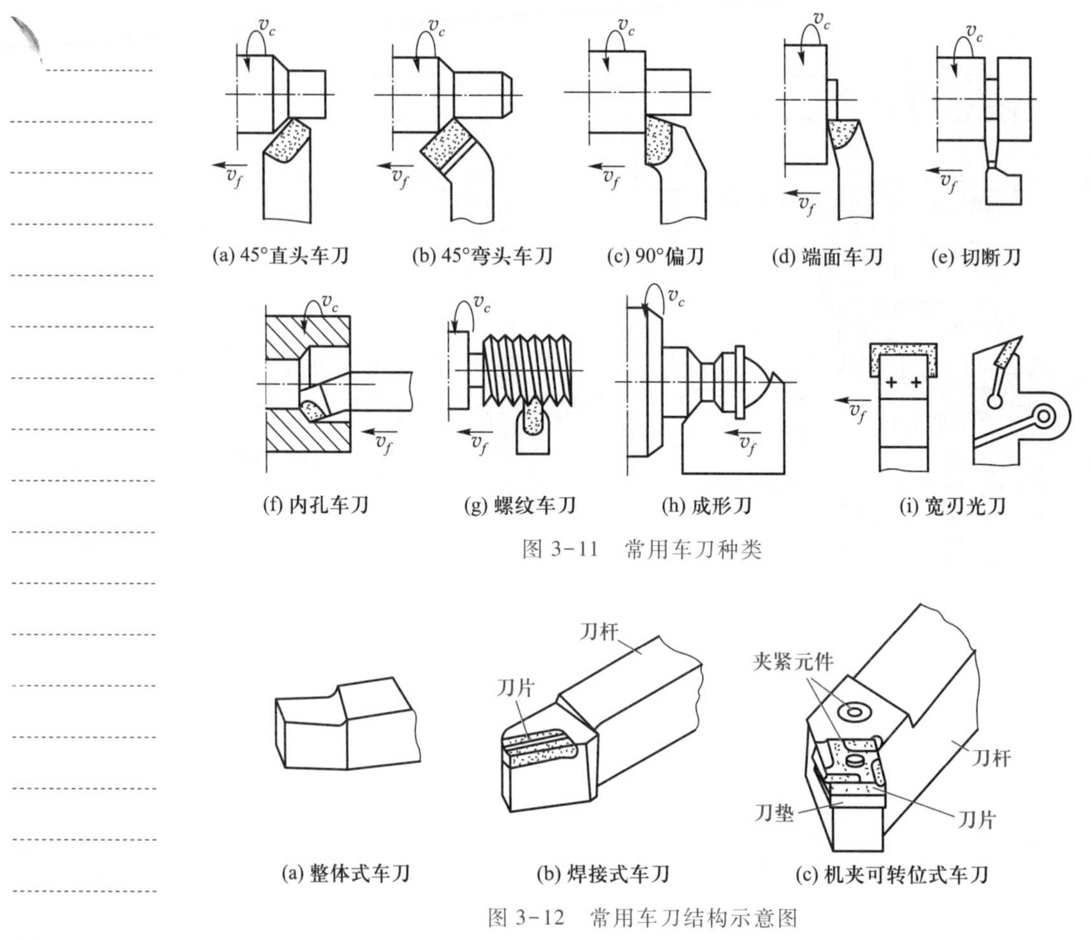

(a) 45°直头车刀　(b) 45°弯头车刀　(c) 90°偏刀　(d) 端面车刀　(e) 切断刀

(f) 内孔车刀　(g) 螺纹车刀　(h) 成形刀　(i) 宽刃光刀

图 3-11　常用车刀种类

(a) 整体式车刀　(b) 焊接式车刀　(c) 机夹可转位式车刀

图 3-12　常用车刀结构示意图

2）硬质合金焊接式车刀

将一定形状的硬质合金刀片钎焊在刀杆的刀槽内制成了硬质合金焊接式车刀。这种车刀优点是结构简单，制造刃磨方便，刀具材料利用充分，刚性较好。缺点是由于存在焊接应力，使刀具材料的使用性能受到影响，甚至出现裂纹，且刀杆不能重复使用，造成材料的浪费。

3）可转位式车刀

可转位式车刀是一种将可转位刀片用夹紧元件夹固在刀杆上使用的先进刀具。可转位车刀由刀杆、夹紧元件、刀垫和刀片等组成。根据夹紧机构的结构不同，可转位车刀有偏心式、杠杆式、楔销式、上压式 4 种典型结构，夹固结构要求既要夹固可靠，又要定位准确，操作方便，并且不能妨碍切屑的流出。

① 偏心式　如图 3-13a 所示，它是利用螺钉上端部的一个偏心销，将刀片夹紧在刀杆上。特点是该结构靠偏心夹紧，靠螺钉自锁，结构简单，操作方便，但不能双边定位。由于偏心量过小，容易使刀片松动，故偏心式夹紧机构一般适用于连续平稳切削的场合。

② 杠杆式　如图 3-13b 所示，应用杠杆原理对刀片进行夹紧。当旋动螺钉时，通过杠杆产生的夹紧力将刀片定位夹紧在刀槽侧面上；旋出螺钉时刀片松

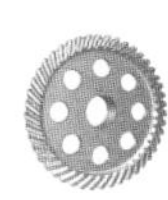

开。特点是定位精度高，夹固牢靠，受力合理，使用方便，但工艺性较差，适合于专业工具厂大批量的生产。

③ 楔销式　如图 3-13c 所示，该结构是把刀片通过内孔定位在刀杆刀片槽的销轴上，由压紧螺钉下压带有斜面的楔块，使其一面紧靠在刀杆凸台上，另一面将刀片推往刀片中间孔的圆柱销上，将刀片压紧。特点是简单易操作，但定位精度较低，且夹紧力与切削力相反。

④ 上压式　如图 3-13d 所示，该结构是当可转位式车刀用钝后，只需将刀片转过一个位置，即可使新的刀刃投入切削。当几个刀刃都用钝后再更换新的刀片，这样节省了刀具的刃磨、装卸、调整时间，同时避免了由于刀片的焊接、重磨造成的缺陷。这种刀具的刀片由专业化厂家生产，刀片性能稳定，刀具几何参数可以得到优化，并有利于新型刀具材料的推广应用，是金属切削刀具发展的方向。

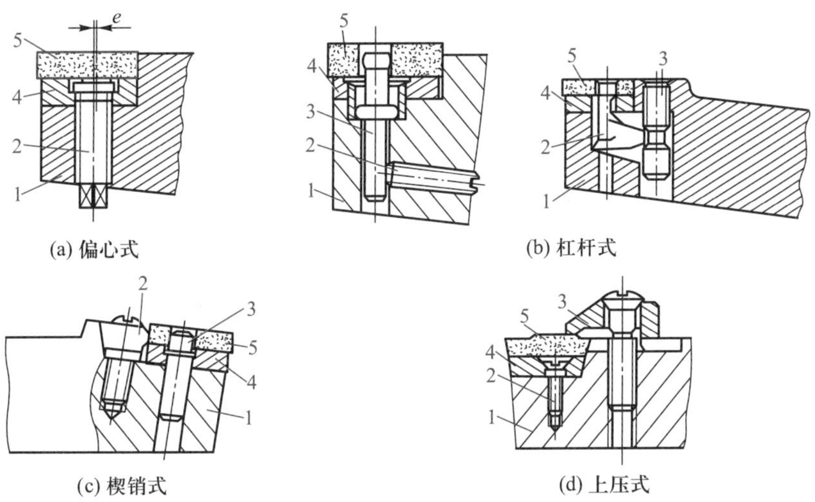

1—刀杆；2,3—夹紧元件；4—刀垫；5—刀片

图 3-13　可转位车刀的结构

2. 常用外圆车刀的选择

(1) 90°外圆车刀及其使用

90°外圆车刀又称偏刀，按进给方向分右偏刀（正偏刀）和左偏刀（反偏刀），如图 3-14 所示。

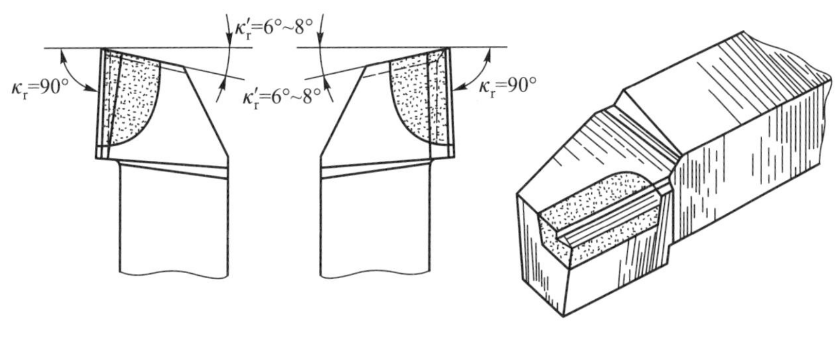

图 3-14　90°外圆车刀

① 右偏刀一般用来车削工件的外圆、端面和右向台阶，因为它的主偏角较大，车外圆时作用于工件半径方向的径向切削力较小，不易将工件顶弯。

② 左偏刀一般用来车削左向台阶和工件的外圆，也适用于车削直径较大和长度较短的工件的端面。

③ 右偏刀也可用来车削平面，但因车削时用副刃切削，如果由工件外缘向中心进给，当切削深度较大时，切削力会使车刀扎入工件，而形成凹面，为防止产生凹面，可改由中心向外缘进给。

(2) 45°外圆车刀及其使用

45°外圆车刀刀尖角为 90°，所以刀头强度和散热条件比 90°外圆车刀好，主偏角较小，车削时径向力较大，易使工件产生弯曲变形，因此，它常用于刚性较好、较短工件的外圆、端面的车削和倒角，如图 3-15 所示。

(3) 75°外圆车刀及其使用

75°外圆车刀的主偏角为 75°，其刀尖角大于 90°，刀头强度好，较耐用。因此，适用于粗车轴类工件的外圆以及强力车削铸、锻件等加工余量较大的工件的外圆，还可以车削铸、锻件的大端面，常将其称为强力车刀，如图 3-16 所示。

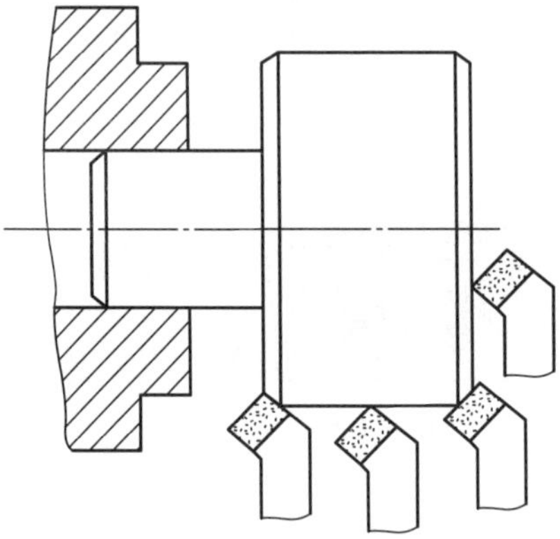

图 3-15　45°外圆车刀

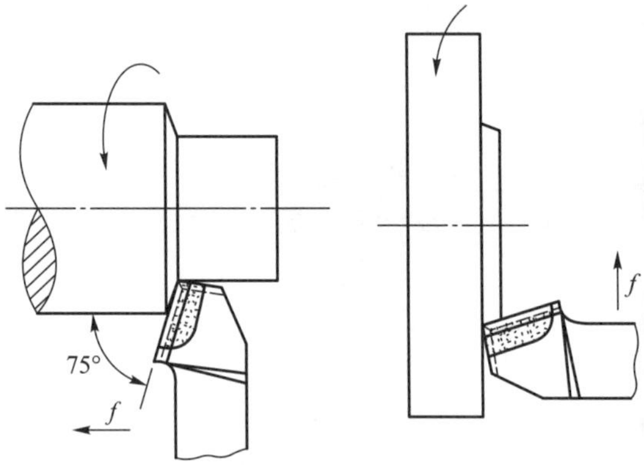

图 3-16　75°外圆车刀

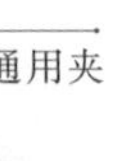
微课
车床通用夹具

3.2.3　车床通用夹具

通用夹具是指结构、尺寸已规格化，且具有一定通用性的夹具，如三爪自定心卡盘、四爪单动卡盘、万能分度头、中心架等。其特点是适用性强，不需调整或稍加调整即可装夹一定形状范围内的各种工件。这类夹具已商品化，且成为机床附件。其缺点是夹具的加工精度不高，生产率也较低，且较难装夹形状复杂的工件，故适用于单件小批量生产中。

根据在车床上加工的表面都是绕车床主轴轴线旋转而形成的加工特点和夹具在车床上安装的位置，车床夹具分为两种基本类型：一类是安装在车床主轴上和车床主轴相连接并带动工件一起随主轴旋转的夹具，如各种卡盘、顶尖等通用夹具和根据加工的需要设计出的各种心轴或其他专用夹具；另一类是安装在滑板或床身上的夹具，对于某些形状不规则和尺寸较大的工件，常常把夹具安装在车床滑板上，刀具则安装在车床主轴上做旋转运动，夹具做进给运动。本书主要

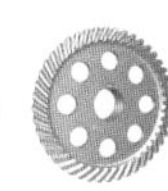

介绍第一类夹具中的几种通用夹具和常见的装夹方法。

（1）三爪自定心卡盘

三爪自定心卡盘是一种最常用的自动定心夹具，适用于装夹轴类、盘套类零件，如图 3-17 所示。三爪自定心卡盘上的三爪是同时动作的，可以达到自动定心兼夹紧的目的。其装夹工作方便，但定心精度不高（爪遭磨损所致），工件上对同轴度要求较高的表面，应尽可能在一次装夹中车出。由于传递的扭矩也不大，故三爪自定心卡盘适于夹持圆柱形、六角形等中小工件。图 3-18 为用三爪自定心卡盘装夹工件的方法。

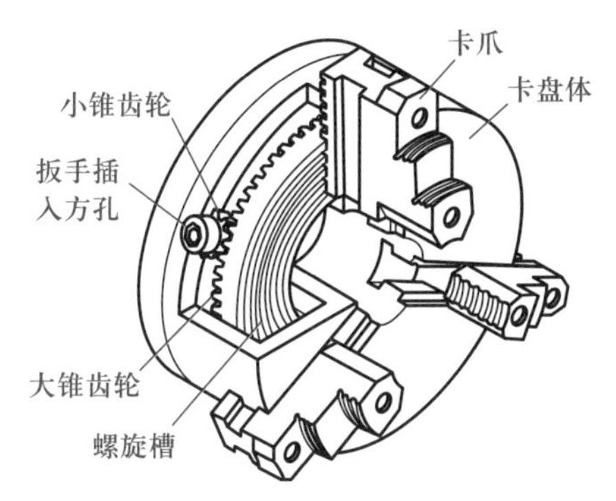

图 3-17　三爪自定心卡盘

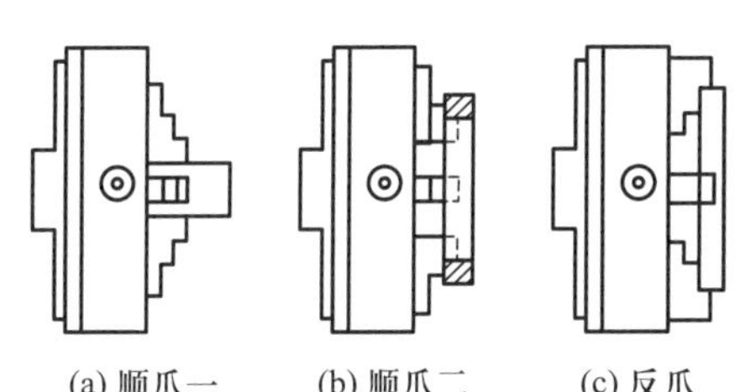

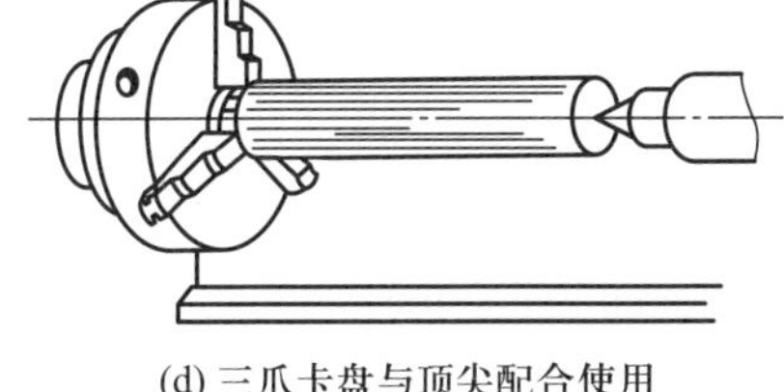

(a) 顺爪一　(b) 顺爪二　(c) 反爪　(d) 三爪卡盘与顶尖配合使用

图 3-18　用三爪自定心卡盘装夹工件的方法

（2）四爪单动卡盘

如图 3-19 所示，四爪单动卡盘上的四个爪分别通过转动螺杆实现单动。根据加工的要求，利用百分表校正后（图 3-20），安装精度比三爪自定心卡盘高，四爪单动卡盘的夹紧力大，适用于夹持较大的圆柱形工件或形状不规则的工件。

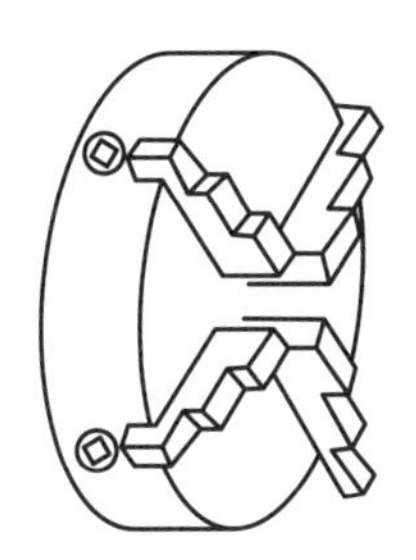

图 3-19　四爪单动卡盘

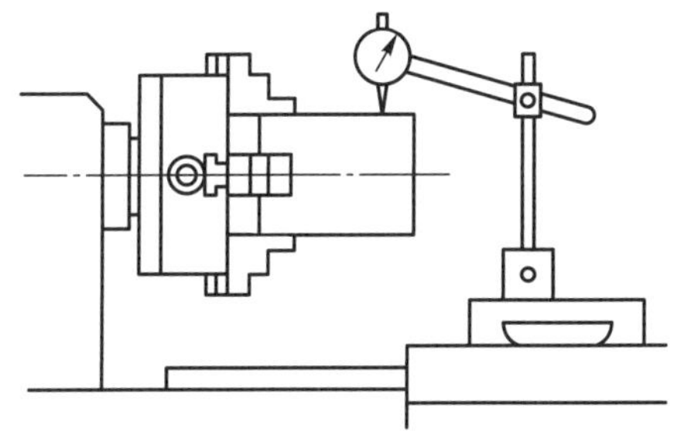

图 3-20　用百分表找正

（3）工件在两顶尖之间的装夹

加工较长或工序较多的轴类工件，为保证工件同轴度要求，常采用两顶尖的装夹方法，如图 3-21 所示。工件支承在前后两顶尖间，由卡箍、拨盘带动旋转，如图 3-21a 所示。前顶尖装在主轴锥孔内，与主轴一起旋转，后顶尖装在尾架锥孔内固定不转。有时亦可用三爪自定心卡盘代替拨盘，如图 3-21b 所示，此时前顶尖由一段钢棒车成，夹在三爪自定心卡盘上，卡盘的卡爪通过鸡心夹头带动工件旋转。

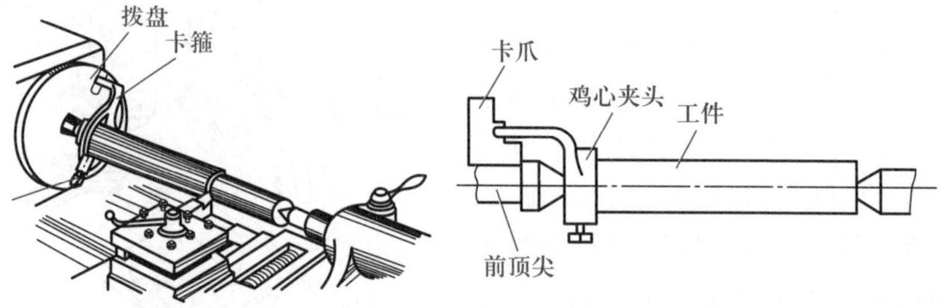

(a) 用拨盘两顶尖装夹工件　(b) 用三爪自定心卡盘代替拨盘装夹工件

图 3-21　两顶尖装夹工件

常用的顶尖有死顶尖和活顶尖两种，如图 3-22 所示。顶尖与尾座套筒是靠莫氏锥度相配，靠推拔涨紧来传递扭力。

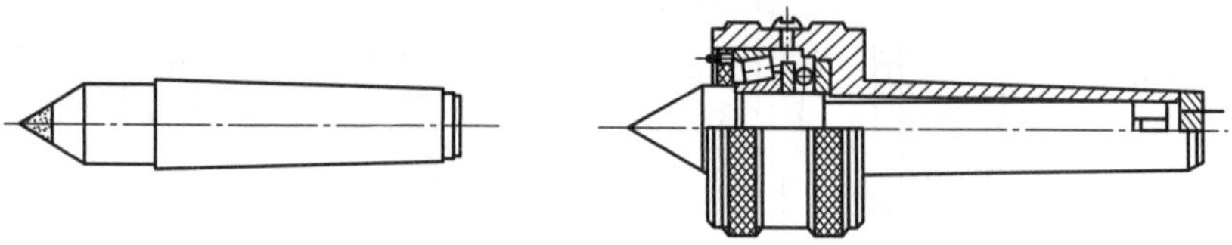

(a) 死顶尖　(b) 活顶尖

图 3-22　顶尖

车削一般轴类零件，特别是较重的轴类零件时，如用两顶尖装夹，虽然精度高，但刚性差，所承受的切削力较小。因此，常用一夹一顶的装夹方法，即一端用卡盘夹住，另一端用后顶尖顶住的装夹方法。这种装夹方法操作简单，夹持力大，能承受较大的轴向切削力，应用很广。用一夹一顶装夹工件时，为了防止工件轴向窜动，可在卡盘内装一个限位支承或用工件台阶作为限位，如图 3-23 所示。

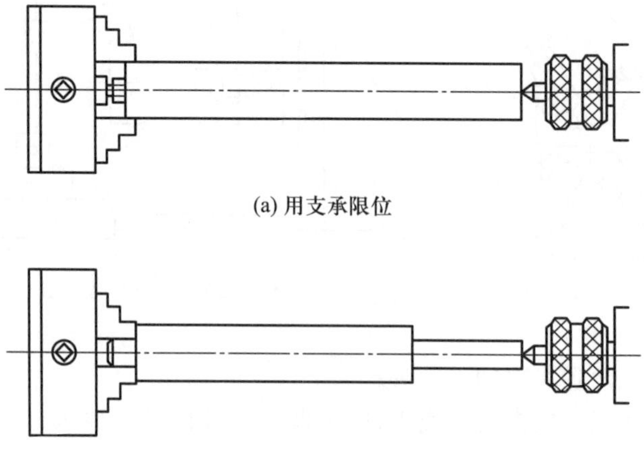

(a) 用支承限位

(b) 用工件台阶限位

图 3-23　一夹一顶装夹工件

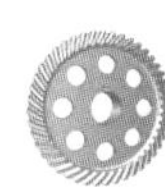

(4) 用其他附件装夹工件

① 花盘　如图 3-24 所示，在车床上加工大而平、形状不规则的工件时，可在花盘上装夹。为减少所车削出工件的位置误差，必须在装夹工件之前，用百分表检查花盘盘面的平整度以及与主轴轴线的垂直度。若盘面不平或不垂直，必须先精车花盘盘面再安装工件。因此用花盘装夹工件时，找正比较费时，同时要用平衡铁平衡工件和弯板等，以防止旋转时产生偏心振动。

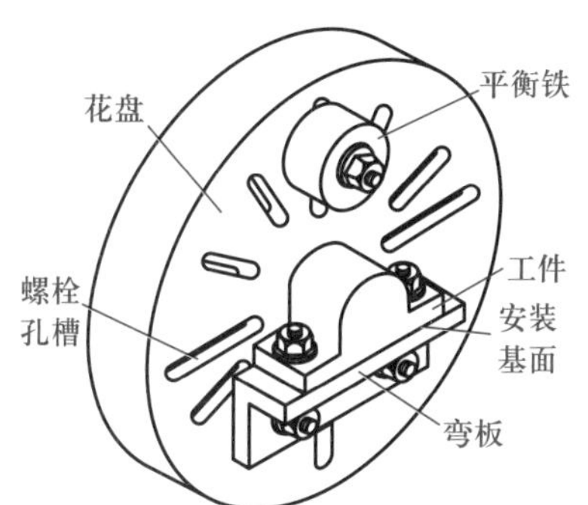

图 3-24　花盘

② 跟刀架和中心架　在车削细长轴时，由于其刚性差，加工过程中容易产生振动、让刀等现象，工件容易出现两头细中间粗的腰鼓形，因此须采用跟刀架或中心架作为附加支承。跟刀架主要用于车削细长的光轴，它装在车床刀架的大拖板上，与整个刀架一起移动。两个支承安装在车刀的对面，用以抵住工件。车削时，在工件右端头上先车出一段外圆，然后使支承与其接触，并调整至松紧适宜。工作时支承处要加油润滑，如图 3-25 所示。中心架主要用于车削有台阶或需调头车削的细长轴。中心架是固定在床身导轨上的，如图 3-26 所示。车削时，先在工件中心架的支承处车出凹槽，调整三个支承与其接触，注意不能太紧或太松，然后进行车削，再调头车工件的另一头。

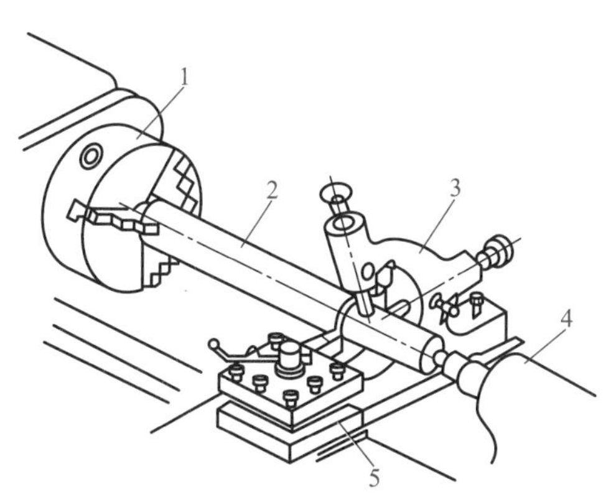

1—三爪自定心卡盘；2—工件；3—跟刀架；4—尾架；5—刀架

图 3-25　跟刀架

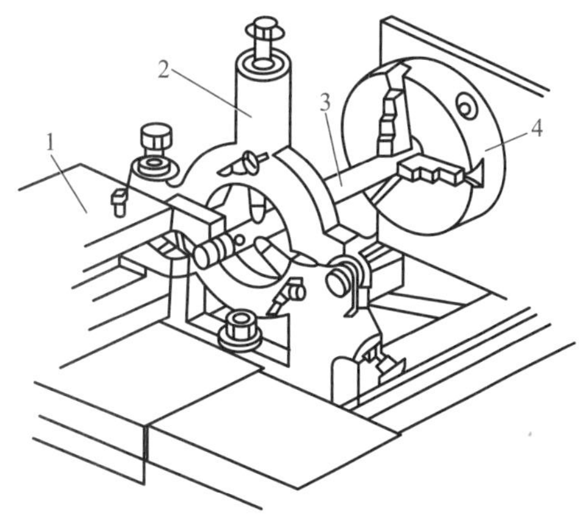

1—刀架；2—中心架；3—工件；4—三爪自定心卡盘

图 3-26　中心架

3.2.4　外圆车削加工方法

1. 外圆车削的加工方法

外圆车削的工艺范围很广，可分为粗车、半精车和精车。各种车削方法所能达到的加工精度和表面粗糙度各不相同，必须按加工对象、生产类型、生产率和加工经济性等方面的要求合理选择。

（1）粗车

粗车是以切除大部分加工余量为主要目的加工，对精度及表面粗糙度无太高要求。公差等级为IT13～IT11，表面粗糙度 Ra 值为50～12.5 μm。

① 粗车时，对车床设备的精度要求不高，主要是要求机床功率能满足要求。要求工、夹具的强度高，夹紧力大，操作简便，以适应切削力大的需要。

② 粗车时，应选择强度大、刚性好和抗冲击能力强的刀具材料，以适应切削深度大、进给量大、排屑顺利的要求。

③ 粗车时，切削用量应在机床、夹具、刀具等工艺系统刚性允许的前提下，尽量选用中等切削速度和较大切削深度和进给量。

④ 粗车较大的台阶轴时，一般从直径较大的部位开始加工，直径最小的部位最后加工，以使整个切削过程有较好的刚性。

（2）半精车

半精车是在粗车基础上，进一步提高精度和减小粗糙度值的加工。可作为中等精度表面的终加工，也可作为精车或磨削前的预加工。其公差等级为IT10～IT9，表面粗糙度 Ra 值为6.3～3.2 μm。

（3）精车

精车是使工件达到预定的加工目的，保证零件的尺寸精度、几何精度和表面粗糙度达到图样要求。精车的公差等级为IT8～IT6，表面粗糙度 Ra 值为1.6～0.8 μm。

① 精车时，一般选用精度较高的机床，工、夹具也应根据工件的形状、尺寸和几何公差要求来选用或制作，以确保工件的精度要求。

② 精车时，根据切削速度高、切削力小、耐用度高和工件表面粗糙度要求高的特点，选用红硬性好的刀具材料。

③ 精车时，根据工件加工精度的要求，一般选用较小的进给量、较小的切削深度和较高的切削速度进行加工。要选用精度较高的量具，对工件的精度进行综合测量。

2. 车削用量选择

车削时，应根据加工要求和切削条件，合理选择背吃刀量 a_p、进给量 f 和切削速度 v_c。

① 背吃刀量 a_p 的选择　半精车和精车切削余量一般分别为1～3 mm和0.1～0.5 mm，通常一次车削完成，因此粗加工应尽可能选择较大的背吃刀量。只有当余量很大，一次进刀会引起振动，造成车刀、车床等损坏时，可考虑几次车削。第一次车削时，为使刀尖部分避开工件表面的冷硬层，背吃刀量应尽可能选择较大数值。

② 进给量 f 的选择　粗车时，在工艺系统刚度许可的条件下进给量选大值，一般 f 取0.3～0.8 mm/r；精车时，为保证工件粗糙度的要求，进给量取小值，一般 f 取0.08～0.3 mm/r。

③ 切削速度 v_c 的选择　在背吃刀量、进给量确定之后，切削速度 v_c 应根据车

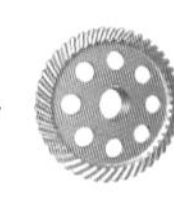

刀的材料及几何角度、工件材料、加工要求与冷却润滑等情况确定，而不能认为切削速度越高越好。在实际工作中，可查阅手册或根据经验来确定。例如用高速钢车刀切削钢料时，切削速度 $v_c=0.3\sim1$ m/s；用硬质合金刀具切削时，切削速度 $v_c=1\sim3$ m/s；车削硬钢比软钢时切削速度低些，而车削铸铁件又比车钢件时切削速度低些；不用切削液时，切削速度也要低些。另外，也可观察切屑颜色变化来判断切削速度选择是否合适。例如用高速钢车刀切削钢料时，如果切屑颜色呈白色或黄色，说明切削速度合适；采用硬质合金车刀切削钢料时，切屑颜色呈蓝色，说明切削速度合适。如呈现火花，说明切削速度太高。如切屑颜色呈白色，说明切削速度偏低。

3. 提高车削生产率的主要措施

（1）高速车削和强力车削

高速车削就是通过提高切削速度来提高生产率。目前，硬质合金车刀的切削速度可达200 m/min，陶瓷刀具的切削速度可达 900 m/min。高速切削时还可以避免产生积屑瘤，提高加工表面的质量。

强力车削是利用硬质合金刀具采用加大进给量和背吃刀量来进行加工的一种高效率加工方法，适用于粗加工和半精加工。高速车削和强力车削所需车床必须有较高的刚度及足够的功率。

（2）提高刀具寿命

加热车削法　对强度、硬度和韧性很高的被加工零件的整体或局部预先高温加热，使其便于切削，从而提高刀具寿命。

冷冻车削法：在切削过程中，将一定压力的二氧化碳喷射至切削区，使其温度降至-80～-70 ℃，从而达到增加材料的脆性，改善切削性能，提高刀具寿命的目的。

（3）采用机夹可转位车刀

可转位车刀的刀具几何参数由刀片和刀片槽保证，不受工人技术水平的影响，切削性能稳定，适用于大批量生产和数控车床使用。

（4）采用先进车削设备

在批量生产中尽可能地使用多刀自动和半自动车床、仿形车床和数控车床，从而减少加工和辅助时间并可获得较高的加工精度。

4. 车削外圆常见质量缺陷和预防方法

在卧式车床（如 CA6140）上车削外圆是最基本、最普通的一种加工形式。无论是手动操作或自动进给方法，都要求车床操作工人具有相对较高的技能水平，才能使加工零件达到一定的尺寸公差、几何公差和表面粗糙度的要求。在实际操作中，由于各种原因可能使主轴与刀具之间，刀具与加工工件表面切削状态等环节出现问题，引起车削外圆发生故障，影响产品的质量和正常的生产。车削外圆常见质量缺陷及预防方法见表 3-2。

表 3-2　车削外圆常见质量缺陷及预防方法

缺陷种类	产生原因	预防措施
尺寸精度达不到要求	1. 看错图样或刻度盘使用不当； 2. 没有进行试切削； 3. 量具有误差或测量不正确； 4. 由于切削热影响，使工件尺寸发生变化； 5. 机动进给没及时关闭，使车刀进给超过台阶长度； 6. 车槽时，车槽刀主切削刃太宽或太狭使槽宽不正确； 7. 尺寸计算错误，使槽深度不正确	1. 必须看清图样尺寸要求，正确使用刻度盘，看清刻度值； 2. 根据加工余量算出背吃刀量，进行试切削，然后修正背吃刀量； 3. 量具使用前，必须检查和调整零位，正确掌握测量方法； 4. 不能在工件温度高时测量，如测量应掌握工件的收缩情况，或浇注切削液，降低工件温度； 5. 注意及时关闭机动进给或提前关闭机动进给用手动到长度尺寸。根据槽宽刃磨车槽刀主切削刃宽度
产生锥度	1. 用一顶一夹或两顶尖装夹工件时，由于后顶尖轴线不在主轴线上； 2. 用小滑板车外圆时产生锥度是由于小滑板的位置不正确； 3. 用卡盘装夹工件纵向进给车削时产生锥度是由于车床床身导轨跟主轴轴线不平行； 4. 工件装夹时伸出较长，车削时因切削力影响使前端让开，产生锥度； 5. 车刀中途逐渐磨损	1. 车削时必须找正锥度； 2. 必须事先检查小滑板的刻线是否与中滑板刻线的“0”线对准； 3. 调整车床主轴与床身导轨的平行度； 4. 尽量减少工件的伸出长度或另一端用顶尖支顶，增加装卡刚性； 5. 选用合适的刀具材料或适当降低切削速度
圆度超差	1. 车床主轴间隙太大； 2. 毛坯余量不均匀，切削过程中背吃刀量发生变化； 3. 工件用两顶尖装夹时，中心孔接触不良，或后顶尖顶得不紧，或产生径向圆跳动	1. 车削前检查主轴间隙并调整合适，如因主轴轴承磨损太多，则需更换轴承； 2. 要分粗、精车； 3. 工件用两顶尖装夹必须松紧适当，若回转顶尖产生径向跳动，需及时修理或更换
表面粗糙度达不到要求	1. 车床刚性不足，如滑板塞铁太松，传动零件不平衡或主轴太松引起振动； 2. 车刀刚性不足或伸出太长引起振动； 3. 工件刚性不足引起振动； 4. 车刀几何参数不合理，如选用过小的前角、后角和主偏角； 5. 切削用量选用不当	1. 消除或防止由于车床刚性不足引起的振动； 2. 增加车刀刚性和正确装夹车刀； 3. 增加工件的装夹刚性； 4. 选择合理的刀具角度（如适当增大前角，选择合理的后角和主偏角）； 5. 进给量不宜太大，精车余量和切削速度选择适当

3.3　外圆表面的磨削加工及设备

3.3.1　磨削工艺特点

磨削加工是在磨床上使用砂轮或其他磨具对工件进行的一种多刀多刃的高

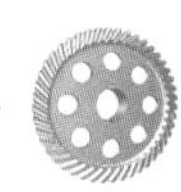

速切削方法，其主运动是砂轮的旋转。磨削主要应用于零件的精加工，尤其对难切削的高硬度材料，如淬硬钢、硬质合金、玻璃、陶瓷等进行加工。因此，磨削往往作为最终加工工序。磨削加工范围很广，通常利用不同类型的磨床可以分别对外圆、内孔、平面、沟槽成形面（齿形、螺纹等）和各种刀具进行磨削加工，此外，还可用于毛坯的预加工和清理等粗加工。图 3-27 为常见的磨削加工。

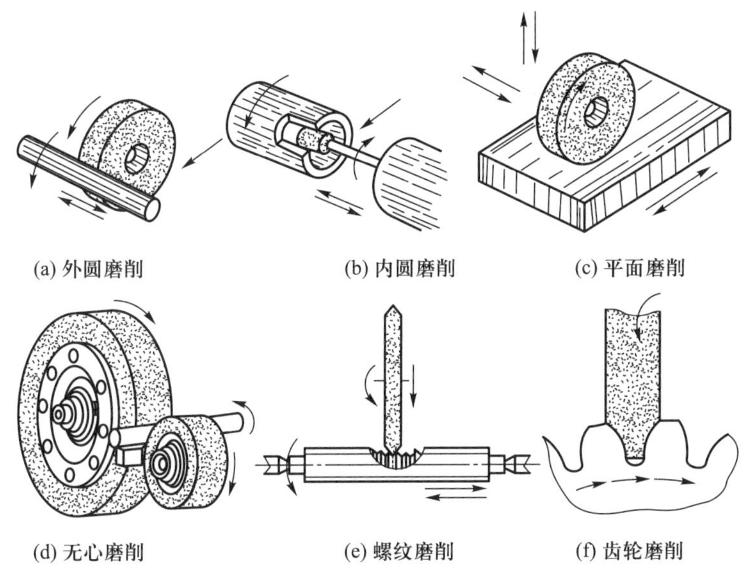

图 3-27 常见的磨削加工

与其他加工方法相比，磨床加工有如下工艺特点。

1. 磨削的速度高，导致磨削温度高

普通外圆磨削时 $v_c = 35$ m/s，高速磨削时 $v_c > 50$ m/s。磨削产生的切削热 80%~90%传入工件（10%~15%传入砂轮，1%~10%由磨屑带走），加上砂轮的导热性很差，易造成工件表面烧伤和微裂纹。因此，磨削时应采用大量的切削液以降低磨削温度。

2. 能获得高的加工精度和小的表面粗糙度值

磨削的加工精度可达 IT6~IT4，表面粗糙度 Ra 值可达 1.6~0.2 μm。磨削不但可以精加工，还可以粗磨、荒磨和重载荷磨削。

3. 磨削的背向磨削力大

因磨粒负前角很大，且切削刃钝圆半径较大，导致背向磨削力大于切向磨削力，造成砂轮与工件的接触宽度较大。会引起工件、夹具及机床产生弹性变形，影响加工精度。因此，在加工刚性较差的工件时（如磨削细长轴），应采取相应的措施，防止因工件变形而影响加工精度。

4. 砂轮有一定的自锐性

磨粒硬而脆，在磨削过程中，磨粒有破碎产生较锋利的新棱角，以及磨粒的脱落而露出一层新的锋利磨粒，能够部分地恢复砂轮的切削能力，这种现象叫作砂轮的自锐作用，有利于磨削加工。

5. 能加工高硬度材料

磨削除可以加工铸铁、碳钢、合金钢等一般结构材料外,还能加工一般刀具难以切削的高硬度材料,如淬火钢、硬质合金、陶瓷和玻璃等。但不宜精加工塑性较大的有色金属工件。

3.3.2　磨床

外圆磨床包括万能外圆磨床、普通磨床和无心外圆磨床等。在普通外圆磨床上可磨削工件的外圆柱面和外圆锥面,在万能外圆磨床上还能磨削内圆柱面、内圆锥面和端面,外圆磨床的主参数为最大磨削直径。

1. 万能外圆磨床的组成与布局

万能外圆磨床由床身、头架、砂轮架、工作台、内磨装置及尾座等部分组成。图 3-28 为 M1432A 型万能外圆磨床结构示意图。

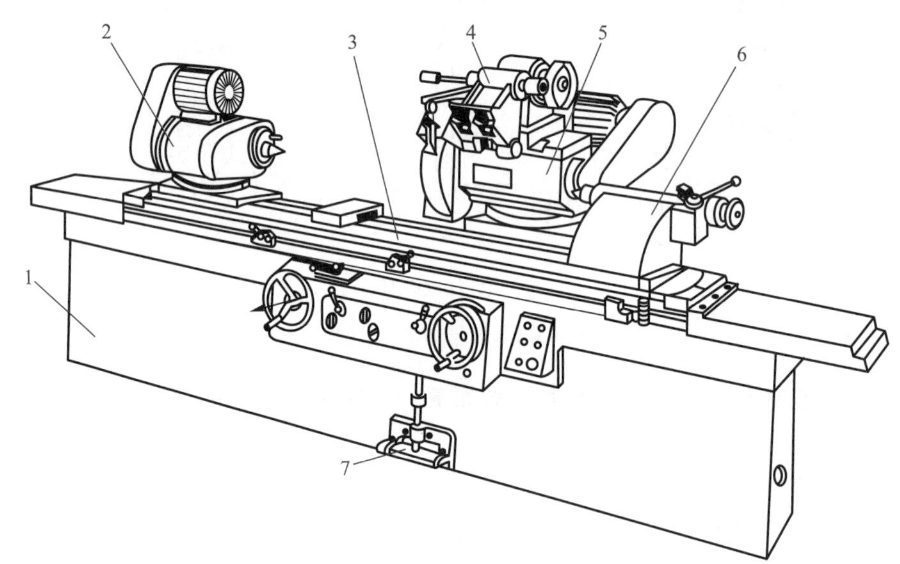

1—床身;2—头架;3—工作台;4—内磨装置;5—砂轮架;6—尾座;7—脚踏操纵板

图 3-28　M1432A 型万能外圆磨床结构示意图

① 床身　是磨床的基础支承件,工作台、砂轮架、头架、尾座等部件均安装在床身上,同时保证工作时部件间有准确的相对位置关系。床身内为液压油的油池。

② 头架　用于安装工件并带动工件旋转做圆周进给。它由壳体、头架主轴组件、传动装置与底座等组成。主轴带轮上有卸荷机构,以保证加工精度。

③ 工作台　由上、下两层组成。上工作台相对于下工作台可在水平面内回转一个角度(±10°),用于磨削小锥度的长锥面。头架和尾座均装于工作台并随工作台做纵向往复运动。

④ 内磨装置　由支架和内圆磨具两部分组成。支架用于安装内圆磨具,支架在砂轮架上以铰链连接方式安装于砂轮架前上方,使用时翻下,不用时翻向上方。内圆磨具是磨内孔用的砂轮主轴部件,安装于支架孔中,为了方便更换,一

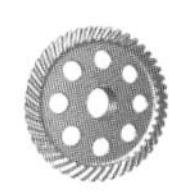

般做成独立部件，通常一台机床备用几套尺寸与极限工作转速不同的内圆磨具。

⑤ 砂轮架 用于安装砂轮并使其高速旋转。砂轮架可在水平面内一定角度范围（±30°）内调整，以适应磨削短锥的需要。砂轮架由壳体、砂轮组件、传动装置和滑鞍组成。主轴组件的精度直接影响到工件加工质量，故应具有较好的回转精度、刚度、抗振性及耐磨性。

⑥ 尾座 尾座主要是和头架配合，用于顶夹工件。尾座套筒的退回可手动或液动。

M1432A 型万能外圆磨床主要用于磨削内外圆柱面、内外圆锥面、阶梯轴轴肩以及端面和简单的成形回转体表面等。它属于普通精度级机床，磨削加工精度可达 IT7～IT6 级，表面粗糙度 Ra 值在 1.25～0.08 μm 之间。这种磨床具有很多功能，但磨削效率不高，自动化程度较低，适用于工具车间、维修车间和单件小批量生产类型，其主参数为最大磨削直径 320 mm。图 3-29 为 M1432A 型万能外圆磨床磨削加工主要工艺范围。

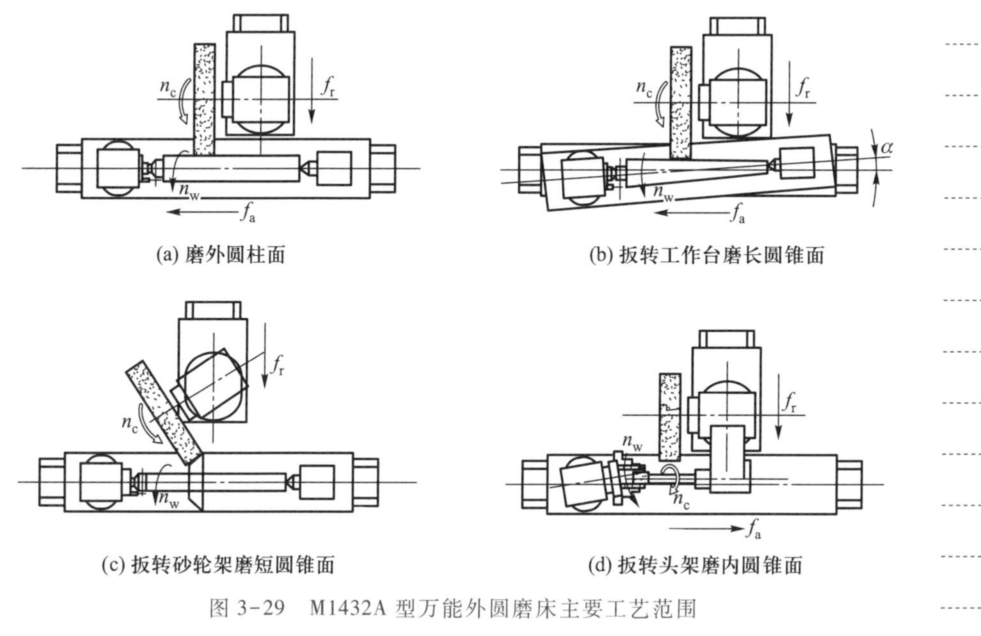

图 3-29 M1432A 型万能外圆磨床主要工艺范围

2. M1432A 型万能外圆磨床的传动系统

M1432A 型万能外圆磨床各部件的运动是由机械传动装置和液压传动装置联合传动来实现的。在该机床中，除了工作台的纵向往复运动，砂轮架的快速进退和周期自动切入进给，尾座顶尖套筒的缩回，砂轮架丝杠螺母间隙消除机构及手动互锁机构是由液压传动配合机械传动来实现的以外，其余运动都是由机械传动来实现的。如图 3-30 所示是 M1432A 型万能外圆磨床的机械传动系统。

（1）外圆磨削砂轮的传动链

砂轮架主轴的运动是由砂轮架电动机（1 440 r/min，4 kW）经 4 根 V 带直接传动的，砂轮主轴的转速达到 1 670 r/min。

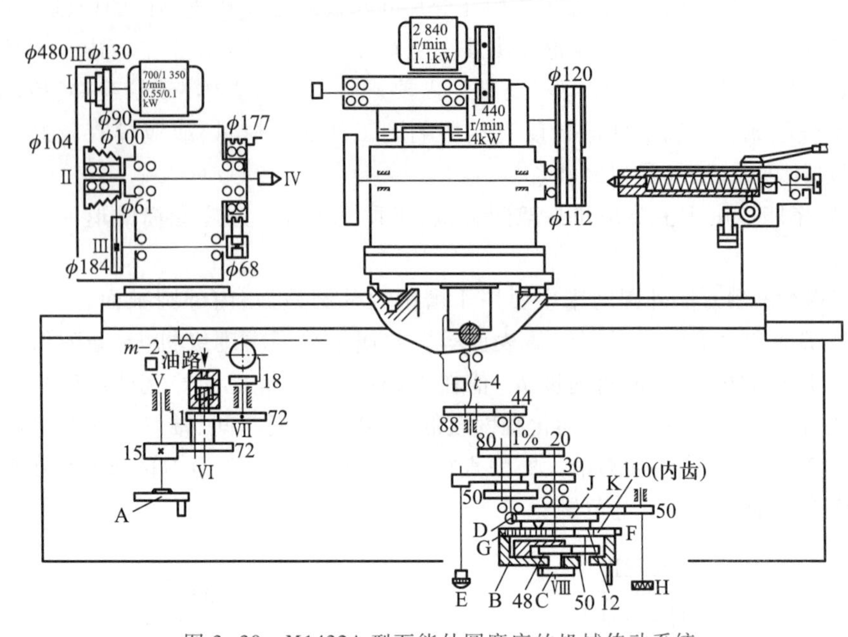

图 3-30　M1432A 型万能外圆磨床的机械传动系统

(2) 工件头架拨盘(带动工件)的传动链

工件头架拨盘的运动是由双速电动机(700/1 350 r/min,0.55/0.1 kW)驱动,经 V 带塔轮及两级 V 带传动,使头架的拨盘或卡盘带动工件,实现圆周运动。

(3) 内圆磨具的传动链

内圆磨削砂轮主轴由内圆砂轮电动机(2 840 r/min,1.1 kW)经平带直接传动。更换平带轮可使内圆砂轮主轴得到两种转速(10 000 r/min 和 15 000 r/min)。

内圆磨具装在支架上,为了保证工作安全,内圆砂轮电动机的启动与内圆磨具支架的位置有互锁作用。只有当支架翻到工作位置时,电动机才能启动。这时,砂轮架快速进退手柄在原位上自动锁住,不能快速移动。

(4) 工作台的手动驱动传动链

调整机床及磨削阶梯轴的台阶时,工作台还可由手轮 A 驱动。为了避免工作台纵向运动时带动手轮 A 快速转动碰伤操作者,采用了互锁油缸。轴Ⅵ的互锁油缸和液压系统相通,工作台运动时压力油推动轴Ⅵ上的双联齿轮移动,使齿轮 Z15 与 Z72 脱开。因此,液压驱动工作台纵向运动时手轮 A 并不转动。当工作台不用液压传动时,互锁油缸上腔通油池,在油缸内的弹簧作用下,使齿轮副 18/72 重新啮合传动,转动手轮 A,经过齿轮副 15/72 和 11/72 及齿轮齿条副,便可实现工作台手动纵向直线移动。

(5) 滑鞍及砂轮架的横向进给运动传动链

横向进给运动可摇动手轮 B 来实现,也可由进给液压缸的柱塞驱动,实现周期的自动进给。横向手动进给分粗进给和精进给。粗进给时,将手柄 E 正向前推,转动手轮 B,经齿轮副 50/50 和 44/88 及丝杠使砂轮架做横向粗进给运动,手轮 B 转 1 周,砂轮架横向移动2 mm,手轮 B 的刻度盘 D 上分为 200 格,则每格的

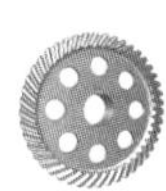

进给量为 0.01 mm；细进给时，将手柄 E 拉到图示位置，经齿轮副 20/80 和 44/88 啮合传动，则砂轮架做横向细进给，手轮 B 转 1 周，砂轮架横向移动 0.5 mm，刻度盘上每格进给量为 0.0025 mm。

3. 磨削运动和磨削用量

磨削时，砂轮的旋转运动为主运动，进给运动随采用不同磨床、不同加工方法而改变，切削用量也是如此。进给运动为工件的旋转运动、工件随工作台的直线往复运动和砂轮沿工件径向上的横向移动运动，如图 3-31 所示。

（1）主运动

砂轮的旋转运动称为主运动。主运动的线速度（即砂轮外圆的线速度）称为磨削速度 v_c，单位为 m/s。其值可按式（3-4）计算。

$$v_c=\frac{\pi d_s n_s}{1\ 000\times60} \tag{3-4}$$

式中：d_s——砂轮直径，mm；

n_s——砂轮的转速，r/min。

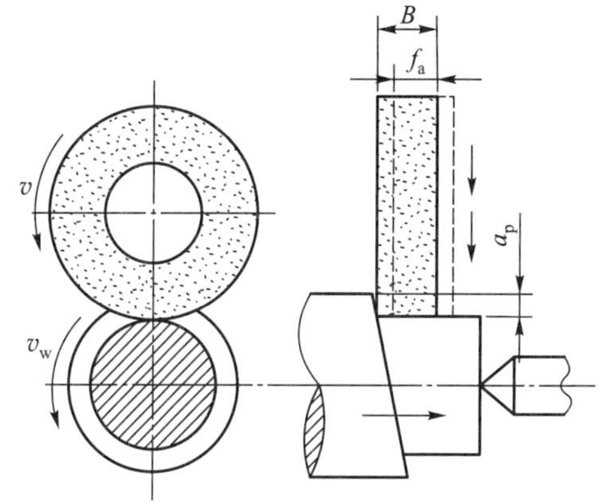

图 3-31　磨削运动

（2）径向进给运动（即磨削时的切深运动）

工作台每双（单）行程内工件相对砂轮的径向移动的距离（砂轮切入工件的深度）称为径向进给量（磨削深度）f_r，单位为 mm/dstr（当工作台每单行程做进给时单位为 mm/str）。当做连续进给时为 mm/s。一般情况下，f_r =（0.005～0.02）mm/dstr。

（3）轴向进给运动

工件相对砂轮沿轴向的进给运动。轴向进给量 f_a 指工件旋转一周，砂轮沿其轴向移动的距离，单位为 mm/r。一般取（0.3～0.6）B/r，B 为砂轮宽度；粗加工取大值，精加工取小值。

内、外圆磨时，轴向进给量为工件每转相对于砂轮的轴向位移量，单位为 mm/r。

平面磨时，轴向进给量为工作台每双（单）行程相对于砂轮的轴向位移量，单位为 mm/dstr（mm/str）。

（4）工件运动

内、外圆磨时为工件的旋转运动，平面磨时为工作台的直线往复运动。运动速度为 v_w，单位为 m/s。内、外圆磨时其值可按式（3-5）计算。

$$v_w=\frac{\pi d_w n_w}{1\ 000} \tag{3-5}$$

式中：d_w——工件直径，mm；

n_w——工件转速，r/s。

3.3.3　砂轮

砂轮是磨具中用量最大、使用面最广的一种工具，使用时高速旋转，可对金

微课
磨具

属或非金属工件的外圆、内圆、平面和各种成型面等进行粗磨、半精磨、精磨以及开槽和切断等。

如图 3-32 所示，砂轮是用各种类型的结合剂把磨料黏合起来，经压坯、干燥、焙烧及修整而成的用磨粒进行切削的工具。它由磨粒、结合剂和气孔三个要素组成。磨料相当于切削刀具的切削刃，起磨削的作用；结合剂使各磨粒位置固定，起支持磨粒的作用；气孔则起有助于排除切屑的作用。

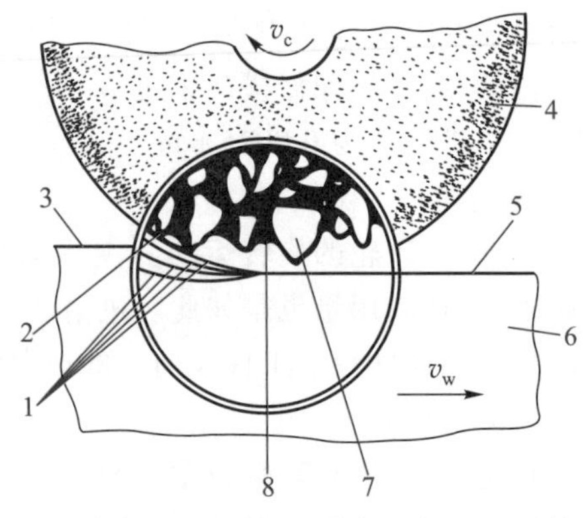

1—过渡表面；2—空隙；3—待加工表面；4—砂轮；5—已加工表面；6—工件；7—磨粒；8—结合剂

图 3-32　砂轮的磨削示意图

1. 砂轮特性及选用

决定砂轮特性的五个要素分别是：磨料、粒度、结合剂、硬度和组织。

(1) 磨料

磨料在砂轮中担负切削工作，因此，磨料应具备很高的硬度，一定的强韧性以及一定的耐热性及热稳定性。目前生产中使用的几乎全为人造磨料，主要有刚玉类、碳化硅和高硬磨料类。表 3-3 为常用磨料的特性及应用范围。

表 3-3　常用磨料的特性及应用范围

系别	磨料名称	代号	主要成分	颜色	特性	应用范围
刚玉类	棕刚玉	A	Al_2O_3 95% TIO_2 2%～3%	褐色	硬度大，韧性大，价廉，适应性稳定，2100℃熔融	碳钢、合金钢、铸铁
	白刚玉	WA	Al_2O_3>99%	白色	硬度高于 A，韧性低于 A，其余特性同 A 一样	淬火钢、高速钢、高碳及其合金钢
碳化硅类	黑碳化硅	C	SiC>95%	黑色，有光泽	硬度高于 WA，性脆而锋利，导热、导电性好，与铁有反应，1500°氧化	铸铁、黄铜、铝耐火材料及非金属材料
	绿碳化硅	GC	SiC>99%	绿色	硬度脆性高于 C，其余同 C	硬质合金、宝石、玉石、陶瓷、玻璃
高硬磨料类	氮化硼	CBN	氮化硼	黑色	硬度低于 D，耐磨性好，发热量小，高温时与水碱反应，1300℃稳定	硬质合金，高速钢，高合金钢，不锈钢，高温合金
	人造金刚石	D	碳结晶体	乳白色	硬度高，比天然的略脆，耐磨性好，高温与水和碱反应，700℃石墨化	硬质合金，宝石，光学材料、石材、陶瓷、半导体

 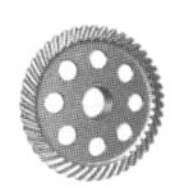

磨料选择应注意的问题：

① 须考虑被加工材料的性质。强度较高的材料应选用韧性大的磨料；硬度低、延伸率大的材料应选用较脆的磨料；高硬材料则应选择硬度更高的磨料。

② 须注意要选用不易与工件材料产生化学反应的磨料，以减少磨具的消耗。

③ 在加工过程中，磨料会遇有不同介质，在一定的温度范围内会受到侵蚀，产生化学反应以至完全分解。因此，必须在磨料选用时予以注意。

（2）粒度

粒度是指磨料颗粒的大小。按颗粒尺寸大小可将磨粒分为两类：一类为用筛选法来确定粒度号的较粗磨料称磨粒，以其能通过每英寸长度上筛网的孔数作为粒度号，粒度号越大，磨粒的颗粒越细；另一类为用显微镜测量区分的较细磨料称微粉，以实测到的最大尺寸作为粒度号，故粒度号越小，磨粒越细，微粉粒度号的前面加字母“W”表示。表 3-4 为常用的砂轮粒度号及应用范围。

表 3-4 常用的砂轮粒度号及应用范围

类别	粒度号	应用范围	类别	粒度号	应用范围
磨粒	8 #~24# 30#~46# 54#~100# 120#~240#	荒磨，打毛刺，切断 一般磨削（粗磨） 半精磨，精磨，成形磨 超精磨，成形磨，刃具磨	微粉	W40~W28 W20~W14 W10~W5	研磨，螺纹磨 超精磨，研磨，超精加工 研磨，超精加工，镜面磨削

磨粒的粒度直接影响磨削的生产率和磨削质量。选择磨料粒度时，主要考虑具体的加工条件。粗磨时，以获得高生产率为主要目的，磨削余量大、磨削用量大，可选中、粗粒度的磨粒；精磨时，以获得小的表面粗糙度值和保持砂轮廓形精度为主要目的，可选细粒或微粒磨粒；磨削接触面积大和高塑料材料工件时，为防止磨削温度过高而引起表面烧伤，应选中粗磨粒。

（3）结合剂

结合剂起黏结磨粒的作用，它的性能决定了砂轮的强度、耐冲击性、耐腐蚀性和耐热性。同时，它对磨削温度、磨削表面质量也有一定的影响。

常用结合剂的种类、代号、性能及应用范围见表 3-5。

表 3-5 常用结合剂的种类、代号、性能及应用范围

种类	代号	性　能	用　途
陶瓷	V	耐热蚀，气孔率大，易保持廓形，弹性差，耐冲击	应用最多，可制作冷薄片砂轮外的各种砂轮
树脂	B	强度高于 V，弹性好，耐热、耐蚀性差	制作高速耐冲击砂轮，薄性砂轮
橡胶	R	强度弹性高于 B，能吸振，气孔率小，耐热性差，不耐油	制作薄片砂轮，精磨高抛光砂轮，无心磨的导轮
菱苦土	Mg	自锐性好，结合能力差	制作粗磨砂轮
青 铜	J	强度最好，导电性好，磨耗少，自锐性差	制作金刚石砂轮

(4) 硬度

砂轮硬度是指在磨削力作用下,磨粒从砂轮表面脱落的难易程度。磨粒黏结牢固,砂粒不易脱落,砂轮则硬,反之则软。

砂轮的硬度对磨削生产率和磨削表面质量都有很大影响。若砂轮太硬,磨粒钝化后仍不脱落,磨削效率低,工件表面粗糙并可能烧伤;若砂轮太软,磨粒尚未磨钝即脱落,砂轮损耗大,不宜保持廓形而影响工件质量。只有硬度合适,磨粒磨钝后因磨削力增加而自行脱落,使新的锋利磨粒露出,使砂轮具有自锐性,提高磨削效率,工件质量,并减小砂轮损耗。故生产中应根据具体加工条件进行砂轮硬度的合理选择。一般加工硬工件材料应选软砂轮,反之选硬砂轮;加工有色金属等很软的材料,为了防止砂轮堵塞,则选软砂轮;当磨削接触面积大时,或加工薄壁零件及导热性差的零件时,选软砂轮;精磨、成形磨时,选硬砂轮;磨粒越细时,选较软的砂轮。砂轮的硬度分级见表 3-6。

表 3-6　砂轮的硬度分级

等级	超软			软			中软		中		中硬			硬		超硬
代号	D	E	F	G	H	J	K	L	M	N	P	Q	R	S	T	Y
选择	磨未淬硬钢选 L～N,磨淬火合金钢选 H～K,磨低粗糙度表面选 K～L,刃磨硬质合金刀具选 H～L															

(5) 组织

砂轮的组织反映了磨粒、结合剂、气孔三者之间的比例关系。磨粒在砂轮总体积中所占比例越大,则砂轮组织越紧密,气孔越小;反之,磨粒的比例越小,则组织越松,气孔越大。砂轮的组织用组织号来表示,按照磨粒在砂轮中占有的体积百分数,砂轮组织分三大级(紧密的、中等的、疏松的),共 15 个号,见表 3-7。

表 3-7　砂轮的组织号

组织号	0	1	2	3	4	5	6	7	8	9	10	11	12	13	14
磨粒率/%	62	60	58	56	54	52	50	48	46	44	42	40	38	36	34

砂轮组织号大,组织松,砂轮不易被磨屑堵塞,切削液和空气能带入磨削区域,可降低磨削区域的温度,减少工件因发热引起的变形或烧伤,故适用于磨削韧性大而硬度不高的工件和磨削热敏性材料及薄板薄壁工件;相反,砂轮组织号小,组织紧密,砂轮易被磨屑堵塞,磨削效率低,但可承受较大磨削力,且砂轮廓形可保持持久,故适用于成形磨削和精密磨削;中等组织的砂轮适用于一般磨削,如磨削淬火钢工件及刃磨刀具等。

为适应在不同类型的磨床上加工各种形状和尺寸工件的需要,砂轮有许多形状和尺寸。常用的砂轮形状及应用见表 3-8。

表 3-8 常用的砂轮形状及应用

砂轮名称	代号	简图	主要用途
平行砂轮	1	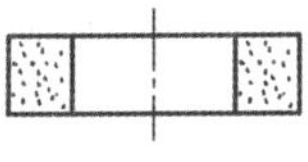	外圆磨、内圆、平面、无心、工具
薄片砂轮	41	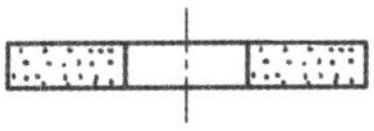	切断及切槽
筒形砂轮	2	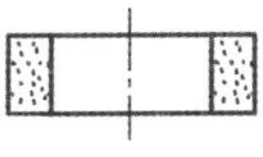	端磨平面
碗形砂轮	11	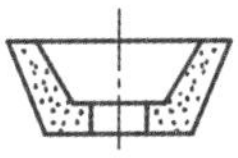	刃磨刀具、磨导轨
蝶形 1 号砂轮	12a	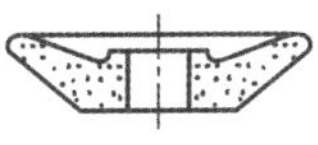	磨铣刀、铰刀、拉刀、磨齿轮
双斜边砂轮	4	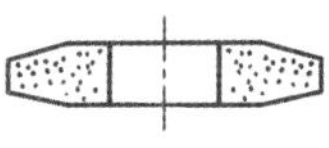	磨齿轮及螺纹
杯形砂轮	6	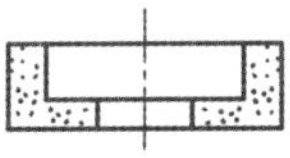	磨平面、内圆、刃磨刀具

砂轮的标志印在砂轮端面上。其顺序是形状、尺寸、磨料、粒度号、硬度、组织号、结合剂、最高线速度。如外径 300 mm,厚度 50 mm,孔径 75 mm,棕刚玉,粒度 60,硬度 L,5 号组织,陶瓷结合剂,最高工作线速度 35 m/s 的平形砂轮,其标记为:

砂轮 1-300×50×75-A60L5V-35 m/s

2. 磨削力、磨削功率与磨削温度

(1) 磨削力

磨削加工也和其他切削加工一样,可以把总磨削力分解为三个互相垂直的分力,如图 3-33 所示。

主磨削力(也称切向分力)F_c——磨削速度方向的分力。

切深力(也称径向分力)F_p——切深方向的分力,也是径向进给方向的分力。

进给力(也称轴向分力)F_f——轴向进给方向的分力。

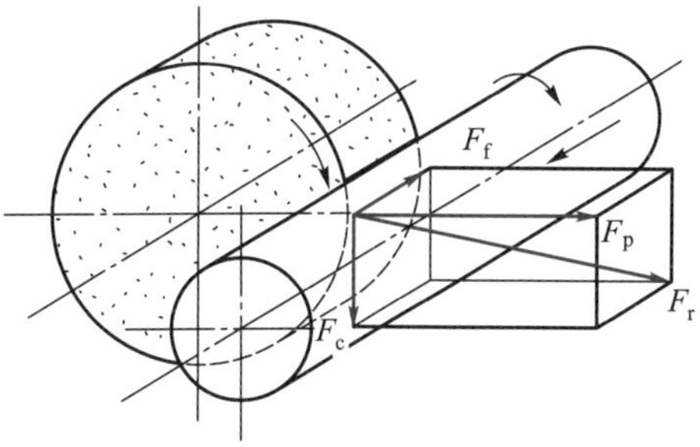

F_f
F_p
F_r
F_c

图 3-33 磨削力

虽然砂轮上单个磨粒切除的材料很少,但因砂轮表层有大量随机排列的磨粒同时工作,因此,磨削力仍然很大,磨削力的主要特点有下列三点:

① 单位磨削力很大。

② 三个分力中径向分力 F_p 值最大。在一般刀具切削加工中，$F_p/F_c<1$，在正常磨削条件下，$F_p/F_c \approx 2.0 \sim 2.5$；当工件材料硬度很高，磨削深度很小或砂轮磨损等情况下，F_p/F_c 值更大。这是磨削力与其他切削加工方式的切削力相比，很重要的一个特点。

③ 磨削力随不同磨削阶段而变化。由于 F_p 较大，引起工件、夹具、砂轮、磨床系统产生弹性变形，使实际磨削深度与磨床刻度盘上所显示的数字有差别，实际磨削深度小于名义磨削深度。

（2）磨削功率

磨削功率 P_m(kW)为

$$P_m = \frac{F_c v_c}{1\ 000} \tag{3-6}$$

式中：F_c——主磨削力，N；

v_c——砂轮线速度，m/s。

（3）磨削温度

砂轮上的磨粒由于在负前角和极高速度下进行切削，磨粒和工件产生强烈的摩擦，并发生急剧的塑性变形。磨削切除单位体积切削层所消耗的功率为车、铣等切削加工方式的 10～20 倍。磨削中所消耗的大量能量迅速转变为热能，使磨削区表层的温度升高达 1 000 ℃以上。这样高的温度会导致工件变形、尺寸精度下降，表层金属组织发生变化，产生内应力，甚至出现磨削烧伤，影响工件表面质量和加工精度，因此，控制磨削温度是提高磨削表面质量和保证加工精度的重要途径。

磨削温度的含义：

① 砂轮磨削区温度　指砂轮与工件接触表面上的平均温度，约为 400～1 000 ℃，它会使工件表面出现烧伤、裂纹和加工硬化。

② 磨粒磨削点温度　指磨粒切削刃与切屑接触部分的温度，是磨削中温度最高的部位（可达 1 000～1 400 ℃），也是磨削热的热源。它不但影响磨削表面质量，且与磨粒的磨损有密切关系。

③ 工件的平均温升　指磨削热传入工件而引起的温升，可使工件变形而影响工件的形状和尺寸精度。

高温使磨削表面生成一层氧化膜，氧化膜的颜色决定于磨削温度和变质层深度，所以，可根据表面颜色推断磨削温度和烧伤程度。如淡黄色约为 400～500 ℃，烧伤层较浅；紫色约为 800～900 ℃，烧伤层较深。轻微的烧伤通过酸洗会显示出来。

为了降低磨削温度，应正确选择砂轮，合理选择磨削用量，特别重要的是要使用大量切削液，一般是稀乳化液或水溶液。切削液的用量一般为 30～45 L/min，高效磨削时要求切削液的用量更大，可达 80～200 L/min，用以冷却磨削区与冲洗砂轮。

3. 磨削过程

磨削时,其切削厚度由零开始逐渐增大。由于磨粒具有很大的负前角和较大尖端圆角半径,当磨粒切入工件时,只能在工件表面上进行滑擦,这时切削表面产生弹性变形。当磨粒继续切入工件,磨粒作用在工件上的切深力 F_p 增大到一定值时,工件表面产生塑性变形,使磨粒前方受挤压的金属向两边塑性流动,在工件表面上耕犁出沟槽,而沟槽的两侧微隆起,如图 3-34 所示。当磨粒继续切入工件,其切削厚度增大到一定数值后,磨粒前方的金属在磨粒的作用下发生滑移,如图 3-35 所示。

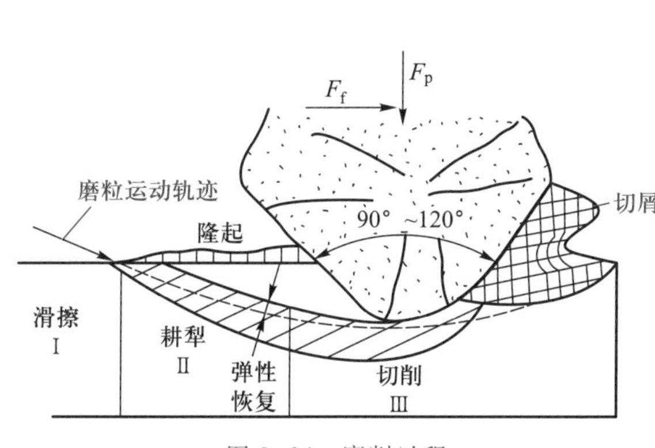

图 3-34　磨削过程

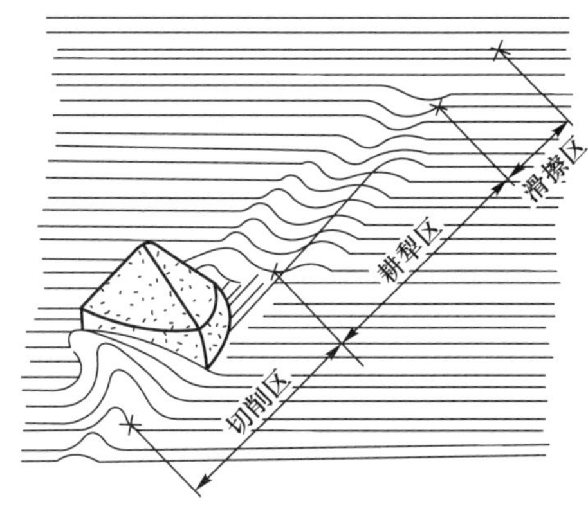

图 3-35　磨粒切入过程

由此可知,磨削过程是个包含切削、耕犁及滑擦作用的复杂过程,并且,滑擦、耕犁在其中占有很大的比重,同时,使磨削表面成为切削、耕犁及滑擦作用的综合结果。

值得注意的是切削中产生的隆起余量增加了磨削表面的粗糙度,且隆起余量与磨削速度有密切关系,随着磨削速度提高而成正比下降,当速度达到一定值时,隆起残余可趋近于零。这是由于塑性变形的传播速度小于磨削速度,而使磨粒侧面的材料来不及变形的缘故。因此,高速切削能减小表面粗糙度。

由于磨削时,切深磨削力 F_p 较大,引起工件、夹具、砂轮、磨床系统产生弹性变形,使实际磨削深度与每次的径向进给量有所差别。实际的磨削过程可分为三个阶段,如图 3-36 所示。

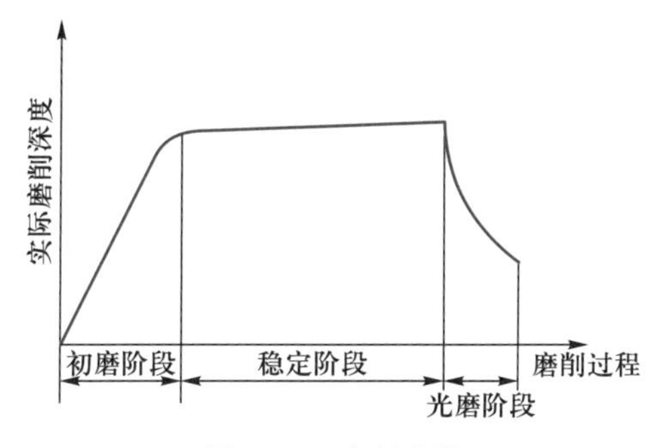

图 3-36　磨削阶段

(1) 初磨阶段

在砂轮最初的几次径向进给中,由于机床、工件、夹具系统的弹性变形,实际磨削深度比磨床刻度所显示的径向进给量小。工件、砂轮、磨床刚性愈差,此阶段愈长。

(2) 稳定阶段

随着径向进给次数的增加,机床、工件、夹具系统的弹性变形抗力也逐渐增大。直至上述工艺系统的弹性变形抗力等于径向磨削力,实际磨削深度等于径向进给量,此时进入稳定阶段。

(3) 光磨阶段

当磨削余量即将磨完时,径向进给运动停止。由于工艺系统的弹性变形逐渐恢复,实际磨削深度大于零。为此,在无切深的情况下,增加进给次数,使磨削深度逐渐趋于零,磨削火花逐渐消失,这个阶段称为光磨阶段。光磨阶段主要是提高磨削精度,减小表面粗糙度。

掌握了这三个阶段,在开始磨削时,可采用较大径向进给量,缩短初磨和稳定磨削阶段以提高生产效率;最后阶段应保持适当光磨时间,以保证工件的表面质量。

4. 砂轮的安装与修整

砂轮的安装如图 3-37 所示。由于砂轮工作转速较高,在安装砂轮前应对砂轮进行外观检查和平衡试验,确保砂轮在工作时不因有裂纹而分裂或工作不平稳。砂轮经过一段时间的工作后,砂轮工作表面的磨粒会逐渐变钝,表面的孔隙被堵塞,切削能力降低,同时砂轮的正确几何形状也被破坏。这时就必须对砂轮进行修整。修整的方法是用金刚石将砂轮表面变钝了的磨粒切去,以恢复砂轮的切削能力和正确的几何形状。

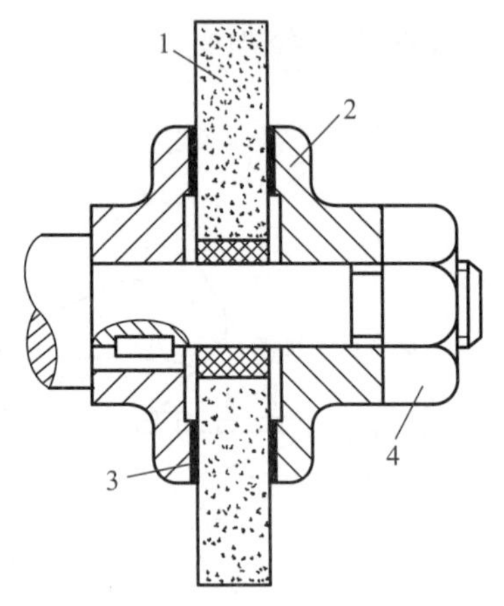

1—砂轮;2—卡盘;3—衬垫;4—螺母

图 3-37　砂轮的安装图

3.3.4　磨床夹具

万能外圆磨床上工件的装夹与卧式车床的装夹基本相同,外圆磨削时,常用一端夹持或两端顶持的方式装夹工件。故三爪自定心卡盘、四爪单动卡盘、心轴、顶尖、花盘等为外圆磨削时的常用附件及夹具。图 3-38 所示是双顶尖装夹工件。

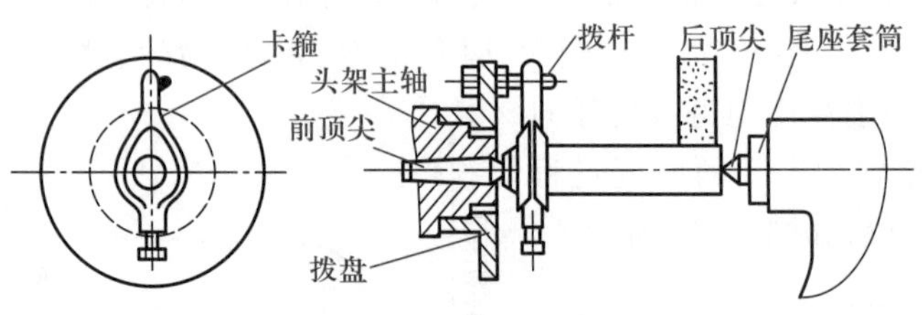

图 3-38　双顶尖装夹工件

不同之处在于用前后顶尖装夹时,磨削顶尖不随工件一起转动。而中心孔由于在加工过程中会磨损、拉毛,热处理后会氧化变形,中心孔自身的同轴度和圆度误差等问题都会影响到工件的磨削质量,为提高加工精度,磨削前应对工件中心孔进行修研。中心孔修研后和顶尖一起擦净,并加上适当的润滑脂。图 3-39 所示为中心孔修研方法。修研工具一般采用四棱硬质合金顶尖。外圆磨削时,也可采用专用夹具夹持工件,该类夹具大多为定心夹具。

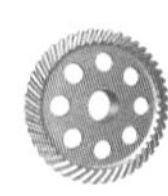

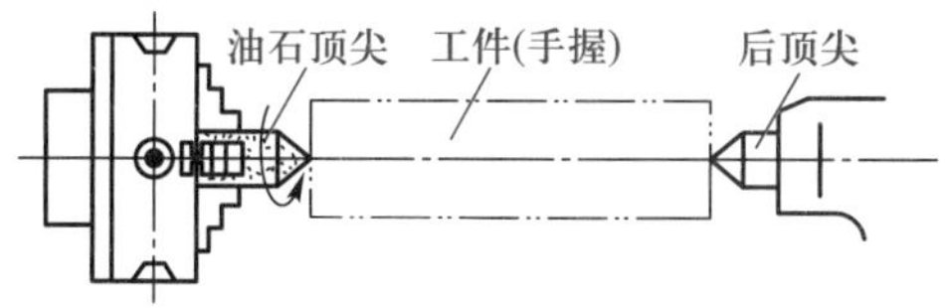

图 3-39　中心孔修研方法

3.3.5　磨削方法

根据磨削时定位方式的不同，外圆磨削可分为中心磨削和无心磨削两种类型。轴类零件的外圆表面一般在外圆磨床上磨削加工，有时连同台阶端面和外圆一起加工。无台阶、无键槽工件的外圆则可在无心磨床上进行磨削加工。

1. 中心磨削

在外圆磨床上进行回转类零件外圆表面磨削的方式称为中心磨削。中心磨削一般由中心孔定位，在外圆磨床或万能外圆磨床上加工。磨削后工件尺寸精度可达 IT8～IT6，表面粗糙度 Ra 值为 0.8～0.1 μm。按进给方式不同分为纵向进给磨削法和横向进给磨削法。

（1）纵向进给磨削法

如图 3-40a 所示，砂轮高速旋转做主运动，工件旋转做圆周进给运动，并和工作台一起做纵向往复直线进给运动。工作台每往复一次，砂轮沿磨削深度方向完成一次横向进给，每次进给（吃刀深度）都很小，全部磨削余量是在多次往复行程中完成的。当工件磨削接近最终尺寸时（尚有余量 0.005～0.01 mm），应无横向进给光磨几次，直到火花消失为止。纵向进给磨削法加工精度和表面质量较高，适应性强，用同一砂轮可磨削直径和长度不同的工件，但生产率低。在单件小批量生产及精磨中应用广泛，特别适用于磨削细长轴等刚性差的工件。

（2）横向进给磨削法（又称径向切入磨法）

磨削时，工件无往复直线进给运动，砂轮以很慢的速度做连续或断续的径向进给，直至加工余量全部磨去，如图 3-40b 所示。横磨时，工件与砂轮的接触面积大，磨削力大，发热量大而集中，所以易发生工件变形、烧刀和退火。横向进给磨削法（可在一次行程中完成磨削过程）生产效率高，适用于成批或大量生产中，磨削长度短、刚性好、精度低的外圆表面及两侧都有台肩的轴颈。

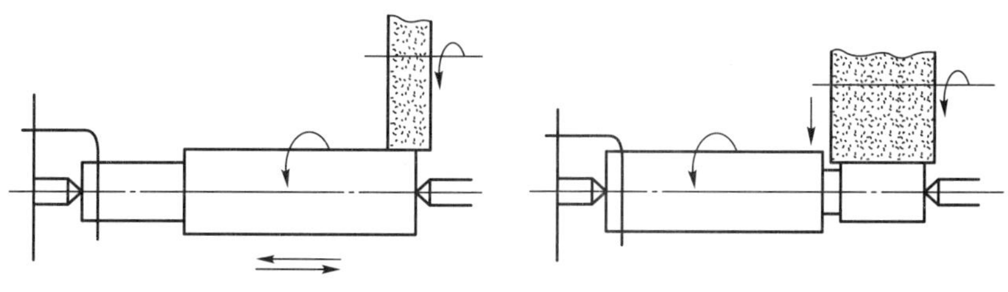

(a) 纵向进给磨削法磨外圆　　(b) 横向进给磨削法磨外圆

图 3-40　磨削方法

2. 无心磨削

无心磨削时，工件不用夹持于卡盘或支承于顶尖，而是直接放于砂轮与导轮之间的托板上，以外圆柱面自身定位，如图 3-41 所示。磨削时，砂轮旋转为主运动，导轮旋转带动工件旋转和工件轴向移动(因导轮与工件轴线倾斜一个角度 α，旋转时将产生一个轴向分速度)为进给运动，对工件进行磨削。

无心磨削时也有贯穿磨法(图 3-41a、b)和切入磨法(图 3-41c)。贯穿磨法适用于不带台阶的光轴零件，加工时工件由机床前面送至托板，工件自动轴向移动磨削后从机床后面出来；切入磨法可用于带台阶的轴加工，加工时先将工件支承在托板和导轮上，再由砂轮横向切入磨削工件。

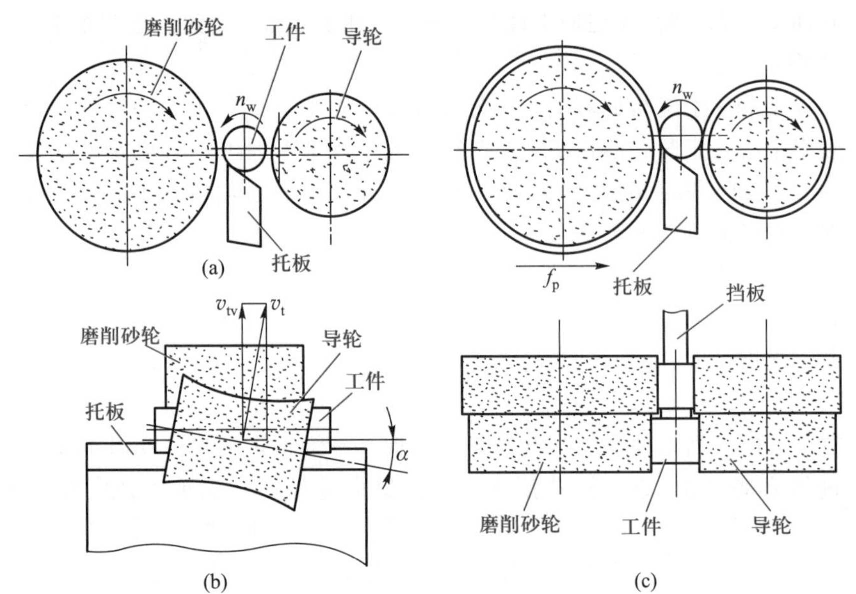

图 3-41 无心磨削

无心磨削是一种生产率很高的精加工方法，且易于实现生产自动化，但机床调整费时，故主要用于大批量生产。由于无心磨削以外圆表面自身作定位基准，故不能提高零件位置精度。当零件加工表面与其他表面有较高的同轴度要求或加工表面不连续(例如有长键槽)时，不宜采用无心磨削。

3. 外圆磨削的质量分析

在磨削过程中，由于有多种因素的影响，零件表面容易产生各种缺陷。常见的缺陷及解决措施分析如下。

(1) 多角形

在零件表面沿母线方向存在一条条等距的直线痕迹，其深度小于 0.5 μm。产生的原因主要是由于砂轮与工件沿径向产生周期性振动所致。如砂轮或电动机不平衡，轴承刚性差或间隙太大，工件中心孔与顶尖接触不良，砂轮磨损不均匀等。消除振动的措施，如仔细地平衡砂轮和电动机，改善中心孔和顶尖的接触情况，及时修整砂轮，调整轴承间隙等。

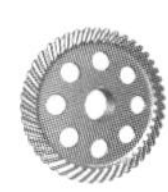

(2) 螺旋形

磨削后的工件表面呈现一条很深的螺旋痕迹,痕迹的间距等于工件每转的纵向进给量。产生的原因主要是砂轮微刃的等高性破坏或砂轮与工件局部接触。如砂轮母线与工件母线不平行,头架、尾座刚性不等,砂轮主轴刚性差。消除的措施有修正砂轮,保持微刃等高性;调整轴承间隙;保持主轴的位置精度;砂轮两边修磨成台肩形或倒圆角,使砂轮两端不参加切削;工件台润滑油要合适,同时应有卸载装置;使导轨润滑为低压供油。

(3) 拉毛(划伤或划痕)

产生的原因主要是磨粒自锐性过强,切削液不清洁,砂轮罩上磨屑落在砂轮与工件之间等。消除拉毛的措施为选择硬度稍高一些的砂轮,砂轮修整后用切削液和毛刷清洗,对切削液进行过滤,清理砂轮罩上的磨屑等。

(4) 烧伤

烧伤可分为螺旋形烧伤和点线烧伤。磨削区的高温使磨削表面层金属产生相变,导致其硬度、塑性发生变化,这种变质现象称之为表面烧伤。烧伤的原因主要是由于磨削高温的作用,使工件表层金相组织发生变化,因而使工件表面硬度发生明显变化。磨削烧伤与螺旋波纹同时出现,则形成螺旋烧伤;与直形波纹同时出现时,则形成点线烧伤。

4. 提高外圆磨削生产率的措施

随着机械制造的发展,精密锻造、挤压成形等少或无切削加工越来越广泛得到应用,毛坯余量大大减小,磨削加工所占的比重越来越大。因此提高磨削生产率也是磨削加工中的重要问题之一。目前提高外圆磨削生产率的途径有两个方面。

(1) 缩短辅助时间

其措施如自动装卸工件,自动测量及数字显示,砂轮自动修整与补偿及发展新的磨料以提高砂轮耐用度等。

(2) 缩短机动时间

可以从如下三个方面缩短机动时间:

① 高速磨削　高速磨削就是采用特制高强度砂轮,在高速下对工件进行磨削,砂轮速度高达 45 m/s。其加工精度可以提高,表面粗糙度可以进一步变小,并可延长砂轮使用寿命。但需要较好的冷却系统装置,使磨削区降温,并应采用较好的防护装置,同时因其功率加大,因此所选用电动机的功率也要大些。

② 强力磨削　强力磨削就是采用较高的砂轮速度,较大的磨削深度(一次切深可达 12 mm)和较小的进给,直接从毛坯或实体材料上磨出加工表面,也称为蠕动磨削或深磨。单位时间内同时参加磨削的磨粒数量随着切深增大而增加,使生产效率得以提高,如图 3-42 所示。

强力磨削可以代替车削和铣削,且效率比车削和铣削要高得多。但是强力磨削时磨削力和磨削热显著增加,因此对机床的要求除了增加电动机功率外,还要加固砂轮防护罩,增加切削液供应和防止飞溅,合理选用砂轮,同时机床还必

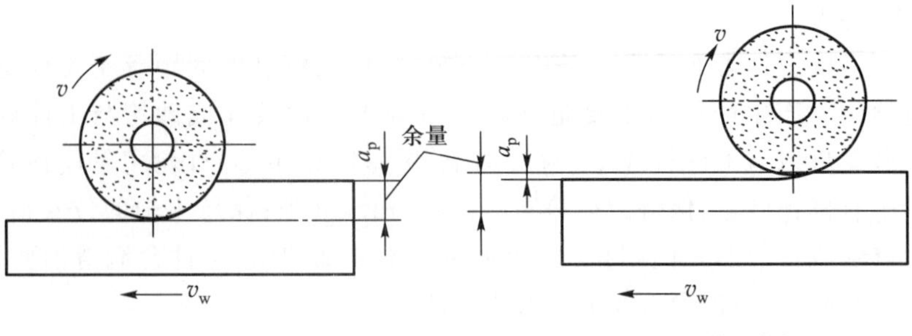

(a) 强力磨削　　(b) 普通磨削

图 3-42　强力磨削与普通磨削的对比

须有足够的刚性。

③ 增大磨削面　宽砂轮磨削则采用大宽度砂轮，以增加磨削面，可成倍地提高生产率。采用多片砂轮磨削的目的也是增加磨削面积，以提高磨削面积，如图 3-43 所示。

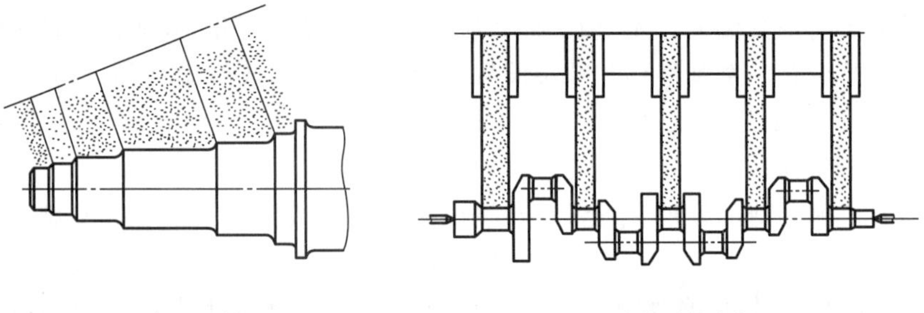

(a) 宽砂轮磨削　　(b) 多片砂轮磨削

图 3-43　宽砂轮磨削与多片砂轮磨削

微课

外圆表面的精整、光整加工

3.4　外圆表面的精整、光整加工

对于超精密零件的加工表面往往需要采用特殊的加工方法，在特定的环境下加工才能达到要求。外圆表面的光整加工就是提高零件加工质量的特殊加工方法，是精加工后从工件表面上不切除或切除极薄金属层，用以提高加工表面的尺寸和形状精度、减小表面粗糙度或强化表面的加工方法。

1. 精细车

精细车是一种光整加工的方法，其工艺特征是切削深度小（a_p = 0.03～0.05 mm），进给量取值小（f=0.012～0.02 mm/r），切削速度 v_c 高达 150～2 000 m/min。精细车一般采用立方氮化硼（CBN）、金刚石等超硬材料刀具进行加工，所用机床也必须是主轴能做高速回转，并具有很高刚度的高精度或精密机床。

由于刀具经精细研磨、切削抗力小，机床精度高；同时采用高速、小切削用量，减小了切削过程中的发热量、积屑瘤、弹性变形和残余面积，故精细车的加工精度及表面粗糙度与普通外圆磨削大体相当，加工精度可达 IT6 以上，表面粗糙度 Ra 值可达 0.4～0.005 μm。精细车尤其适宜于加工有色金属，它比加工钢件和铸件能获得更小的表面粗糙度值。对于容易堵塞砂轮气孔、磨削加工性不好的

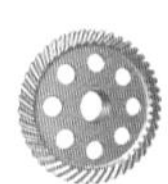

有色金属工件的精密加工常用精细车代替磨削加工。

2. 研磨

研磨是通过研具在一定压力下与加工面做复杂的相对运动而完成的。研具和工件之间的磨粒与研磨剂在相对运动中,分别起机械切削、物理、化学作用,使磨粒能从工件表面上切去极薄的一层材料,从而得到极高的尺寸精度和极小的表面粗糙度,如图 3-44 所示。经研磨表面的尺寸和几何形状精度可达 3~1 μm,表面粗糙度 Ra 值为 0.16~0.01 μm。若研具精度足够高,其尺寸和几何形状精度可达 0.3~0.1 μm,表面粗糙度 Ra 值可达 0.04~0.01 μm。

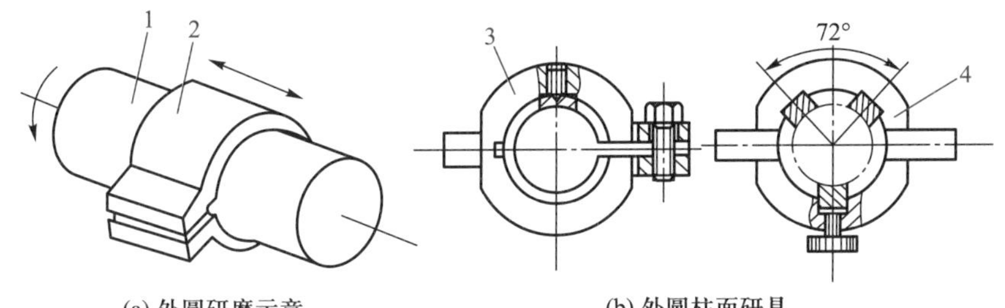

1—工件;2—研具;3—开口可调研磨环;4—三点式研具

图 3-44 研磨过程与研具

研磨能获得其他机械加工较难达到的稳定的高精度表面,研磨过的表面其表面粗糙度小;耐磨性、耐蚀性能良好;其操作技术、使用设备、工具简单;被加工材料适应范围广,无论钢、铸铁还是有色金属均可用研磨方法精加工,尤其对脆性材料更显优势。适用于多品种小批量的产品零件加工,因为只要改变研具形状就能方便地加工出各种形状的表面。但必须注意的是,研磨质量很大程度上取决于前道工序的加工质量。

3. 超精加工

超精加工是利用装在振动头上的细粒度油石对精加工表面进行的一种光整加工方法。如图 3-45 所示,超精加工中有三种运动:工件低速回转运动 1,磨头轴向进给运动 2,磨头高速往复振动 3。如果暂不考虑磨头轴向进给运动,磨粒在工件表面上磨削轨迹是正弦曲线。

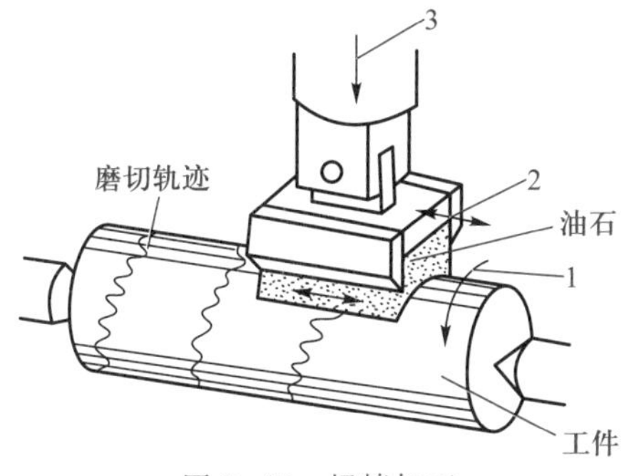

图 3-45 超精加工

超精加工一般安排在精磨工序后进行,切削过程与磨削、研磨不同,只能切去工件表面的凸峰,当工件表面磨平后,切削作用自动停止。工艺特点是设备简单,自动化程度较高,操作简便,生产效率高,磨粒运动轨迹复杂,能由切削过程过渡到抛光过程,表面粗糙度 Ra 值达 0.2~0.012 μm。超精加工的切削速度低,磨条压力小,工件表面不易发热,不会烧伤表面,也不易使工件表面变形,表面耐磨性好,但不能提高尺寸精度和位置精度,工件精度由前道工序保证。

4. 滚压

滚压是冷压加工方法之一,属无屑加工。滚压加工是利用金属产生塑性变形,从而达到改变工件表面性能和获得工件尺寸形状的目的。在普通卧式车床上,对加工表面在常温下进行强行滚压,使工件金属表面产生塑性变形,修正金属表面的微观几何形状,减小加工表面粗糙度值,提高工件的耐磨性、耐蚀性和疲劳强度,如图 3-46 所示。经滚压后的外圆表面粗糙度 Ra 值可达 0.4~0.25 μm,硬化层深度 0.05~0.2 μm,硬度提高 5%~20%。

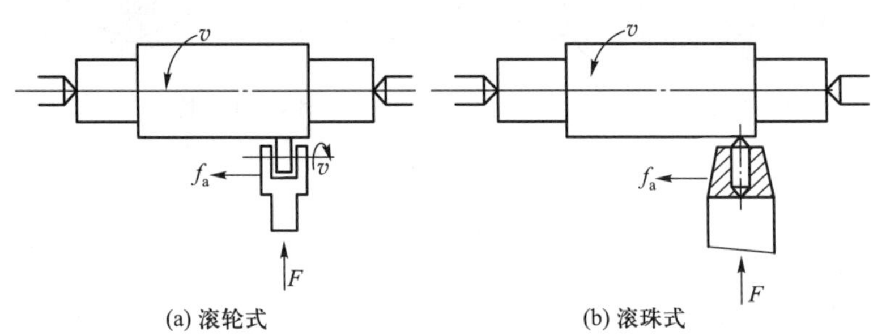

图 3-46　滚压加工

滚压加工有如下特点:

① 前道工序的表面粗糙度 Ra 值不大于 5 μm,滚压前表面要洁净,直径方向的余量为 0.02~0.03 mm。

② 滚压后工件的形状精度及相互位置精度主要取决于前道工序的形状和位置精度。前道工序的表面圆柱度、圆度较差则滚压后还会出现表面粗糙度不均匀的现象。

③ 滚压的对象一般只适宜塑性材料,并要求其材料组织均匀。经滚压后的工件表面耐磨性、耐蚀性明显提高。

④ 滚压加工生产率高,工艺范围广,不仅可以用来加工外圆表面,对于内孔、端面的加工均适用。

3.5　外圆表面的测量

外圆表面的测量

加工后工件的检测是保证质量的重要环节。其内容通常包括尺寸、形状、相互位置精度和表面粗糙度的检测。检测中有两个不可忽视的问题:一是检测器的选择,二是其正确的使用。由于常用检测器具都有一定的测量误差,为了使检测的结果不受检测器具的测量误差等因素的影响,所选用的检测器必须与工件的加工精度相适应。

1. 尺寸精度的检测

在单件小批生产中可用游标卡尺或千分尺测量，工件的长度用钢直尺或深度游标卡尺测量。

（1）游标卡尺的结构形式和使用

游标卡尺是一种常用的量具，具有结构简单、使用方便、精度中等和测量尺寸范围大等特点，可以用它来测量零件的外径、内径、长度、宽度、厚度、深度和孔距等，应用范围很广。如图 3-47 所示为游标卡尺的结构形式。

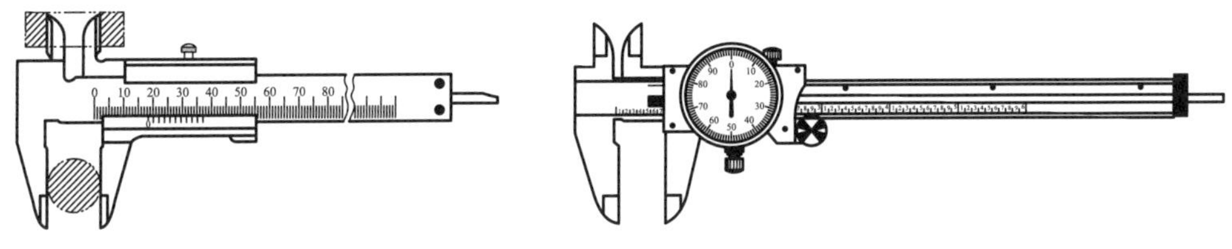
(a) 普通游标卡尺　(b) 带表游标卡尺

图 3-47　游标卡尺的结构形式

使用游标卡尺测量零件尺寸时，必须注意下列几点：

① 测量前应把卡尺擦干净，检查卡尺的两个测量面和测量刃口是否平直无损，把两个量爪紧密贴合时，应无明显的间隙，同时游标和主尺的零位刻线要相互对准。这个过程称为校对游标卡尺的零位。

② 移动尺框时，活动要自如，不应有过松或过紧，更不能有晃动现象。用固定螺钉固定尺框时，卡尺的读数不应有所改变。在移动尺框时，不要忘记松开固定螺钉，亦不宜过松以免尺框掉落。

③ 当测量零件的外尺寸时，卡尺两测量面的连线应垂直于被测量表面，不能歪斜。测量时，可以轻轻摇动卡尺，放正垂直位置，如图 3-48 所示。

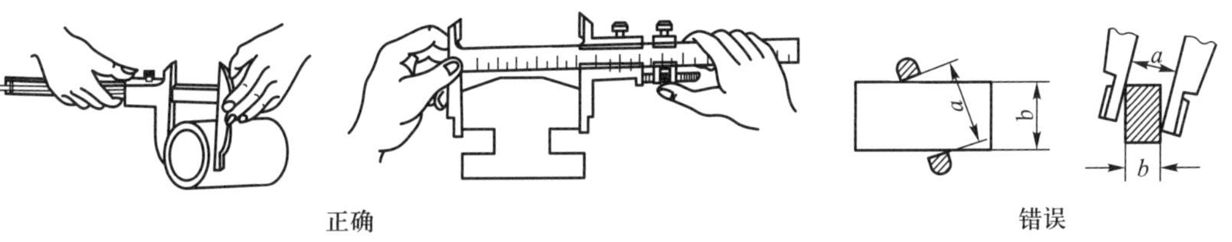

正确　错误

图 3-48　测量外尺寸时正确与错误的位置

④ 测量沟槽时，应当用量爪的平面形测量刃进行测量，尽量避免用端部测量刃和刃口形量爪去测量外尺寸。而对于圆弧形沟槽尺寸，则应当用刃口形量爪进行测量，不应当用平面测量刃进行测量，如图 3-49 所示。

⑤ 测量沟槽宽度时，也要放正游标卡尺的位置，应使卡尺两测量刃的连线垂直于沟槽，不能歪斜。否则，量爪若在如图 3-50 所示的错误的位置上，也将使测量结果不准确。

此外，游标卡尺只用于测量已加工的光滑表面，不得用来测量毛坯表面和正在运行中的工件，以免量爪损伤或过快磨损。

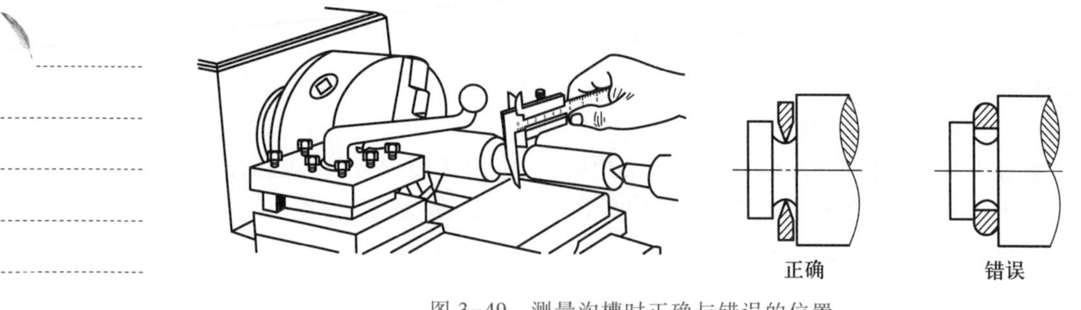

图 3-49　测量沟槽时正确与错误的位置

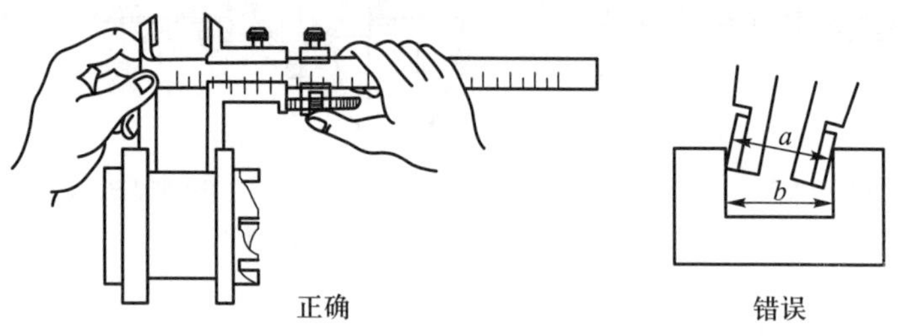

图 3-50　测量沟槽宽度时正确与错误的位置

为了获得正确的测量结果，可以多测量几次。即在零件同一截面上的不同方向进行测量。对于较长零件，则应当在全长的各个部位进行测量，这样可获得一个比较正确的测量结果。

（2）螺旋测微量具

应用螺旋测微原理制成的量具，称为螺旋测微量具。它们的测量精度比游标卡尺高，并且测量比较灵活，因此，当加工精度要求较高时多被应用。常用的螺旋读数量具有百分尺和千分尺。百分尺的读数值为 0.01 mm，千分尺的读数值为 0.001 mm。工厂习惯把百分尺和千分尺统称为百分尺或分厘卡。目前车间里大量用的是读数值为 0.01 mm 的百分尺，现以介绍这种百分尺为主，如图 3-51 所示。

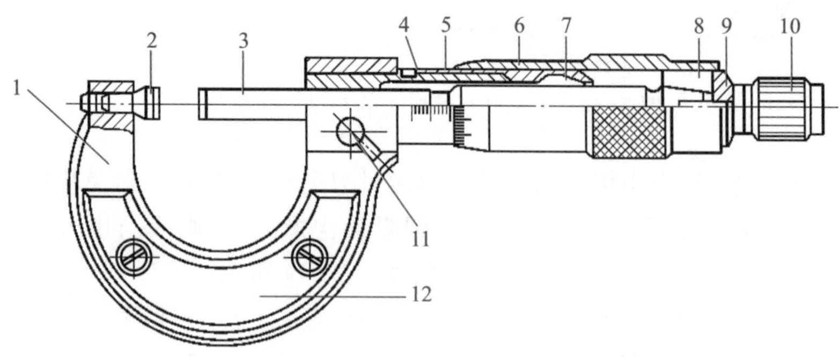

1—尺架；2—固定测砧；3—测微螺杆；4—螺纹轴套；5—固定刻度套筒；6—微分筒；7—调节螺母；8—接头；9—垫片；10—棘轮；11—锁紧手柄；12—绝热板

图 3-51　0～25 mm 外径百分尺

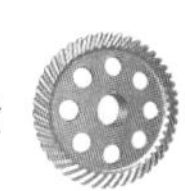

百分尺的使用是否正确，对保持精密量具的精度和保证产品质量的影响很大，必须重视量具的正确使用，使测量技术精益求精，务必获得正确的测量结果，确保产品质量。

① 用外径百分尺测量轴的外径时，先将外径百分尺的两个测量面擦拭干净，校正零位；工件的测量表面也需要擦净，并准确置于外径百分尺的测量面间，不得偏斜；测量时，左手握住绝热板的部位，右手转动微分筒，当测量面接近零表面时，必须旋转棘轮（此时禁止使用微分筒，以免用力过度导致测量不准），直至发出“咔咔”声响为止。经检查与工件接触良好后，可直接读数，也可扳动锁紧手柄，将螺杆固定后取下读数。但是，绝不能先锁紧螺杆，后用力卡住工件，否则将导致螺杆弯曲或测量面磨损；此外，外径百分尺还不能用来测量粗糙的毛坯表面和正在旋转的工件表面。对于超常温的工件，也不要进行测量，以免产生读数误差。

② 为了获得正确的测量结果，可在同一位置上再测量一次。尤其是测量圆柱形零件时，应在同一圆周的不同方向测量几次，检查零件外圆有没有圆度误差，再在全长的各个部位测量几次，检查零件外圆有没有圆柱度误差等。图 3-52 为在车床上使用外径百分尺的方法。

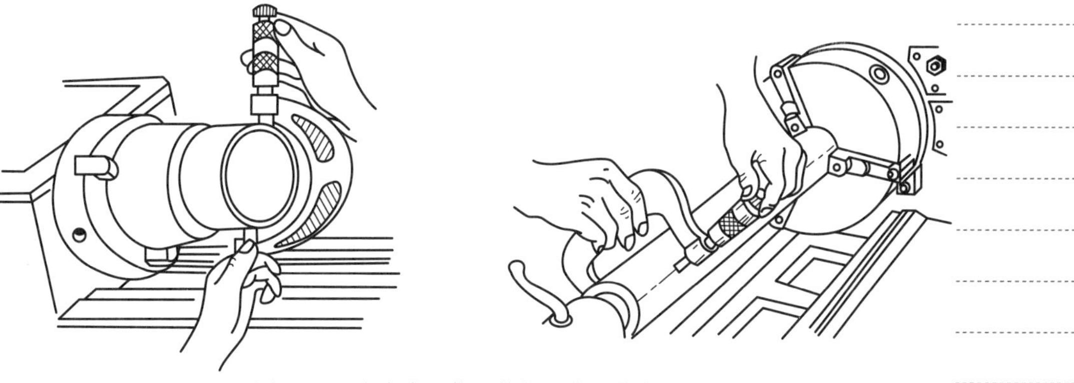

图 3-52　在车床上使用外径百分尺的方法

③ 用单手使用外径百分尺时，如图 3-53a 所示，可用大拇指和食指或中指捏住微分筒，小指勾住尺架并压向手掌上，大拇指和食指转动测力装置就可测量。用双手测量时，可按图3-53b 所示的方法进行。

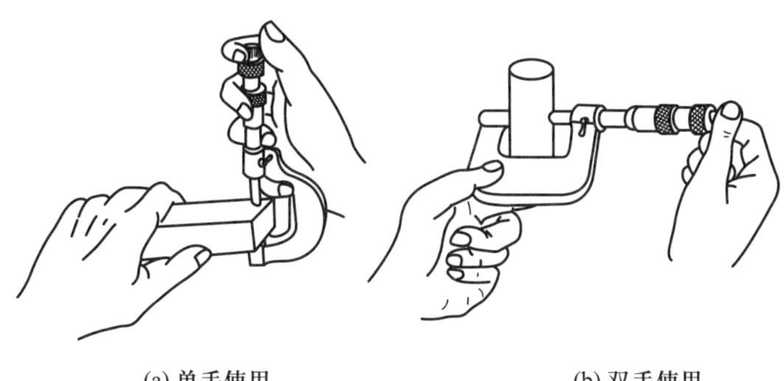

(a) 单手使用　　(b) 双手使用

图 3-53　正确使用

需要提出的是几种使用外径百分尺的错误方法，比如用百分尺测量旋转运动中的工件，很容易使百分尺磨损，而且测量也不准确；又如贪图快一点得出读数，握着微分筒来回转等，这也会破坏百分尺的内部结构，如图 3-54 所示。

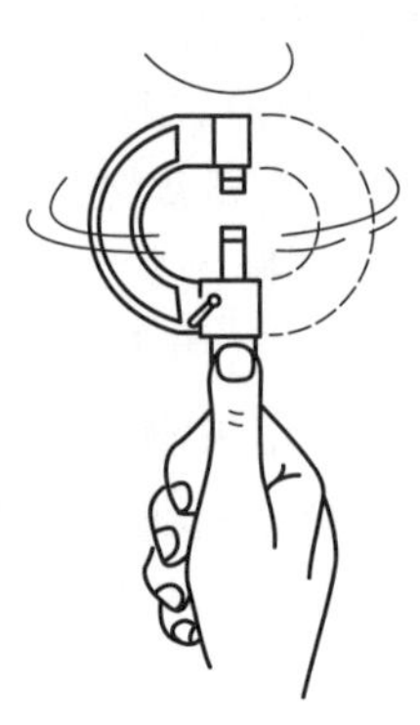

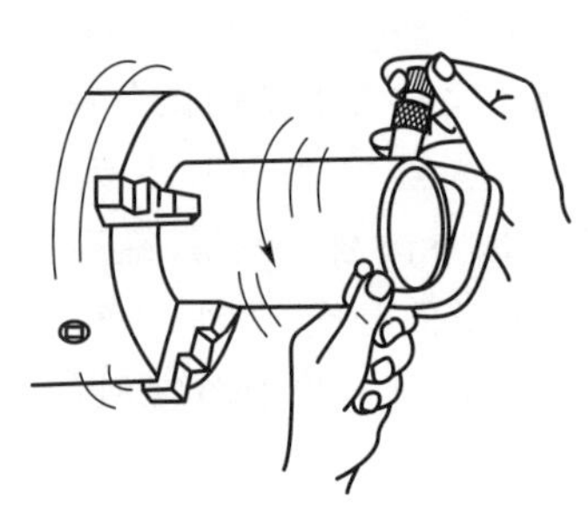

图 3-54　错误使用

(3) 卡规测量

在大批量生产中，轴的直径或厚度尺寸可用专用的卡规测量。卡规有两个测量面，称为“通规”和“止规”。通常通规尺寸按轴径的最大极限尺寸制造；止规尺寸按轴径最小极限尺寸制造。测量工件时，通规能通过而止规不能通过，则表明工件是合格的，否则就不合格。用卡规检验工件，只能判断工件是否合格，检测不出工件的具体尺寸。卡规属精密量具，使用前应用棉丝擦拭干净；测量时，与工件接触要慢，并与工件表面垂直；使用后，缓慢取下，擦净并涂上无酸凡士林或黄油。

2. 几何形状精度的检验

(1) 圆度的检验

圆度误差可以表现为偶数棱圆圆度误差或奇数棱圆圆度误差。偶数棱圆圆度误差用同一横截面内最大和最小直径之差的一半表示，一般可以用游标卡尺、千分尺或百分表按照测量直径的方法从不同直径方向进行测量，测出最大与最小直径之差，取其最大差值的一半，即为该截面上的圆度误差。对于奇数棱圆圆度误差的检验，通常是将工件置于 V 形块上，用百分表检测，当工件转动一周过程，百分表读数最大差值的一半即为该截面的圆度误差。

(2) 圆柱度的检验

将被测零件放在平板上的 V 形块内，V 形块的长度应大于工件长度，夹角 α 通常为 90°或 120°。测量时，在被测零件的若干截面上测量每个截面回转一周过程中最大与最小读数，然后取截面上测量的所有读数中最大与最小读数差的一半，作为该零件的圆柱度误差值。

(3) 相互位置精度的检验

① 同轴度的检验　同轴度是用来控制轴类零件的被检测轴线对基准轴线的同轴误差。被测零件基准轮廓的中截面放置在两个等高的刃口状 V 形架上（体

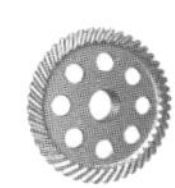

现公共基准轴线)，先在一个正截面上测量某一直径的两个端点，即先读取最高点处的值，然后转动零件180°，获取最低点处的值，可得两次测量的差值，再在同一截面上通过转动零件测取多个直径两端点的读数差值，并取读数差值中最大值为该截面上的同轴度误差。然后用同样的方法测量出若干正截面上的同轴度误差，并取其中最大者为被测轴线的同轴度误差，如图3-55所示。

② 圆跳动的检验　如图3-56所示为径向圆跳动的检验，圆跳动测量时将零件旋转一周，百分表上最大读数与最小读数之差，即为径向或端面圆跳动误差。

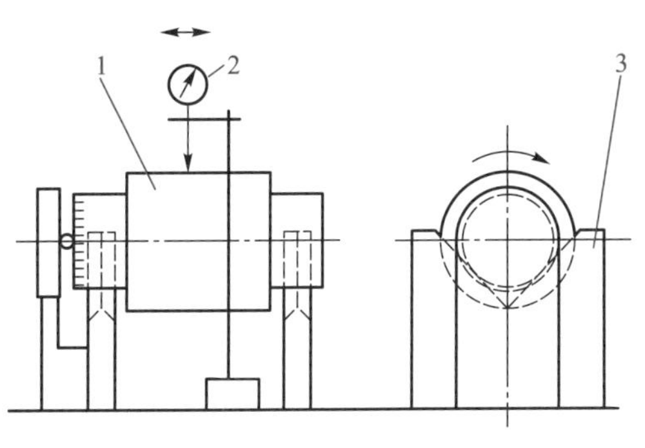

1—被测工件；2—百分表；3—V形架

图3-55　同轴度的检验

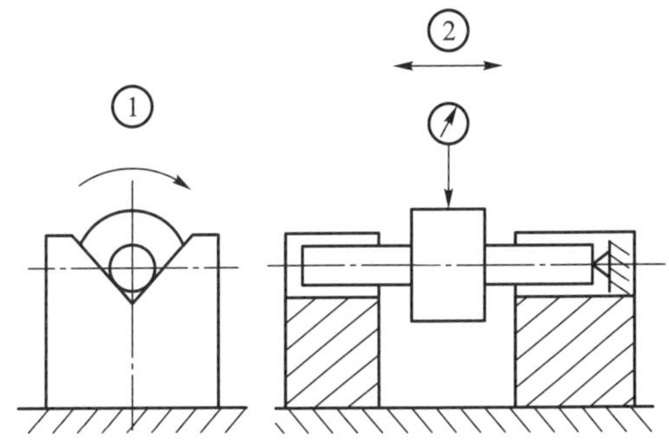

图3-56　圆跳动的检验

3. 表面粗糙度的检验

将被测工件表面与已知表面粗糙度值的样块进行比较，通过视觉和触觉来判断被测工件表面粗糙度的方法，称为表面粗糙度比较检验法。在车间生产的条件下，这是一种简便、实用、低成本的表面粗糙度检验方法。采用这一检验方法，首先要正确选择比较样块，所选的比较样块应尽可能与被检工件表面有相同的材料、形状、加工方法及纹理形式。如有不同，应排除不同因素造成的视觉效果、触觉的差异，使其不影响比较检验的结果。

3.6 外圆表面加工实例

如图3-57所示为某传动轴的零件图，工件材料为45钢，生产纲领为小批或中批生产。

1. 阶梯轴的结构和技术要求分析

该传动轴为普通的实心阶梯轴，大多是回转面，主要是采用车削和外圆磨削。由于该轴的 $\phi22$、$\phi26$、$\phi24$ 外圆面是轴颈和装传动零件的配合轴颈表面，公差等级较高，表面粗糙度值较小，精加工应采用磨削加工。其他外圆面采用粗车、半精车、精车加工的加工方案。

2. 划分加工阶段

该轴加工划分为三个加工阶段，即粗车(粗车各外圆面、钻中心孔)、半精车(半精车各处外圆和修研中心孔等)，粗精磨 $\phi22$、$\phi26$、$\phi24$ 段外圆。各加工阶段大致以热处理工序为界。

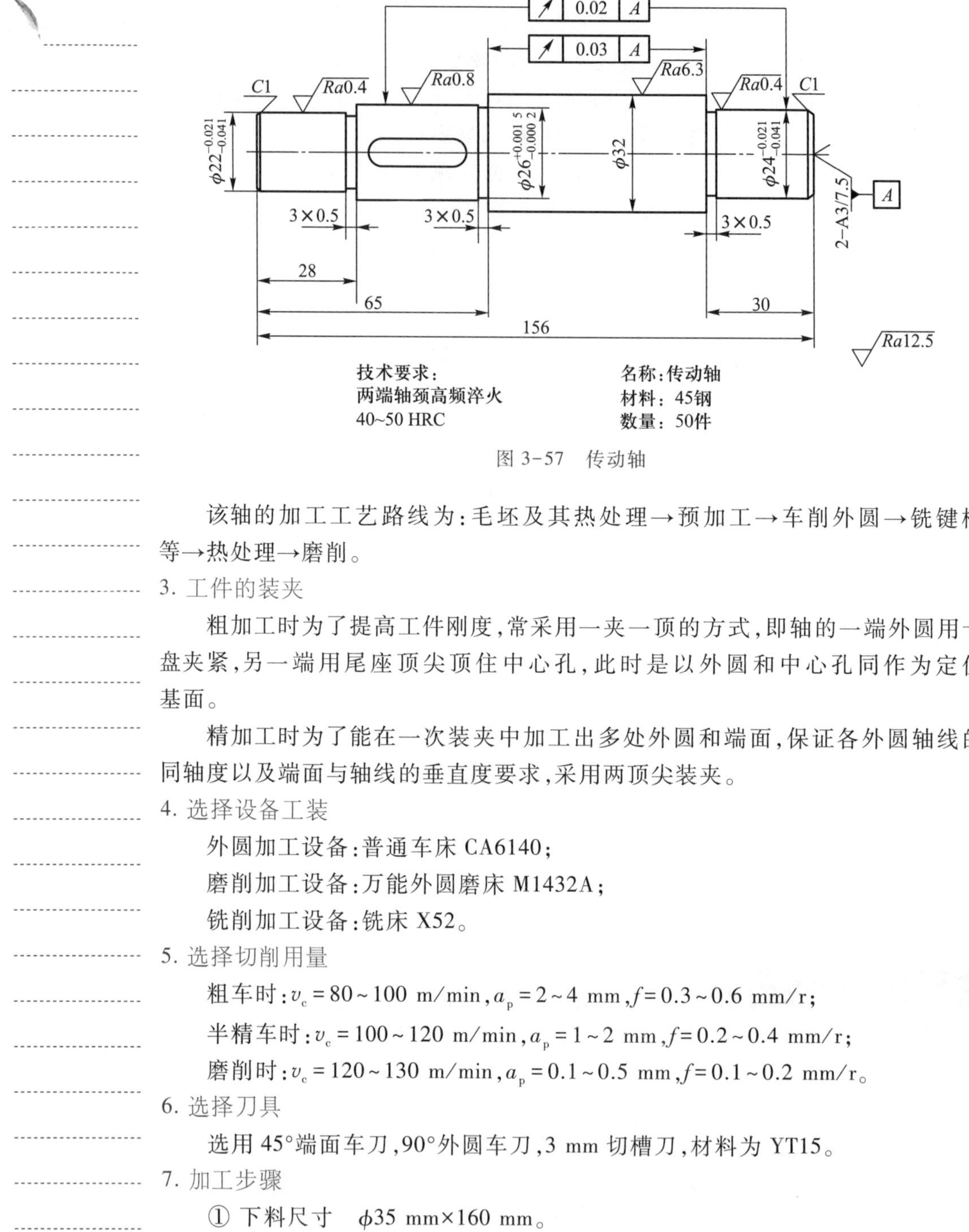

图 3-57　传动轴

该轴的加工工艺路线为：毛坯及其热处理→预加工→车削外圆→铣键槽等→热处理→磨削。

3. 工件的装夹

粗加工时为了提高工件刚度，常采用一夹一顶的方式，即轴的一端外圆用卡盘夹紧，另一端用尾座顶尖顶住中心孔，此时是以外圆和中心孔同作为定位基面。

精加工时为了能在一次装夹中加工出多处外圆和端面，保证各外圆轴线的同轴度以及端面与轴线的垂直度要求，采用两顶尖装夹。

4. 选择设备工装

外圆加工设备：普通车床 CA6140；

磨削加工设备：万能外圆磨床 M1432A；

铣削加工设备：铣床 X52。

5. 选择切削用量

粗车时：$v_c = 80 \sim 100$ m/min，$a_p = 2 \sim 4$ mm，$f = 0.3 \sim 0.6$ mm/r；

半精车时：$v_c = 100 \sim 120$ m/min，$a_p = 1 \sim 2$ mm，$f = 0.2 \sim 0.4$ mm/r；

磨削时：$v_c = 120 \sim 130$ m/min，$a_p = 0.1 \sim 0.5$ mm，$f = 0.1 \sim 0.2$ mm/r。

6. 选择刀具

选用 45°端面车刀，90°外圆车刀，3 mm 切槽刀，材料为 YT15。

7. 加工步骤

① 下料尺寸　ϕ35 mm×160 mm。

② 车削　a. 三爪自定心卡盘装夹毛坯，伸出 30 mm，车端面、钻中心孔；

b. 毛坯调头装夹，伸出 30 mm，车另一端面至长度 156 mm，钻中心孔。

③ 车削　a. 一夹一顶，粗车一端外圆分别至 ϕ34 mm×95 mm，ϕ26 mm×29 mm；

b. 半精车该外圆分别至 ϕ32 mm×95 mm，ϕ24.4 mm×30 mm；

c. 切槽 3 mm×0.5 mm；

e. 倒角 1 mm×45°。

④ 车削 a. 工件调头，一夹一顶，粗车另一端外圆分别至 ϕ28 mm×64 mm，ϕ24 mm×27 mm；

b. 半精车该外圆分别至 ϕ26.4 mm×65 mm，ϕ22.4 mm×28 mm；

c. 切槽 3 mm×0.5 mm 两处；

d. 倒角 1 mm×45°。

⑤ 铣削键槽。

⑥ 热处理。

⑦ 钳工操作。

⑧ 磨削 a. 两顶尖装夹，磨外圆 ϕ26.4 mm×65 mm，ϕ22.4 mm×28 mm 分别至技术要求；

b. 工件调头，两顶尖装夹，磨外圆 ϕ24.4 mm×30 mm 分别至技术要求。

⑨ 检验。

知识的梳理

本单元首先介绍了外圆表面的加工方法、工艺范围及其特点，外圆表面加工方法主要有车削加工和磨削加工。经过车削加工后，加工件尺寸精度可达到 IT9～IT7，表面粗糙度 Ra 值可达到 6.3～1.6 μm。对有色金属，利用精细车的方法，尺寸精度可达 IT6～IT5，表面粗糙度 Ra 值可达 0.8～0.2 μm。一般磨削可获得 IT6～IT4 级尺寸精度，磨削中参加工作的磨粒数多，各磨粒切去的切屑少，故可获得较小表面粗糙度 Ra 值 1.6～0.2 μm；其次，介绍了各加工方法的相应设备（如车床、磨床）的结构组成及性能特点等，要求了解金属切削机床的基本知识，能阅读和分析典型机床的传动系统图，初步具备合理选用机床的能力；最后介绍了各加工方法所使用的通用夹具、刀具、外圆表面常用测量方法和各种加工工艺易产生的质量缺陷和预防方法等。

思考与练习

3-1 简述车削加工的工艺范围。

3-2 车床有哪些种类？普通车床由哪几部分组成？

3-3 分析 CA6140 型卧式车床的传动系统。

(1) 分析主运动传动链，说明主轴的最高转速和最低转速。

(2) 进给传动系统中，为何既有光杠又有丝杠？是否可单独设置丝杠或光杠？为什么？

3-4 可转位车刀常用的结构有几种？

3-5 提高外圆表面车削生产率的措施主要有哪些？

3-6 磨削加工有哪些特点？

3-7　砂轮的特性主要取决于哪些因素？如何进行选择？

3-8　试述磨屑的形成过程。

3-9　磨削外圆的方法有几种？它们各有何特点？

3-10　磨削加工一般有几个运动？试分别述之。

3-11　何谓表面烧伤？如何避免表面烧伤？

3-12　为什么要进行外圆表面的精整、光整加工？主要有哪些手段？

3-13　对外圆表面进行测量时要注意哪些方面？

单元四　内圆表面加工及设备

知识要点

1. 介绍内圆表面的加工方法和工艺范围；
2. 内圆表面的钻削加工、镗削加工、磨削加工及相应设备；
3. 内圆表面的精整和光整加工；
4. 内圆表面的测量方法及内圆表面加工实例。

技能目标

1.通过本单元的学习应掌握钻、扩、铰、镗、内圆磨削加工的工艺范围，了解内圆加工设备的结构和传动；

2.掌握钻头、镗刀的种类和用途。

孔是箱体、支架、套筒、环、盘类零件上的重要表面结构，根据孔与其他零件的相对连接关系的不同，孔有配合孔与非配合孔之分；根据孔的几何特征的不同，孔分为通孔、盲孔、阶梯孔、锥孔等；按孔的形状，又分为圆孔和非圆孔等。这里只讨论金属切削加工范畴内的孔加工，即通过旋转的刀具(或工件)获得孔的方法，所以讨论的对象局限于圆孔。

在孔加工过程中，为避免出现孔径扩大、孔直线度过大、工件表面粗糙度差及钻头过快磨损等问题，从而影响钻孔质量和增大加工成本，应尽量保证以下的技术要求：

① 尺寸精度　孔的直径和深度尺寸的精度；

② 几何精度　孔的圆度、圆柱度及轴线的直线度；孔与孔轴线或孔与外圆轴线的同轴度；孔与孔或孔与其他表面之间的平行度垂直度等。

同时，还应该考虑以下 5 个要素：

① 孔径、孔深、公差、表面粗糙度及孔的结构；

② 工件的结构特点，包括夹持的稳定性、悬伸量和回转性；

③ 机床的功率、转速、冷却液系统和稳定性；

④ 加工批量；

⑤ 加工成本。

微课

内圆表面的加工方法

4.1　内圆表面的加工方法

内圆表面的钻、扩、铰加工都是在钻床上进行的加工方法，其主运动是机床主轴带动刀具的旋转运动，进给运动为刀具相对于工件的轴向移动，但各种加工方法各有不同的特点。

4.1.1 钻孔

用钻头在工件实体部分加工孔称为钻孔。钻孔属于粗加工,可达到的尺寸公差等级为 IT13~IT10,表面粗糙度 *Ra* 值为 50~12.5 μm。

1. 钻削工艺特点

由于受麻花钻结构特点的影响,且钻削加工是在半封闭工况下进行的,这使钻削加工过程较为复杂。归结起来,具有以下特点。

(1) 易引偏

引偏是指孔径扩大、孔轴线偏移和不直现象。由于钻头仅有两条很窄的刃带与孔壁接触,接触刚度和导向作用差,且钻头横刃处前角有很大负值,切削条件极差,钻孔时一半以上的轴向力由横刃产生,稍有偏斜将产生较大附加力矩,使钻头弯曲。此外,两切削刃不对称,工件材料不均匀,切入时钻头易偏移和弯曲。如图 4-1a 所示,在钻床上钻孔,易引起孔的轴线偏移和不直,但孔径无显著变化;如图 4-1b 所示,在车床上钻孔,易引起孔径扩大,但孔的轴线仍然是直的。

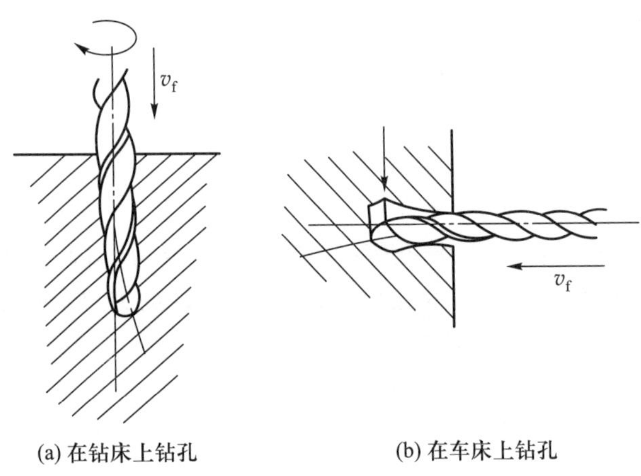

图 4-1 引偏引起的孔形误差

(2) 排屑困难

钻孔的切屑较宽,在孔内被迫卷成螺旋状,流出时与孔壁发生剧烈摩擦而刮伤已加工表面,甚至会卡死或折断钻头。

(3) 切削温度高,刀具磨损快

切削时产生的切削热在半封闭切削状况下,不易传出,使切削区温度很高。因此,解决冷却、排屑、导向、刚性问题是钻削加工保证加工质量的关键问题。深孔加工中,上述问题的影响更为突出,是必须解决的首要问题。

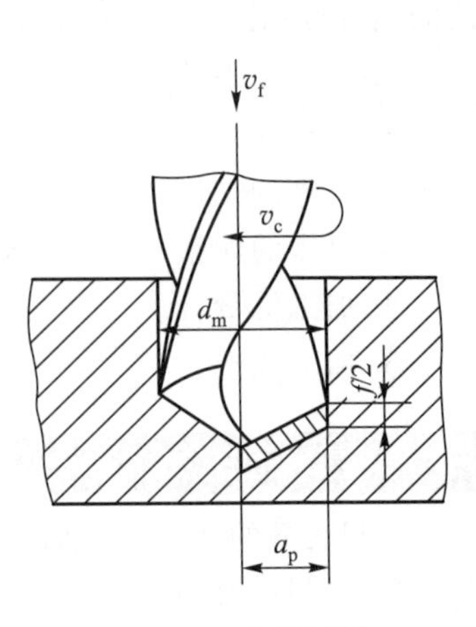

图 4-2 钻削用量

2. 钻削用量

钻削用量与车削用量一样,包括切削速度 v_c、进给量 f 和切削深度 a_p,如图 4-2 所示。

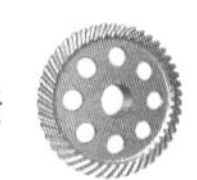

(1) 切削速度 v_c

它是钻头外缘处的线速度,单位为 m/min。

$$v_c = \frac{\pi d_m n}{1\ 000} \tag{4-1}$$

式中:d_m——麻花钻外径,单位为 mm;

n——钻头或工件转速,单位为 r/min。

(2) 进给量 f

它是钻头或工件每转一周,钻头在进给方向相对于工件的位移量,又称每转进给量,单位为 mm/r。此外,进给量 f 还可由每齿进给量 f_z(钻头每转一个刀齿,钻头与工件之间的相对轴向位移量)计算得出,由于钻头有两个刀齿,因此 $f=2f_z$。小直径钻头进给量主要受钻头的刚性或强度限制,大直径钻头受机床进给机构动力及工艺系统刚性限制。普通麻花钻进给量可按 $f=(0.01\sim0.02)d$ 选择。直径为 3~5 mm 的小钻头,一般用手动进给。

(3) 切削深度 a_p

钻削深度 $a_p=d_m/2$,单位为 mm。

4.1.2 扩孔

扩孔是用扩孔钻对工件上已有的孔进行扩大加工,如钻孔、铸孔、锻孔和冲孔等的扩大加工。扩孔可以作为孔的最终加工,也可作为铰孔、磨孔前的预加工工序。扩孔后孔的尺寸公差等级可达 IT10~IT9,表面粗糙度值 Ra 可达 12.5~3.2 μm。

扩孔加工如图 4-3 所示,扩孔深度 $a_p=D-d$,单位为 mm。

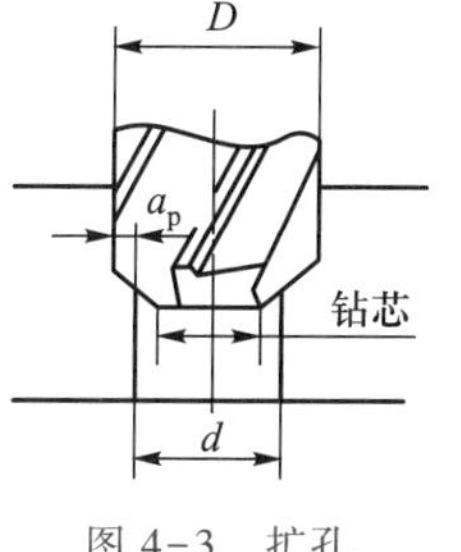

图 4-3 扩孔

4.1.3 铰孔

铰孔是在半精加工(扩孔或镗孔)的基础上对孔进行的一种精加工方法。铰孔的尺寸公差等级可达 IT9~IT7,表面粗糙度值 Ra 为 3.2~0.8 μm。

1.铰削方式

铰削有机铰和手铰两种。如图 4-4a 所示,在机床上进行的铰削称为机铰;如图 4-4b、c 所示,手工进行的铰削称为手铰。

2.铰削用量

铰削采用低速切削以免产生积屑瘤并引起振动,一般情况下:粗铰 $v_c=4\sim10$ m/min,精铰 $v_c=1.5\sim5$ m/min。机铰时的进给量可比钻孔时高 3~4 倍,一般取 0.5~1.5 mm/r。铰削的深度很小,目的是为了控制切削温度,切削温度过高,会使铰刀直径膨胀,从而导致孔径扩大,使切屑增多而擦伤已加工孔表面。铰削的深度太小,则会因为留有刀痕而影响粗糙度。一般粗铰深度为 0.15~0.25 mm,精铰深度为 0.05~0.15 mm。

为了保证加工质量,铰削时应该选用合适的切削液。铰削钢件常用乳化液,

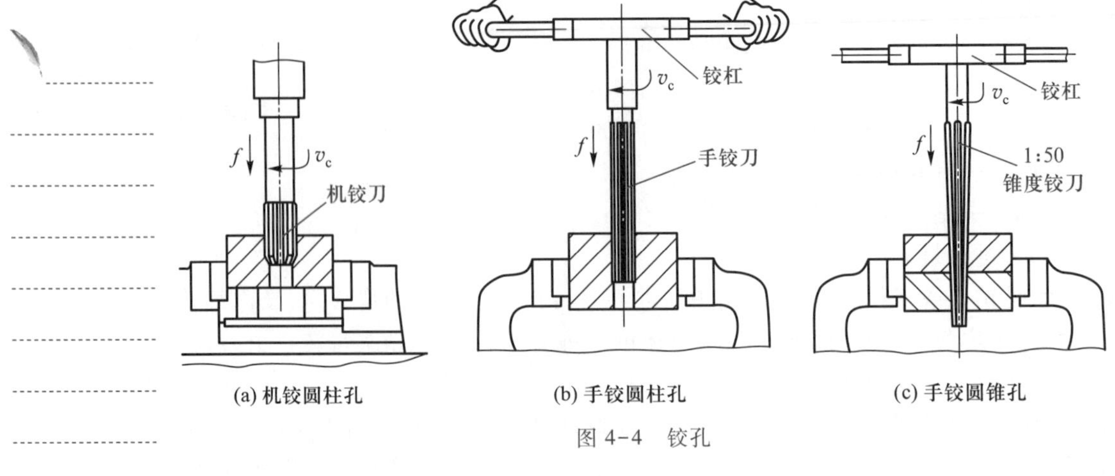

(a) 机铰圆柱孔　(b) 手铰圆柱孔　(c) 手铰圆锥孔

图 4-4　铰孔

铰削铸铁件可用煤油。

3.铰削的工艺特点

① 铰孔的精度和表面粗糙度主要取决于铰刀的精度，铰刀的安装方式，铰削用量的合理选取和切削液等条件。

② 铰孔比精镗孔更容易保证尺寸精度和形状精度，生产效率也高，对于小孔和细长孔更显优势。但由于铰削余量小，铰刀常为浮动连接，所以不能校正孔的轴线偏斜，孔与其他表面的位置精度需要由前道工序或后道工序来实现。

③ 铰孔的适应性较差。铰刀为定尺寸刀具，一把刀具只能用于加工一种孔径的孔。铰削的孔径通常在 ϕ40 mm 以下，一般小于 ϕ80 mm。对于阶梯孔和盲孔，铰削的工艺性较差。

4.2　内圆表面的钻削加工及设备

微课
钻床

4.2.1　钻床

钻床是进行孔加工的主要机床之一。一般用于加工直径不大、精度要求较低的孔。在钻床上加工时，工件不动，刀具既做旋转主运动，同时又沿轴向移动，完成进给运动。钻床可完成钻孔、扩孔、铰孔、攻螺纹等工序，如图 4-5 所示。

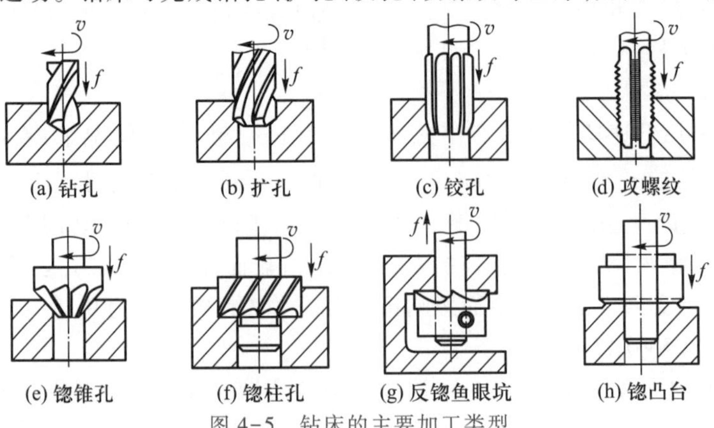

(a) 钻孔　(b) 扩孔　(c) 铰孔　(d) 攻螺纹

(e) 锪锥孔　(f) 锪柱孔　(g) 反锪鱼眼坑　(h) 锪凸台

图 4-5　钻床的主要加工类型

钻床种类较多，主要有立式钻床、台式钻床、摇臂钻床、深孔钻床和数控钻床等，钻床的主参数是最大钻孔直径。

1.立式钻床

立式钻床是主轴竖直布置且中心位置固定的钻床，简称立钻。常用于机械制造和修配工厂加工中、小型工件的孔。

立钻有方柱立钻和圆柱立钻两种基本系列。图 4-6 所示为方柱立钻，它由主轴、变速箱、主轴箱、工作台、立柱和底座等组成。

由于立式钻床主轴中心位置不能调整，若要加工工件同一方向上几个不同位置上的孔，必须调整工件的位置，这对大而重的工件，操作很不方便，所以其生产率较低，主要用于单件小批生产的中、小型零件加工(钻孔直径小于 50 mm)。

立钻除以上的基本系列外，还有排式、多轴、坐标及转塔立式钻床等系列。

① 排式立式　钻床一般由 2~6 个立柱和主轴箱排列在一个公用底座上，各主轴顺次加工同一工件上的不同孔或分别进行各种孔的加工，可节省更换刀具的时间，用于中小批量生产。

② 多轴立式钻床　机床的多个主轴可根据加工需要调整轴心位置，如图 4-7 所示，由主轴箱带动全部主轴转动，多孔同时加工，用于成批生产。

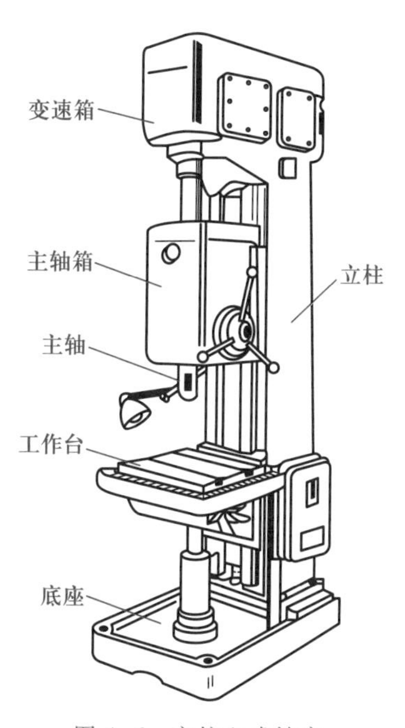

图 4-6　方柱立式钻床

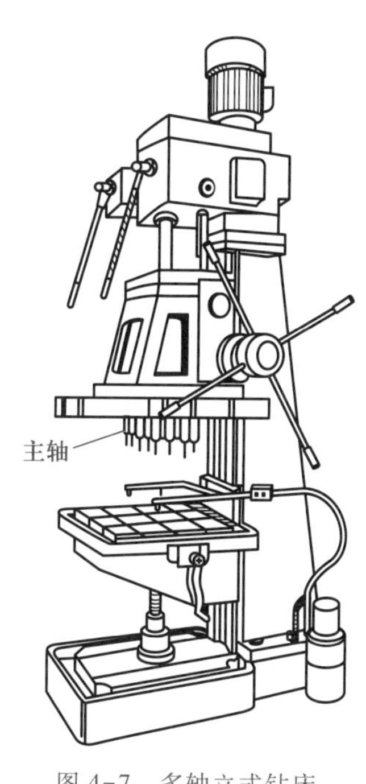

图 4-7　多轴立式钻床

③ 坐标立式钻床　在方柱立钻上加装可纵向、横向移动的十字工作台，可按坐标尺寸进行钻削加工。

④ 转塔立式钻床　多采用程序控制或数字控制，使装有不同刀具的转塔头自动转位、主轴自动改变转速和进给量，工件自动调整位置，实现多工序加工的自动化循环，如图 4-8 所示。

2. 台式钻床

如图 4-9 所示，台式钻床简称台钻，是一种小型机床，通常安装在钳工台上使用。台式钻床钻孔直径一般在 13 mm 以下，最大不超过 16 mm，主要用于加工小型工件上的各种孔。台钻的自动化程度较低，通常是手动进给，结构简单，使用灵活方便。

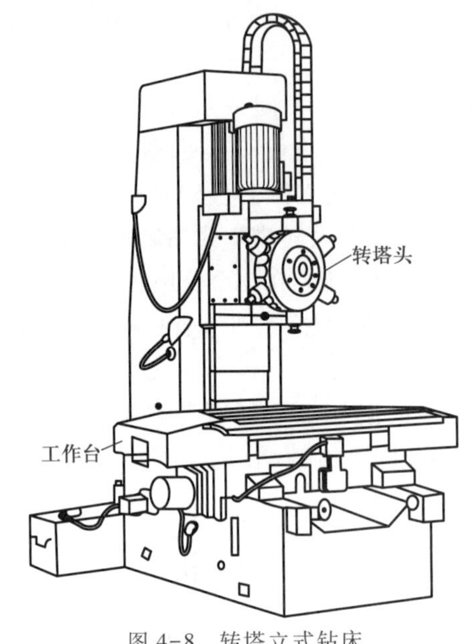

图 4-8　转塔立式钻床

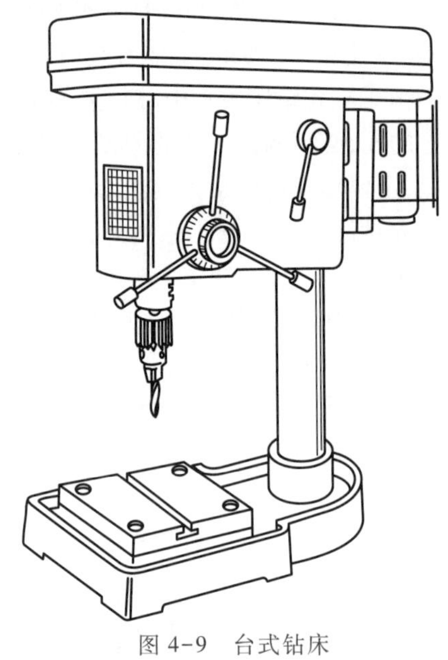
图 4-9　台式钻床

3.摇臂钻床

摇臂钻床也称为摇臂钻，它主要由底座、内立柱、外立柱、摇臂、主轴箱及工作台等部分组成，如图 4-10 所示。内立柱固定在底座的一端，在它的外面套有

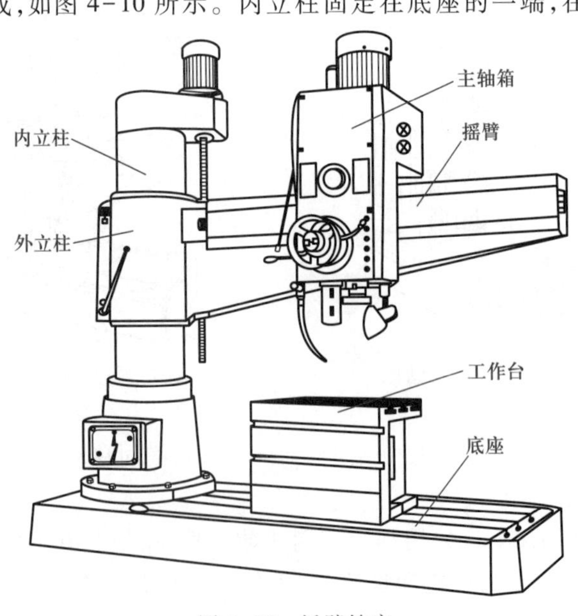

图 4-10　摇臂钻床

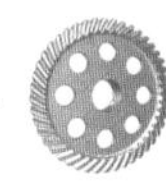

外立柱，外立柱可绕内立柱回转360°。因此，操作时能很方便地将钻头调整到需要钻削的孔的中心，而工件不需要移动。摇臂钻加工范围广，可用来加工任意平面的孔和孔系，能适应不同尺寸零件的钻孔、扩孔和铰孔等。

机床主轴箱由特殊的紧固装置紧固在摇臂导轨上，而外立柱紧固在内立柱上，摇臂紧固在外立柱上。钻削加工时，钻头一边进行旋转切削，一边进行纵向进给，其运动形式为：摇臂钻床的主运动为主轴的旋转运动；进给运动为主轴的纵向进给；辅助运动有摇臂沿外立柱垂直移动，主轴箱沿摇臂长度方向的移动，摇臂与外立柱一起绕内立柱的回转运动。

4. 深孔钻床

深孔钻床是专门用于加工深孔的专门化机床。这种机床一般用来加工深径比大于10的深孔。为减少孔中心的偏斜，加工时通常是由工件转动来实现主运动，深孔钻头并不转动，只做直线进给运动。深孔钻床多为水平卧式和三坐标式结构。机床有独立完善的切削油高压、冷却及过滤系统，以保证充足、洁净、温度适中的切削油供应。

5. 数控钻床

数控钻床主要用来加工有较高位置精度要求的孔和孔系。它一般都具有X、Y坐标控制功能，在加工孔时，比普通立式钻床和摇臂钻床操作更为方便，定位更精确。数控钻床钻孔时工件不移动，一般采用点位控制，同时沿两轴或三轴快速移动，可以减少定位时间。有时也采用直线控制，以便进行平行于机床主轴轴线的钻削加工。

图4-11所示为ZK5140C型数控钻床。该机床配备经济型数控系统，三坐标

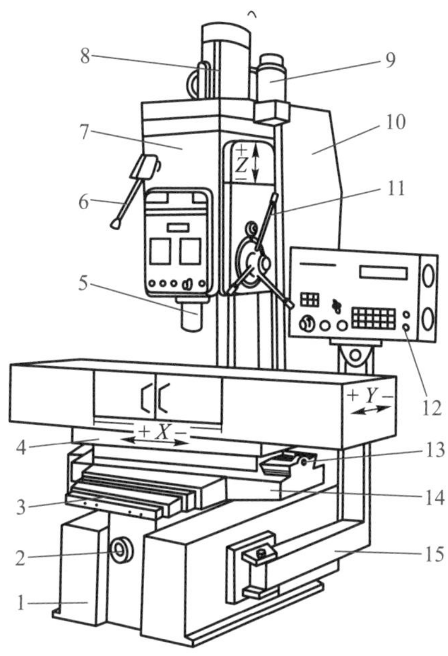

1—底座；2—横向滚珠丝杠；3—罩；4—工作台；5—主轴；6—转速调整手柄；7—主轴箱；8—主电动机；9—步进电动机；10—立柱；11—手柄；12—数控装置；13—纵向滚珠丝杠；14—滑座；15—支架

图4-11 ZK5140C型数控钻床

二轴联动，点位控制，三轴分别采用步进电动机驱动，可进行钻孔、扩孔、铰孔、锪端面、钻沉头孔及攻螺纹等工序。

微课
钻孔刀具概述

4.2.2　钻孔刀具

钻头是钻孔的主要工具，其刀具结构形式很多，按用途分主要分为在实材上加工孔的麻花钻、群钻、扁钻、中心钻和深孔钻等；对已有孔进行再加工的扩孔钻、锪钻和铰刀等。

微课
麻花钻

1. 麻花钻

麻花钻是钻孔加工中最为常用的刀具，主要用于 ϕ80 mm 以下孔径的粗加工，以 ϕ30 mm 以下孔径最为常用，但生产效率不高。

（1）麻花钻的结构组成

标准麻花钻由工作部分、颈部和柄部三部分组成，如图 4-12 所示。

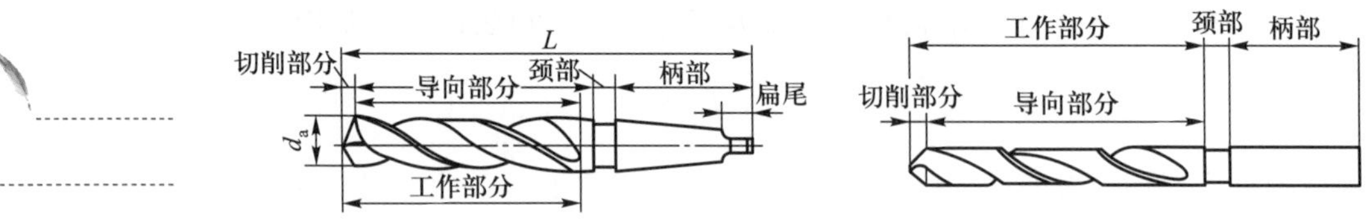

图 4-12　麻花钻的结构组成

① 柄部和颈部　柄部用于夹持刀具和传递动力。麻花钻根据柄部不同，有圆柱直柄和莫氏锥柄两种。直径为 8～80 mm 的麻花钻多为莫氏锥柄，直径为 0.1～20 mm 的麻花钻多为圆柱直柄，中等尺寸麻花钻两种形式均可选用。颈部是柄部和工作部分的连接处，常用作砂轮退刀和打标记的部位，也是柄部与工作部分不同材料的焊接部位。通常，小直径钻头不做出颈部。

② 工作部分　由导向部分和切削部分组成。麻花钻的导向部分由两条螺旋槽所形成的两螺旋形刃瓣组成，用以排屑和导入切削液。导向部分的直径向柄部方向逐渐减小，形成倒锥，类似于副偏角，以减小刃带与工件孔壁间的摩擦。此外，导向部分也是切削部分的备磨部分。

麻花钻的切削部分由两个螺旋形前面、两个由刃磨得到的后面、两条刃带（副后面）、两条主切削刃、两条副切削刃（前面与刃带的交线）和一条横刃组成，如图 4-13 所示。两条螺旋槽钻沟形成前面，主后面在钻头端面上。钻头外缘上两小段窄棱边形成的刃带是副后面，钻孔时刃带起导向作用，为减小与孔壁的摩擦，刃带向柄部方向有减小的倒锥量，从而形成副偏角。在钻心上的切削刃叫横刃，两条主切削刃通过横刃相连接。

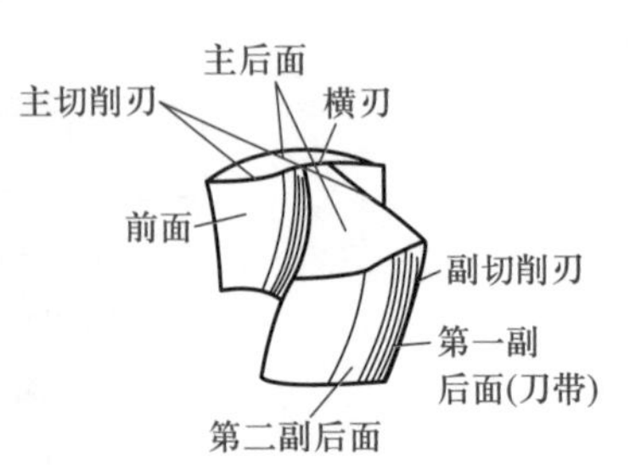

图 4-13　麻花钻切削部分结构

（2）麻花钻的结构参数

① 直径 d　麻花钻的直径是钻头两刃带之间的垂直距离，它按标准尺寸系列和螺孔底孔直径设计。

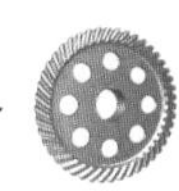

② 螺旋角 β　钻头外圆柱面与螺旋槽交线的切线与钻头轴线的夹角为螺旋角 β,如图 4-14 所示。设主切削刃上任一点 x 的螺旋角 β_x,则

$$\tan\beta_x = 2\pi r_x / Ph \tag{4-2}$$

式中　r_x——x 点半径;

Ph——螺旋槽的导程。

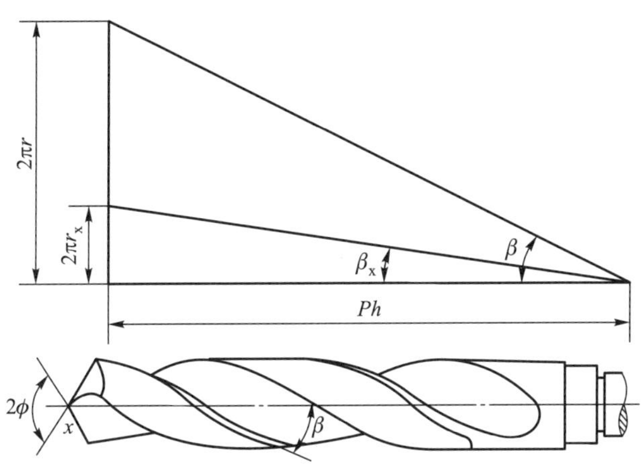

图 4-14　麻花钻的螺旋角和顶角

可见,在主切削刃上半径不同的点的螺旋角不相等,钻头外缘处的螺旋角最大,越靠近钻头中心,其螺旋角越小。螺旋角越大,钻头的侧前角越大,钻头越锋利,切削越轻快,越容易排屑。但是螺旋角过大,会削弱钻头强度,散热条件也差。标准麻花钻的螺旋角一般在 18°~30°范围内,大直径钻头取大值。

(3) 麻花钻的几何角度

麻花钻实际上相当于正反安装的两把内孔车刀的组合刀具,因此,麻花钻的几何角度同样可按确定车刀几何角度的方法进行分析。

1) 基面和切削平面

① 基面　切削刃上任一点的基面,是通过该点且垂直于该点切削速度方向的平面,如图 4-15a 所示。在钻削时,如果忽略进给运动,钻头就只有圆周运动,主切削刃上每一点都绕钻头轴线做圆周运动,它的速度方向就是该点所在圆的切线方向,如图 4-15b 中 A、B 两点的切削速度都分别垂直于该点的半径方向。不难看出,切削刃上任一点的基面就是通过该点并包含钻头轴线的平面。由于切削刃上各点的切削速度方向不同,所以切削刃上各点的基面也就不同。

② 切削平面　切削刃上任一点的切削平面是包含该点切削速度方向,而又切于该点加工表面的平面(图 4-15a 所示为钻头外缘刀尖 A 点的基面和切削平面)。切削刃上各点的切削平面与基面在空间相互垂直,并且其位置是变化的。

2) 顶角 2ϕ

麻花钻的顶角 2ϕ 是两个主切削刃在与其平行的平面上投影的夹角,如图

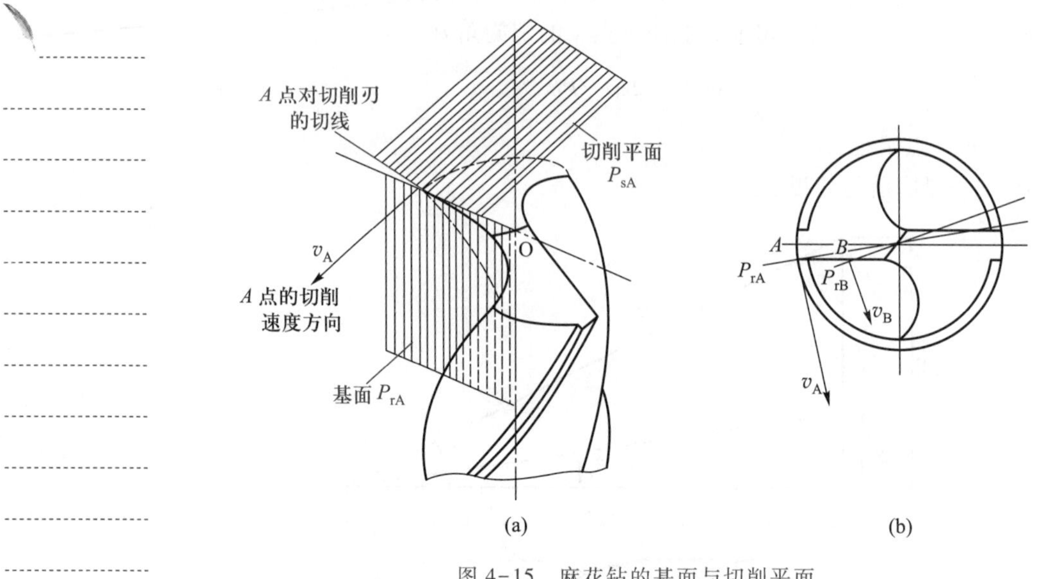

图 4-15 麻花钻的基面与切削平面

4-14所示。顶角越小，则主切削刃越长，切削宽度增加，单位切削刃上的负荷减轻，轴向力减小，对钻头的轴向稳定性有利。但顶角减小会使钻尖强度减弱，切削变形增大，导致扭矩增加。标准麻花钻取顶角 $2\phi=118°$，顶角与基面无关。

3）主切削刃的几何角度（图 4-16）。

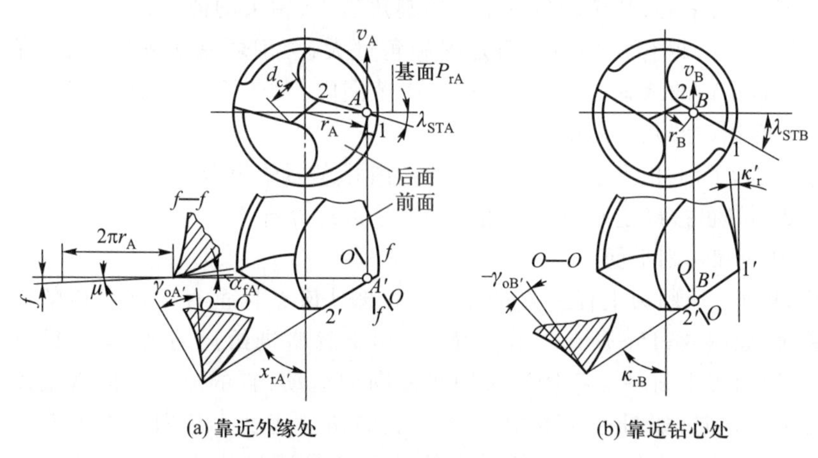

图 4-16 麻花钻的几何角度

① 端面刃倾角 λ_{ST} 为方便起见，钻头的刃倾角通常在端平面内表示。钻头主切削刃上某点的端面刃倾角是主切削刃在端平面的投影与该点基面之间的夹角，其值总是负的。主切削刃上各点的端面刃倾角是变化的，越靠近钻头中心端面刃倾角的绝对值越大，如图 4-16b 所示。

② 主偏角 κ_r 麻花钻主切削刃上某点的主偏角是该点在基面上的投影与钻头进给方向之间的夹角（锐角）。由于主切削刃上各点的基面位置不同，因此主切削刃上各点主偏角也随之变化，越接近钻心，主偏角越小。

③ 前角 γ_o 麻花钻的前角 γ_o 是正交平面内前面与基面之间的夹角。由于主切削刃上各点的基面不同，所以主切削刃上各点的前角也是变化的。前角的值从外缘到钻心附近大约由+30°减小到−30°，其切削条件很差。

④ 后角 α_f 切削刃上任一点的后角 α_f，是该点的切削平面与后面之间的夹角。钻头后角不在主剖面内度量，而是在假定工作平面(进给剖面)内度量。在钻削过程中，实际起作用的是这个后角，同时测量也方便。钻头的后角是刃磨得到的，外缘处磨得小(约 8°~10°)，靠近钻心处磨得大(约 20°~30°)。这样可以使后角与主切削刃前角的变化相适应，使其各点的楔角大致相等，从而保证刀具锋利程度、强度、耐用度相对平衡；其次弥补由于钻头的轴向进给运动而使刀刃上各点实际工作后角减少所产生的影响；此外还能改变横刃处的切削条件。

4）横刃的几何角度(图 4-17)

① 横刃前角 $\gamma_{o\psi}$ 横刃通过钻头中心，并且在钻头端面上的投影为一条直线，因此横刃上各点的基面相同。从横刃上任一点的正交平面可以看出，横刃前角 $\gamma_{o\psi}$ 为负值，标准麻花钻的 $\gamma_{o\psi}$ = −45°~−60°。

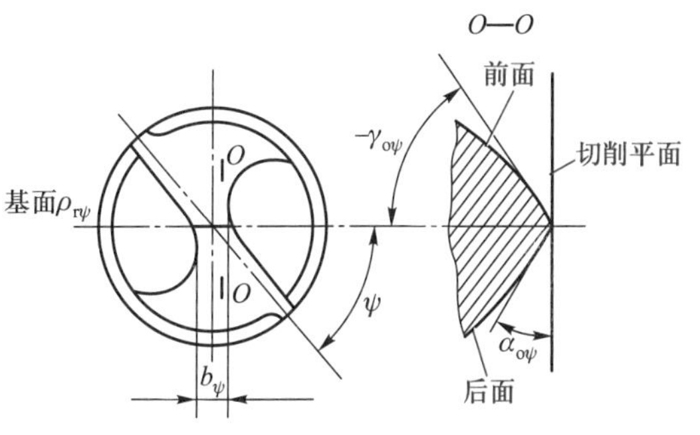

图 4-17 横刃切削角度

② 横刃后角 $\alpha_{o\psi}$ 横刃后角 $\alpha_{o\psi}=90°-|\gamma_{o\psi}|$($\alpha_{o\psi}=30°\sim35°$)。

③ 横刃主偏角 $\kappa_{r\psi}=90°$。

④ 横刃主偏角 $\lambda_{s\psi}=0°$。

⑤ 横刃斜角 ψ 横刃斜角 ψ 是钻头在端面投影中，横刃与主切削刃之间的夹角，标准麻花钻的横刃斜角 ψ=50°~ 55°。当后角磨得偏大时，横刃斜角减小，横刃长度增大。因此，在刃磨麻花钻时，可观察 ψ 角的大小来判断后角是否磨得合适。

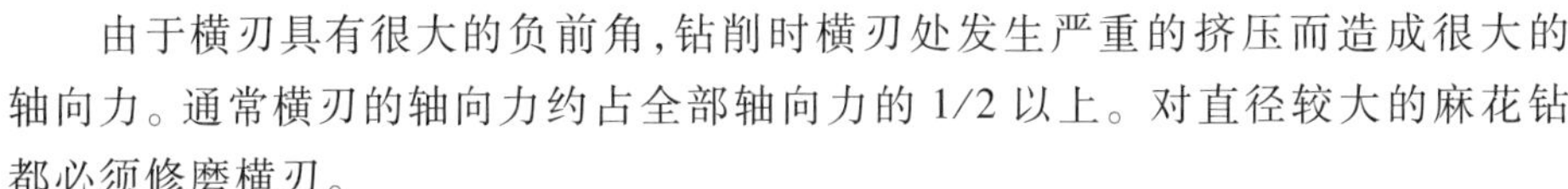

由于横刃具有很大的负前角，钻削时横刃处发生严重的挤压而造成很大的轴向力。通常横刃的轴向力约占全部轴向力的 1/2 以上。对直径较大的麻花钻都必须修磨横刃。

(4) 麻花钻的结构特征及存在问题

① 标准麻花钻主切削刃上各点处的前角数值内外相差太大。钻头外缘处主切削刃的前角约为+30°，而接近钻心处，前角约为−30°，近钻心处前角过小，造成切屑变形大，切削阻力大；而近外缘处前角过大，在加工硬材料时，切削刃强度常显不足。

② 横刃嫌长，横刃的前角是很大的负值，从而产生很大的轴向力。

③ 与其他类型的切削刀具相比，标准麻花钻的主切削刃很长，不利于分屑与断屑。

④ 刃带处副切削刃的副后角为零值，造成副后面与孔壁间的摩擦加大，切削温度上升，钻头外缘转角处磨损较大，已加工表面粗糙度值变大。

以上缺陷导致麻花钻磨损快,严重影响着钻孔效率与已加工表面的质量。

2. 其他钻头

(1) 群钻

群钻是针对标准麻花钻工作中存在的不足,经长期生产经验总结采取多种修磨措施而形成的新型钻头结构,如图 4-18 所示。其主要结构特征是:将两主切削刃接近钻心处磨成圆弧内刃以提高该处刀刃锋利性;将横刃磨窄磨尖,改善其切削性能并提高定心性,同时降低横刃尖高以保证刀尖足够的强度和刚度;在外刃上开出分屑槽,以利于排屑;磨窄刃带以减少刀具与孔壁的摩擦,从而形成了“三尖七刃锐当先,月牙弧槽分两边,一侧外刃再开槽,横刃磨低窄又尖”的新格局。与标准麻花钻相比,采用群钻加工孔可明显降低轴向力,提高定心能力,提高钻削加工精度、表面质量及钻头的耐用度。

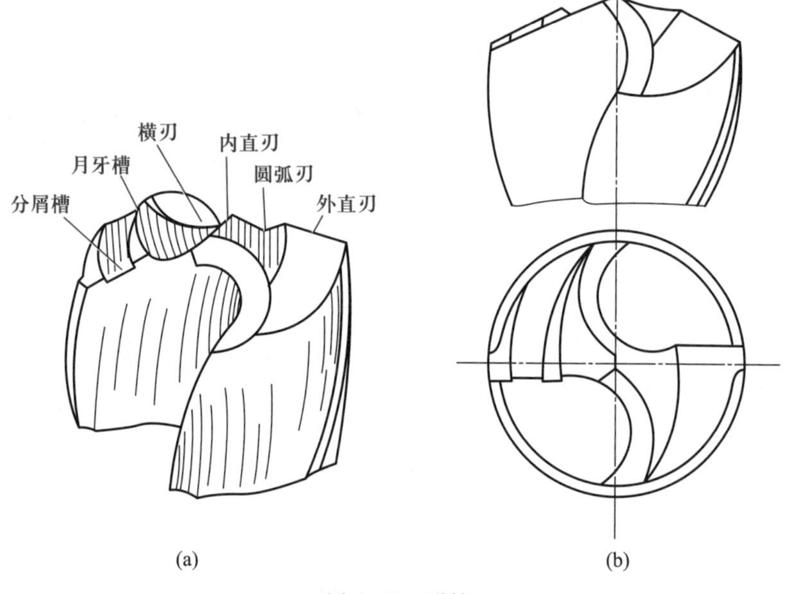

图 4-18　群钻

(2) 中心钻

中心钻是用于轴类等零件端面上的中心孔加工,如图 4-19 所示。

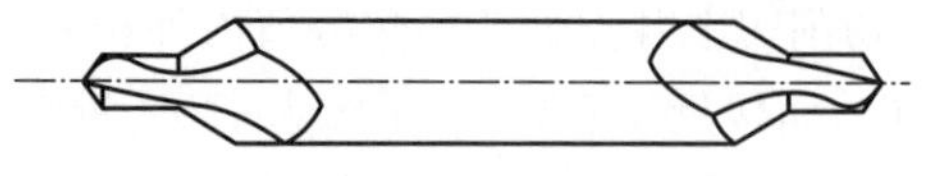

图 4-19　中心钻

(3) 扁钻

扁钻切削部分磨成一个扁平体,主切削刃磨出锋角、后角并形成横刃;副切削刃磨出后角与副偏角并控制钻孔直径,如图 4-20 所示。扁钻前角小,没有螺旋槽,排屑困难,但制造简单,成本低,在 $\phi1$ mm 以下的小孔加工上得到广泛应用。扁钻由于结构上有较大改进,加上上述优点,故在自动线和数控机床上加工

ϕ35 mm 以上孔时，也使用扁钻。

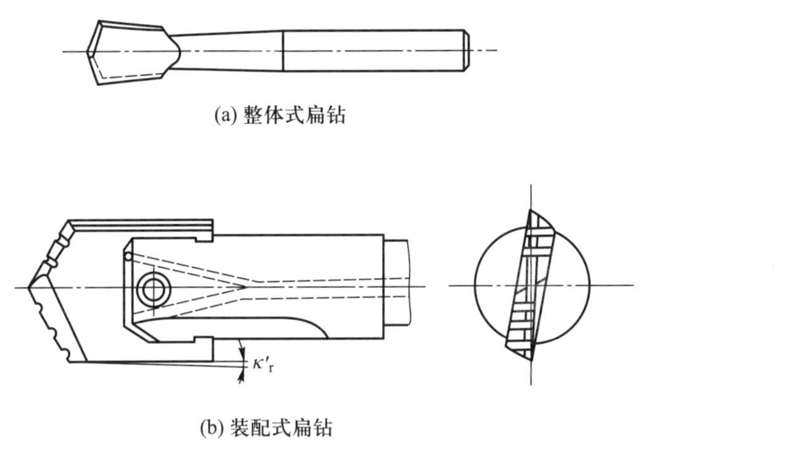

(a) 整体式扁钻

(b) 装配式扁钻

图 4-20 扁钻

(4) 可转位浅孔钻

如图 4-21a 所示，可转位浅孔钻适合在车床上加工孔径为 17.5～60 mm，深径比不大于 3 的中等直径浅孔。对孔径大于 60 mm 的浅孔，可用硬质合金可转位式套料浅孔钻加工，如图 4-21b 所示。该结构的钻头切削效率高，功率消耗少，还可以节省原材料，降低成本，是大批生产加工中等直径孔常采用的方法之一。可转位浅孔钻还可用于镗孔或车端面，并可实现高速切削。

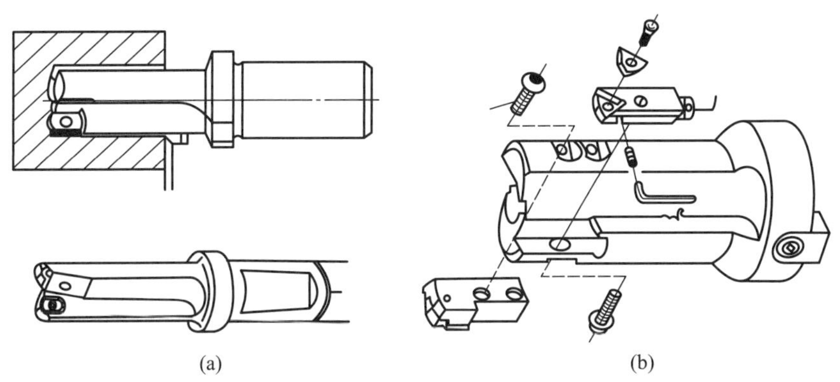
(a) (b)

图 4-21 可转位浅孔钻

(5) 深孔钻

当孔的深径比达到 5 以上时为深孔。深孔加工难度较大，主要表现在刀具刚性差、导向难、排屑难、冷却润滑难等方面，有效地解决上述加工问题，是保证深孔加工质量的关键。一般对深径比为 5～20 的普通深孔，在车床或钻床上用加长麻花钻加工；对深径比达 20 以上的深孔，在深孔钻床上用深孔钻加工；当孔径较大，孔加工要求较高时，可在深孔镗床上加工。

深孔钻按排屑方式分为外排屑和内排屑两类。外排屑的有枪钻、深孔扁钻和深孔麻花钻等；内排屑因所用的加工系统不同，分为 BTA 深孔钻、喷射钻和 DF 深孔钻。图 4-22 所示为几种不同的深孔钻。

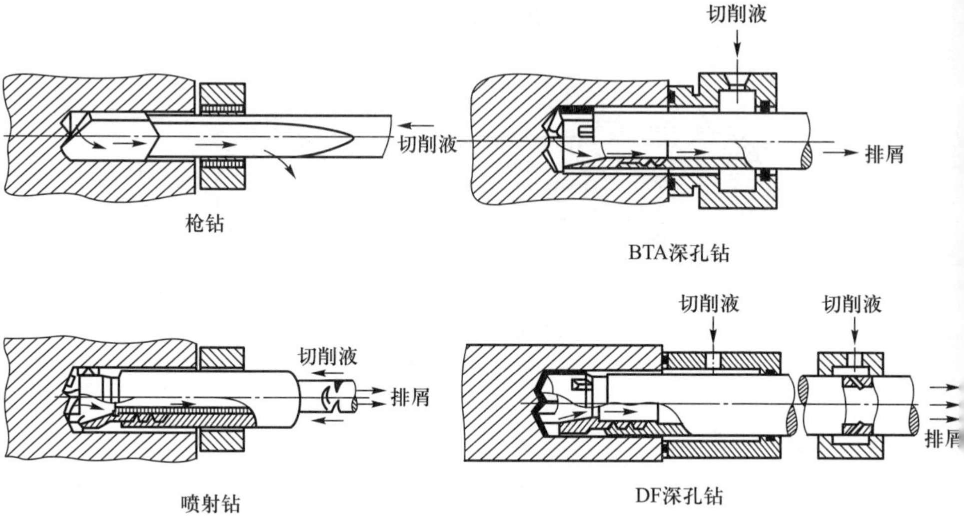

图 4-22　深孔钻

① 枪钻　只有一个切削部分，最早用于加工枪管。钻削时，切削液从钻杆中间进入，经钻头头部的小孔喷射到切削区，然后带着切屑从钻头的 V 形沟槽中排出。枪钻适用于加工孔径为 2～20mm、深径比大于 100 的深孔。

② BTA 深孔钻　切削液从钻杆与孔壁的间隙处送入，靠切削液的压力将切屑从钻杆的内孔中排出。BTA 深孔钻适用于钻削孔径在 6 mm 以上、深径比小于 100 的深孔，其生产效率比枪钻高 3 倍以上。

③ 喷射钻　一种多刃内排屑深孔钻，有内、外两层钻管，大部分切削液从内、外钻管的间隙中进入切削区，然后连同切屑进入内管；另一小部分切削液则经由内管尾端的月牙形孔进入内管，产生喷射效应，形成低压区，帮助抽吸切屑。喷射钻不要求严格的切削液密封装置，适用于钻削孔径在 18 mm 以上、深径比小于 100 的深孔。

④ DF 深孔钻　这种钻头吸收了 BTA 深孔钻和喷射钻的优点，采用单管，排屑靠推压和抽吸双重作用，提高了排屑能力，可钻削孔径在 8 mm 以上的深孔。

3. 对已有孔进行再加工的钻孔刀具

(1) 扩孔钻

如图 4-23 所示，扩孔钻一般用于孔的半精加工或终加工，用于铰或磨前的预加工或毛坯孔的扩大。扩孔钻的形式随直径不同而不同，扩孔直径为 10～32 mm时选用高速钢整体锥柄扩孔钻，如图 4-23a 所示；扩孔直径为 25～80 mm时选用镶齿套式扩孔钻或硬质合金可转位式扩孔钻，如图 4-23b、c 所示。

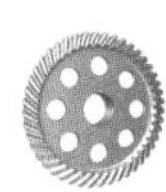

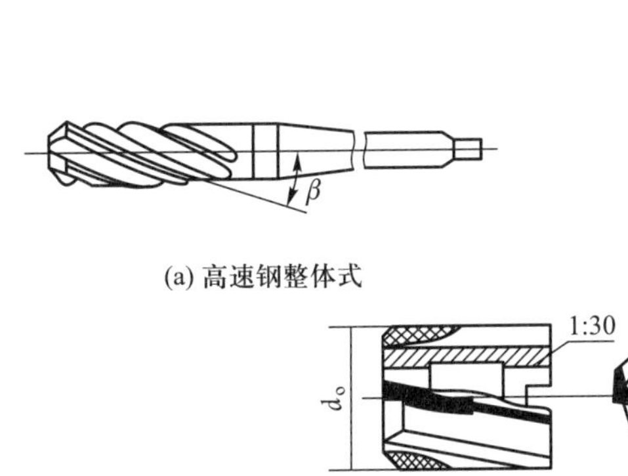

(a) 高速钢整体式

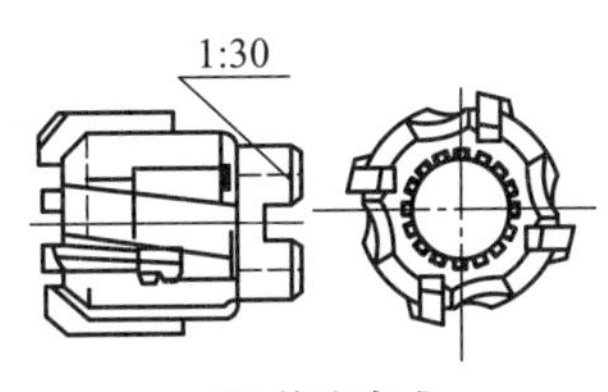

(b) 镶齿套式

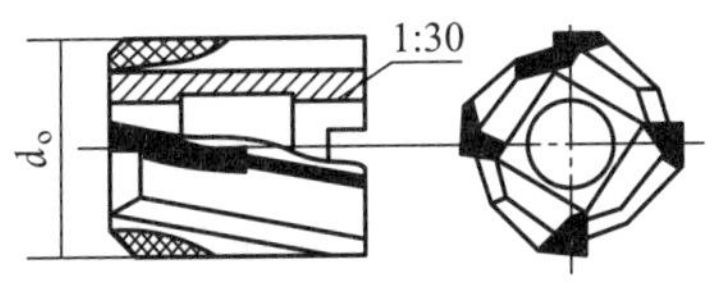

(c) 硬质合金可转位式

图 4-23　扩孔钻

扩孔钻的结构与麻花钻相比有以下特点：

① 刚性较好　由于扩孔深度小，切屑少，扩孔钻的容屑槽浅而窄，钻芯直径较大，增加了扩孔钻工作部分的刚性。

② 导向性好　扩孔钻有 3~4 个刀齿，导向效果好。

③ 切削条件较好　扩孔钻无横刃，前角和后角沿切削刃的变化小，切削轻快，可采用较大的进给量，生产效率较高。

因此，扩孔与钻孔相比，加工精度高，表面粗糙度值较低，且可在一定程度上校正钻孔的轴线误差。

（2）锪钻

锪钻是对孔的端面进行平面、柱面、锥面及其他型面的加工。锪钻分为柱形锪钻、锥形锪钻和端面锪钻三种。

① 柱形锪钻用于锪圆柱形埋头孔，如图 4-24a 所示。柱形锪钻的端面刀刃起主要切削作用，螺旋槽的斜角就是它的前角。锪钻前端有导柱，导柱直径与工件已有孔为紧密的间隙配合，以保证良好的定心和导向。这种导柱是可拆的，也可以把导柱和锪钻做成一体。

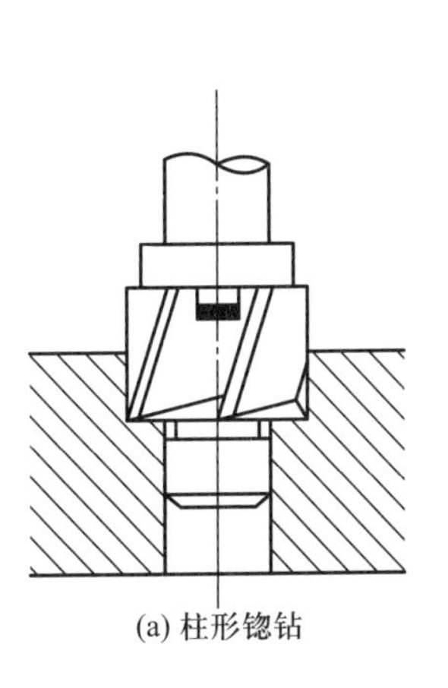

(a) 柱形锪钻

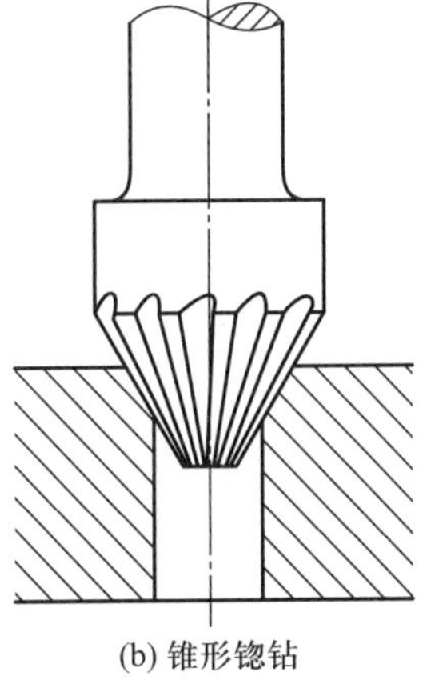

(b) 锥形锪钻

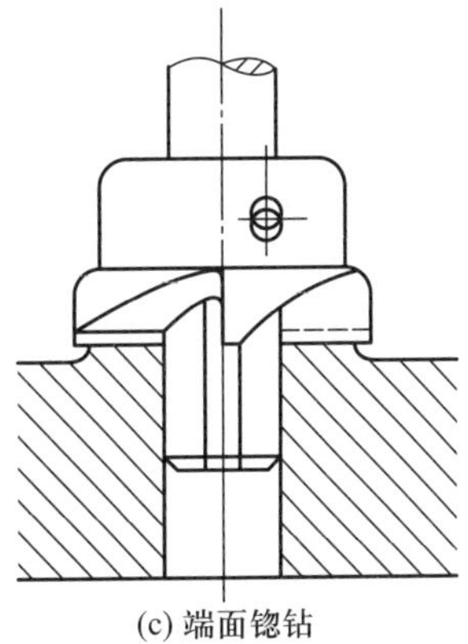

(c) 端面锪钻

图 4-24　锪钻

微课
铰削加工

② 锥形锪钻用于锪锥形孔，如图 4-24b 所示。锥形锪钻的锥角按工件锥形埋头孔的要求不同，有 60°、75°、90°、120°四种，其中 90°的应用最广。

③ 端面锪钻专门用来锪平孔口端面，如图 4-24c 所示。端面锪钻可以保证孔的端面与孔中心线的垂直度。当已加工的孔径较小时，为了使刀杆保持一定强度，可使刀杆头部的一段直径与已加工孔为间隙配合，以保证良好的导向作用。

（3）铰刀

铰刀的精度等级分为 H7、H8、H9 三级，其公差由铰刀专用公差确定，分别适用于铰削 H7、H8、H9 的孔。铰刀分为直槽和螺旋槽两种类型。为了便于制造，常采用直槽；为了改善排屑条件，提高铰孔质量，制成螺旋槽。

① 铰刀的组成　铰刀由工作部分、颈部和柄部组成，如图 4-25 所示。工作部分包括切削部分和校准部分。导锥和切削锥构成切削部分，导锥便于铰刀工作时的引入，切削锥起切削作用；校准部分的圆柱部分起导向、校准和修光作用，倒锥则可减少铰刀与孔壁的摩擦和防止孔径扩大。

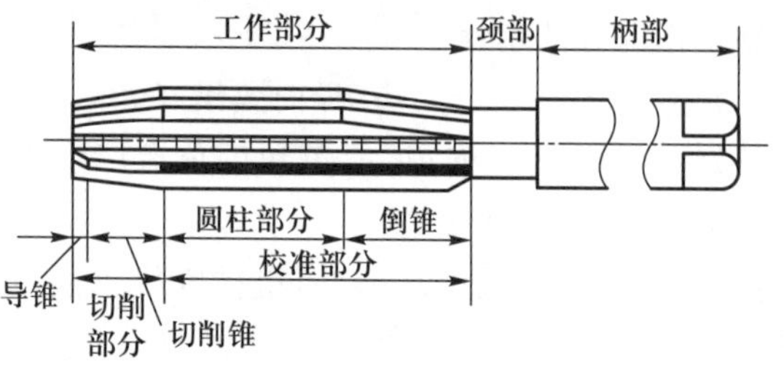

图 4-25　铰刀的组成

② 常用铰刀类型　图 4-26 为常用铰刀类型。铰刀一般有手铰刀与机铰刀之分，它们的切削部分、校准部分、柄部均有不同。手铰刀为直柄，柄尾为方头，便于与套筒扳手配合，机铰刀则为扁尾。手铰刀切削锥锥角小且长，机铰刀切削锥则较短。手铰刀校准圆柱部分较长，机铰刀的则较短。手铰刀有整体式和可

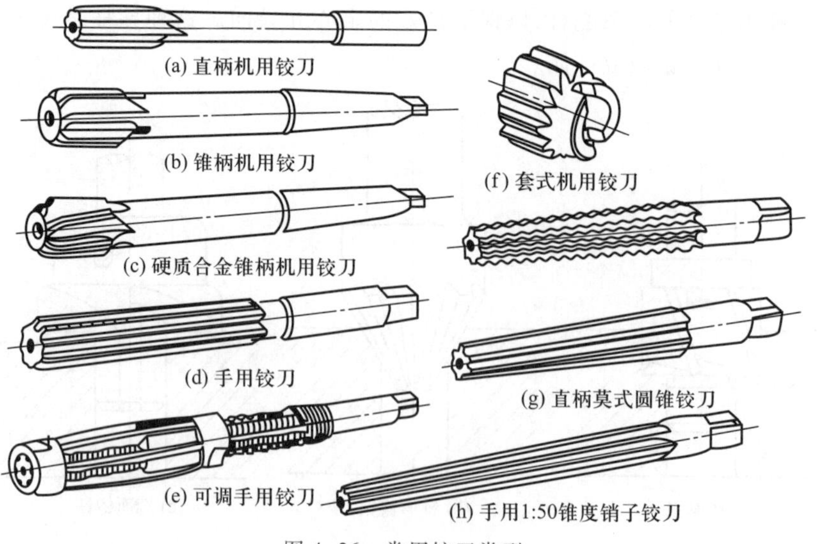

图 4-26　常用铰刀类型

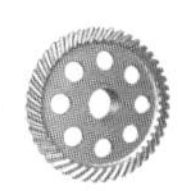

调式之分,可调式铰刀能在一定范围内调节径向尺寸,适应不同直径的孔加工要求。机用铰刀可分为带柄式和套式,带柄式铰刀又有直柄和锥柄两种,小直径铰刀(1~20 mm)用直柄,较大直径铰刀(10~32 mm)用锥柄。大直径铰刀(25~80 mm)则可采用可套式结构。按刀具材料的不同,有高速钢铰刀和硬质合金铰刀。硬质合金铰刀按刀片与刀体的结合形式分为焊接式、镶齿式和机夹可转位式。

4.2.3 钻床夹具

微课
钻床夹具

在各类钻床上用于进行钻、扩、铰孔的夹具为钻床夹具,简称钻模。钻模一般由钻套、钻模板、定位元件、夹紧装置和夹具体等组成。其中钻套和钻模板是钻模的特色元件。

1. 钻套

钻套是用于引导刀具,增强刀具刚性,并保证其进入正确工作位置的元件。常用钻套已经标准化,有固定钻套、可换钻套和快换钻套三类,如图 4-27 所示。

微课
内圆表面钻削加工方法

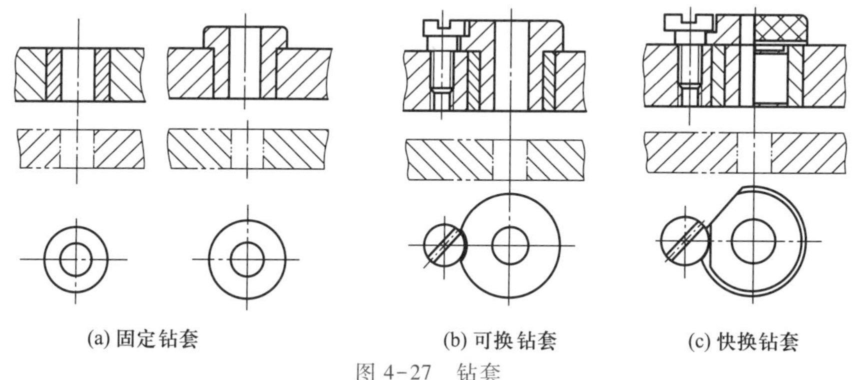

(a) 固定钻套　(b) 可换钻套　(c) 快换钻套

图 4-27　钻套

如图 4-27a 所示,固定钻套易获得较高的加工精度,但钻套磨损后不便更换。如图 4-27b 所示,可换钻套采用螺钉紧固于钻模板上,但加工精度不如固定钻套。如图 4-27c 所示,快换钻套可快速更换,适用于在一道工序中采用多种刀具(如钻、扩、铰或攻螺纹)依次连续加工的情况。

当工件的结构形状或工序加工条件均不适合采用以上钻套时,可按具体情况设计特殊钻套,如图 4-28 所示。

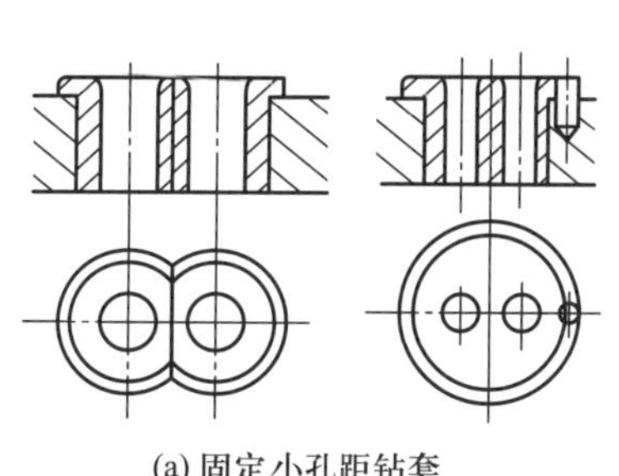

(a) 固定小孔距钻套　(b) 快换加长钻套　(c) 快换斜孔钻套

图 4-28　特殊钻套

2. 钻模板

钻模板在钻模上用于安装钻套，并确定不同孔钻套之间的相对位置。按其与夹具体的连接方式可分为固定式、铰链式和可卸式三种，如图 4-29 所示。

(a) 固定式钻模板　　(b) 铰链式钻模板　　(c) 可卸式钻模板

图 4-29　钻模板

如图 4-29a 所示，固定式钻模板与钻模体作成一体，或将钻模板固定在钻模体上，该结构加工精度高，但工件装卸不便。如图 4-29b 所示，铰链式钻模板是将钻模板用铰链装于夹具体，钻模板可绕铰链翻转，该结构工件装卸方便。如图 4-29c 所示，可卸式钻模板与夹具体分开，随工件的装卸而装卸，这种结构工件装卸方便，但效率低。

4.3　内圆表面的镗削加工及设备

在镗床上以镗刀的旋转为主运动，工件或镗刀的移动为进给运动，对已钻出、铸出或锻出的孔进行扩大孔径及提高质量的加工称为镗削加工。

4.3.1　镗削加工

镗削加工一般用于加工机座、箱体、支架及非回转体等外形复杂的大型零件上较大的直径孔，尤其是有较高位置精度要求的孔与孔系；对外圆、端面、平面也可采用镗削进行加工，且加工尺寸可大可小；当配备各种附件、专用镗杆和相应装置后，镗削还可以用于加工螺纹孔、孔内沟槽、端面、内外球面和锥孔等。

镗削分为粗镗、半精镗和精镗。粗镗的尺寸公差等级为 IT13～IT11，表面粗糙度 Ra 值为 12.5～6.3 μm；半精镗的尺寸公差等级为 IT10～IT9，表面粗糙度 Ra 值为 6.3～3.2 μm；精镗的尺寸公差等级为 IT8～IT7，表面粗糙度 Ra 值为 1.6～0.8 μm。要保证工件获得高的加工质量，除与所用加工设备密切相关外，还对工人的技术水平有较高要求。由于加工中调整机床、刀具时间较长，故镗削加工生产率不高，但镗削加工灵活性较大，适应性强。

4.3.2　镗床

镗床主要是用镗刀对工件上已有的孔进行镗削加工。镗削时，工件安装在工作台或夹具上，镗刀装夹在镗杆上由主轴驱动旋转为主运动，镗刀或工件移动为进给运动。当采用镗模时，镗杆与主轴为浮动连接，加工精度取决于镗模精度。当不采用镗模时，镗杆与主轴为刚性连接，加工精度取决于机床精度。

镗床有卧式镗床、坐标镗床和金刚镗床等类型，其中以卧式镗床应用最为广泛。

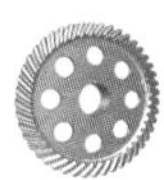

1. 卧式镗床

（1）卧式镗床的典型加工方法

卧式镗床除可镗孔外，还可以进行铣削、钻孔、扩孔、铰孔、锪平面等工作，因此一般情况下，工件可在一次安装中完成大部分甚至全部的加工工序。

图 4-30 所示为工件在卧式镗床上的几种典型加工方法。图 4-30a 所示为用装在镗轴上的悬伸刀杆镗小孔，镗轴完成纵向进给运动；图 4-30b 所示为用装在平旋盘上的悬伸刀杆镗大直径孔，由工作台完成纵向进给运动；图 4-30c 所示为用平旋盘刀具溜板上的单向刀铣端面，由刀具溜板完成径向进给运动；图 4-30d 所示为用装在镗轴上的钻头钻孔，由钻头完成进给运动；图 4-30e 所示为用装在镗轴上的面铣刀铣平面，由主轴箱完成进给运动，工作台做横向调位运动，完成整个平面的铣削；图 4-30f 所示为铣组合面，由工作台完成进给运动；图 4-30g 和 h 所示为用装在平旋盘上的螺纹刀架和装在镗杆上的附件带动车刀车内螺纹，它们分别由工作台和镗杆完成纵向进给运动。在各种典型加工方法中，主运动都是刀具的旋转运动。

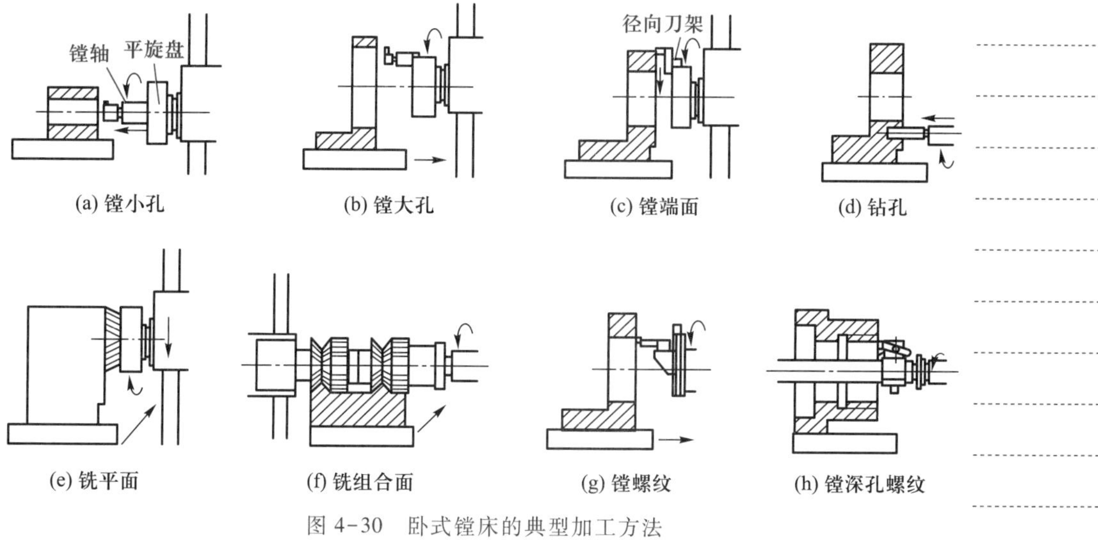

图 4-30　卧式镗床的典型加工方法

（2）卧式镗床的结构及其运动

卧式镗床的结构如图 4-31 所示，它由床身、主轴箱、前立柱、后立柱、下滑座、上滑座和工作台等部件组成。主轴箱可沿前立柱的导轨上下移动。在主轴箱中，装有主轴部件、主运动和进给运动变速机构以及操纵机构。根据加工情况不同，刀具可以装在镗轴上或平旋盘上。加工时，镗轴旋转完成主运动，并可沿轴向移动完成进给运动；平旋盘只能做旋转主运动。装在后立柱上的后支架，用于支承悬伸较大的镗杆的悬伸端，以增加其刚性。后支架可沿后立柱上的导轨与主轴箱同步升降，以保持其上的支承孔与镗轴在同一轴线上。后立柱可沿床身的导轨左右移动，以适应镗杆不同长度的需要。工件安装在工作台上，可与工作台一起随下滑座或上滑座进行纵向或横向移动。工作台还可绕上滑座的圆导轨在水平平面内转位，以便加工互成一定角度的平面或孔。当刀具装在平旋盘的径向刀架上时，径向刀架可带着刀具做径向进给，以车削端面。

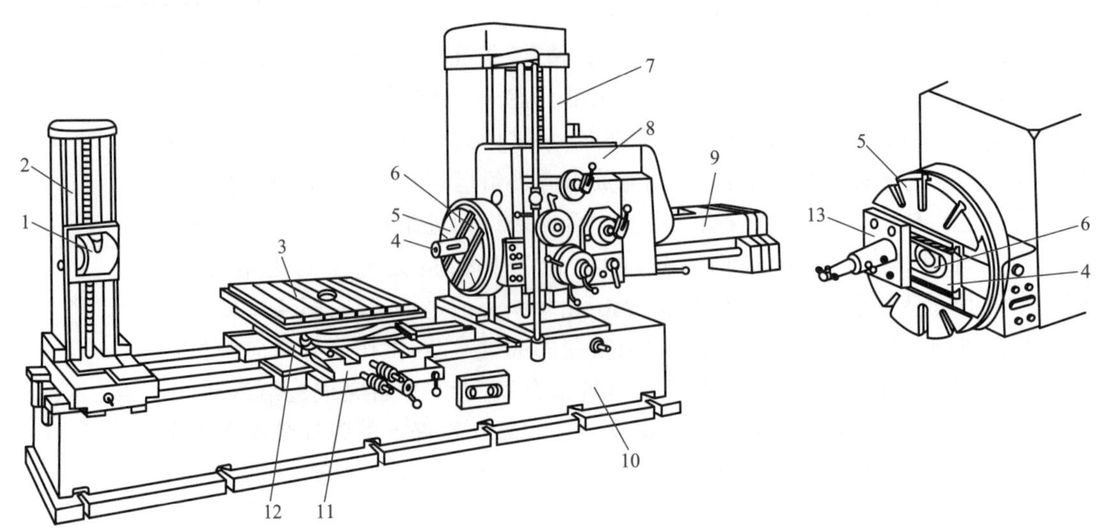

1—后支架；2—后立柱；3—工作台；4—径向刀架；5—平旋盘；6—镗轴；7—前立柱；8—主轴箱；9—后尾筒；10—床身；11—下滑座；12—上滑座；13—刀座

图 4-31　卧式镗床

综上所述，卧式镗床具有以下工作运动：

① 镗杆和平旋盘的旋转主运动；

② 镗杆的轴向进给运动；

③ 主轴箱的垂直进给运动；

④ 工作台的纵、横向进给运动；

⑤ 平旋盘径向刀架的进给运动；

⑥ 辅助运动：主轴箱、工作台在进给方向的快速调位运动，后立柱纵向调位运动，后支架垂直调位运动，工作台的转位运动。这些辅助运动可以手动，也可由快速电动机传动。

2. 坐标镗床

坐标镗床因机床上具有坐标位置的精密测量装置而得名，该测量装置能精确地确定工作台、主轴箱等移动部件的位移量，实现工件和刀具的精确定位。坐标镗床的主要零部件的制造和装配精度很高，并有良好的刚性和抗振性，是用于加工高精度孔或孔系的一种高精密镗床。主要用于镗削高精度的孔（IT5 级或更高），尤其适合于相互位置精度很高的孔系，如钻模、镗模等孔系的加工，也可用作钻孔、扩孔、铰孔以及精铣工作，还可用于精密刻度、样板画线、孔距及直线尺寸的测量等工作。

坐标镗床有立式、卧式之分。立式坐标镗床适宜加工轴线与安装基面垂直的孔系和铣削顶面；卧式坐标镗床则适宜于加工轴线与安装基面平行的孔系和铣削侧面。立式坐标镗床还有单柱和双柱之分，图 4-32 所示为立式单柱坐标镗床。

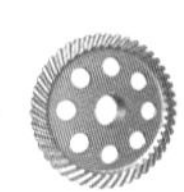

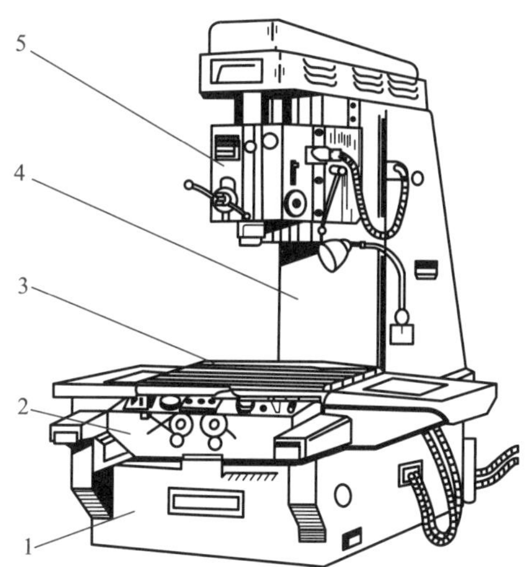

1—底座；2—滑座；3—工作台；4—立柱；5—主轴箱

图 4-32 立式单柱坐标镗床

3. 金刚镗床

金刚镗床是一种高速精密镗床，因曾采用金刚石镗刀而得名，现在已经大量改用硬质合金刀具。这种机床的特点是切削速度很高，而切削深度和进给量极小，因此可以获得很高的加工精度和表面质量。金刚镗床在成批大量生产中应用广泛，常用于加工发动机的气缸、连杆、活塞等零件上的精密孔。

4.3.3 镗刀

镗刀的种类很多，按刀刃数量分为单刃镗刀和双刃镗刀；按被加工表面性质分为通孔镗刀、盲孔镗刀、阶梯孔镗刀和端面镗刀；按刀具结构分为整体式镗刀、装配式镗刀和可调式镗刀。

1. 单刃镗刀

如图 4-33 所示为几种常见的不同结构的普通单刃镗刀。加工较小的孔可

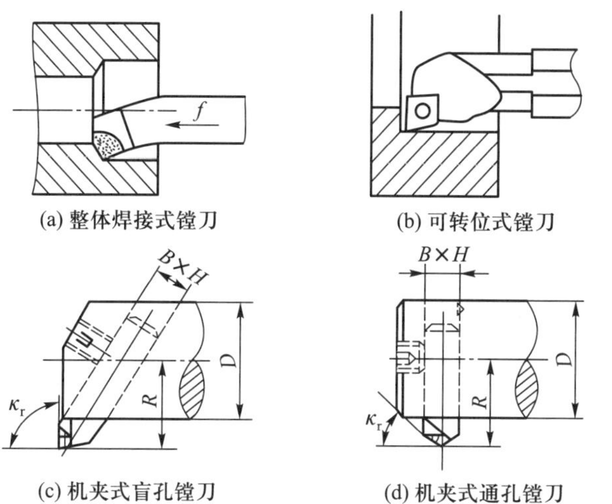

图 4-33 单刃镗刀

用焊接式镗刀或可转位式镗刀，加工较大的盲孔可用机夹式盲孔镗刀，加工较大的通孔可用机夹式通孔镗刀。镗刀的刚性差，切削时易产生振动，故镗刀有较大的主偏角，以减小径向力。普通单刃镗刀结构简单，制造方便，通用性强，但切削效率低，对工人操作技术要求高。随着生产技术的不断发展，需要更好地控制、调节精度和节省调节时间，因此出现了不少新型的微调镗刀。如图 4-34 所示为在坐标镗床、自动线和数控机床上使用的一种微调镗刀，它调节方便，调节精度高，结构简单易制造。

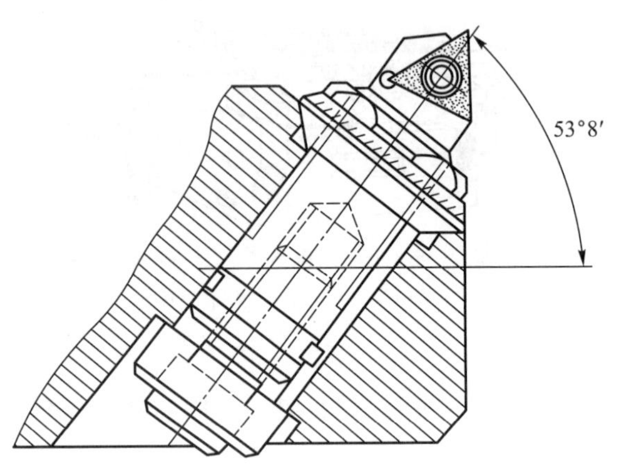

图 4-34　微调镗刀

单刃镗刀镗削适应性强，除直径很小且较深的孔以外，各种直径和各种结构类型的孔均可加工。单刃镗刀镗削可有效地校正原孔的位置误差，但其生产率低，被广泛应用于单件小批生产中，而在大批量生产中需用镗模。

2. 双刃镗刀

双刃镗刀属于定尺寸刀具，通过调整两刃距离达到加工不同直径孔的目的，常有固定式和浮动式两种。

（1）固定式镗刀

镗刀通过斜楔或在两个方向倾斜的螺钉等夹紧于镗杆，如图 4-35 所示。安装后镗刀相对于轴线的位置误差都将造成孔径扩大，所以，镗刀与镗杆上方孔的配合要求较高。固定式镗刀也可制成焊接式或可转位式硬质合金镗刀。

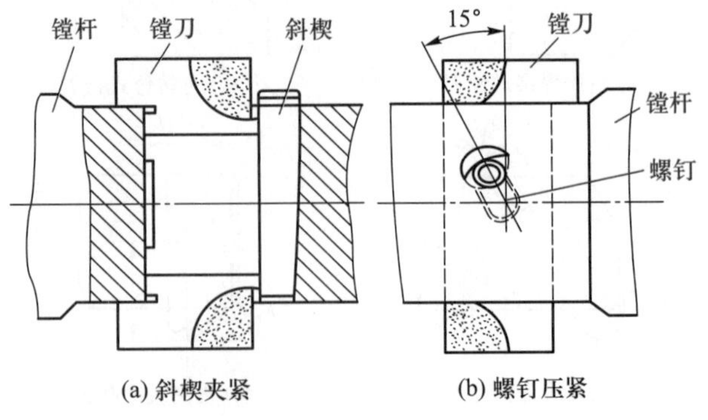

图 4-35　固定式镗刀

（2）浮动式镗刀

如图 4-36 所示，浮动镗刀装入镗杆的方孔中不需夹紧，镗削时，通过作用在两侧切削刃上的切削力来自动平衡其切削位置。因此，它能自动补偿由刀具安装误差和机床主轴偏差所造成的加工误差，从而获得较高的加工质量，但它无法纠正孔的直线度误差，因而要求预加工孔的直线度高。

浮动镗刀结构简单，刃磨方便，但镗杆上方孔难制造，加工孔径不能太小，操作麻烦，效率亦低于铰孔，故适用于单件小批生产中加工直径较大的孔，尤其适合精镗大孔径（ϕ200 mm 以上）且深径比大于 5 的筒件和管件孔。

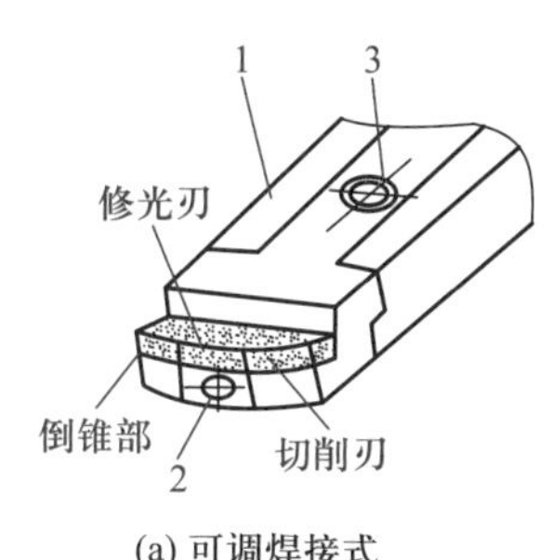

(a) 可调焊接式

1—刀体；2—紧固螺钉；3—调节螺钉

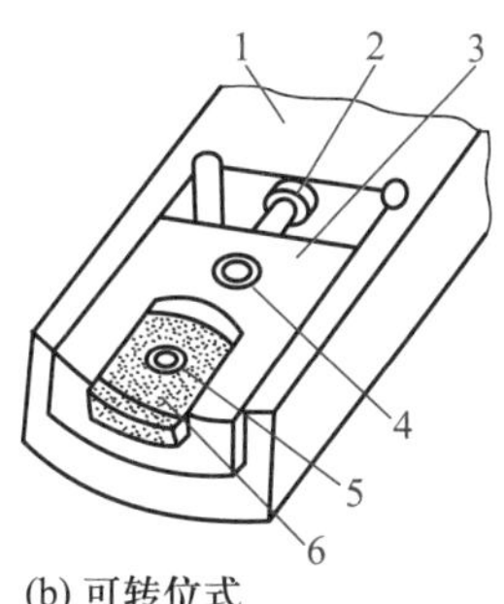

(b) 可转位式

1—刀体；2—调节螺钉；3—压板；4—压紧螺钉；5—销子；6—刀片

图 4-36　浮动镗刀

4.4　内圆表面的磨削加工

微课

内圆表面的磨削加工

对于淬硬零件的孔加工，内圆磨削是主要的加工方法。内孔为断续圆周表面（如有键槽或花键的孔）、阶梯孔及盲孔时，常采用内圆磨削作为精加工。

4.4.1　内圆表面的磨削方法

磨孔一般适用于淬硬工件孔的精加工。磨孔与铰孔、拉孔相比，能校正原孔的轴线偏斜，提高孔的位置精度。

1. 内圆磨削的特点

与外圆磨削相比，内圆磨削有如下特点：

① 内圆磨削用的砂轮直径受到工件孔径的限制，约为孔径的 50%～90%，砂轮直径小则磨损快，因此需要经常修整和更换，增加了辅助时间。

② 由于选择直径较小的砂轮，虽然机床主轴速度比外圆磨削时快，但其磨削速度比外圆磨削速度低得多，故孔的表面质量较低，生产效率也不高。近些年来已制成有 100 000 r/min 的风动磨头，以便磨削直径为 1～2 mm 的孔。

③ 砂轮轴的直径受到孔径和长度的限制，又是悬臂安装，故刚性差，容易弯曲和变形，产生砂轮轴的偏移，从而影响加工精度和表面质量。

④ 砂轮与孔的接触面积大，单位面积压力小，砂粒不易脱落，砂轮显得硬，工件易发生烧伤，故应选用较软的砂轮。

⑤ 切削液不易进入磨削区，排屑较困难，磨屑易积集在磨粒间的空隙中，容

易堵塞砂轮，影响砂轮的切削性能。

⑥ 磨削时，砂轮与孔的接触长度经常改变。当砂轮有一部分超出孔外时，其接触长度较短，切削力较小，砂轮主轴所产生的压移量比磨削孔的中部时小，此时被磨去的金属层较多，从而形成“喇叭口”。为了减小或消除其误差，加工时应控制砂轮超出孔外的长度不大于 1/3～1/2 的砂轮宽度。

由于以上原因，内圆磨削生产率较低，在类似工艺条件下内圆磨削的质量会低于外圆磨削，公差等级一般为 IT8～IT7，表面粗糙度值 Ra 为 1.6～0.2 μm。生产中常采用减少横向进给量，增加光磨次数等措施来提高内孔磨削质量。

2. 内圆磨削的方式

内圆磨削通常是在内圆磨床或万能磨床上进行。根据磨削的孔的不同，其磨削方式也不同。磨孔的方式有中心内圆磨削、无心内圆磨削。中心内圆磨削是在普通内圆磨床或万能磨床上进行，无心内圆磨削是在无心内圆磨床上进行，被加工工件多为薄壁件，工件夹紧力不宜过大，工件的内外圆同轴度要求较高。

（1）中心内圆磨削

中心内圆磨削的主运动为砂轮的旋转，进给运动为工件旋转、砂轮（或工件）的纵向移动及砂轮的横向进给，可对零件的通孔、盲孔及孔口端面进行磨削，如图 4-37 所示。磨削时，根据工件形状和尺寸的不同，内圆磨削有纵磨法与切入法之分，如图 4-37a、b 所示。某些普通内圆磨床上装备有专门的端磨装置，可在工件一次装夹中完成内孔和端面的磨削，如图 4-37c 所示，这样既容易保证孔和端面的垂直度，又可提高生产效率。

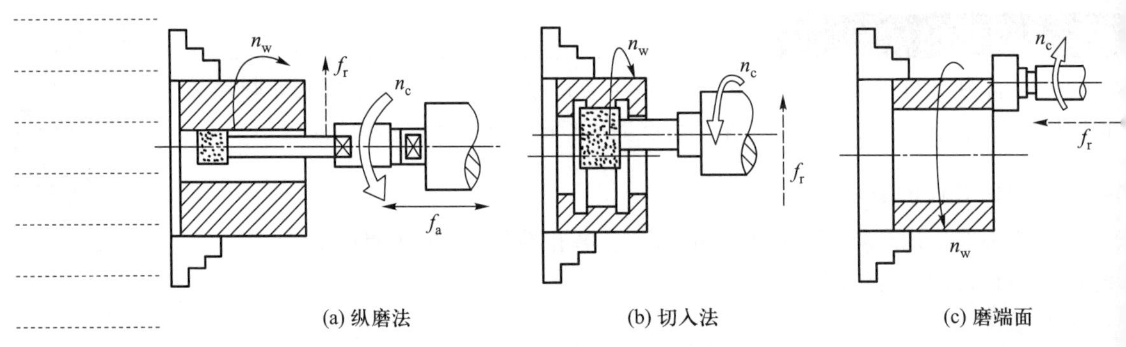

图 4-37　中心内圆磨削

（2）无心内圆磨削

无心内圆磨削时，工件不用夹持，而直接支承于滚轮和导轮上，压紧轮使工件紧靠滚轮和导轮，如图 4-38 所示。磨削时，工件由导轮带动旋转做圆周进给，砂轮高速旋转为主运动，同时做纵向进给和周期性横向切入进给。磨削后，为便于装卸工件，压紧轮向外摆开。无心内圆磨削适合于大批量加工薄壁类零件，如轴承套圈等。

此外，还有一种行星式内圆磨削。磨削时，工件固定不转，砂轮既绕自身轴线高速旋转实现主运动，同时又绕被磨孔的轴线缓慢公转，实现圆周进给运动。另外，砂轮还做周期性的横向进给及纵向进给运动（纵向进给也可由工件移动实

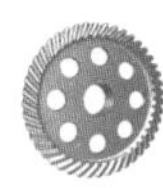

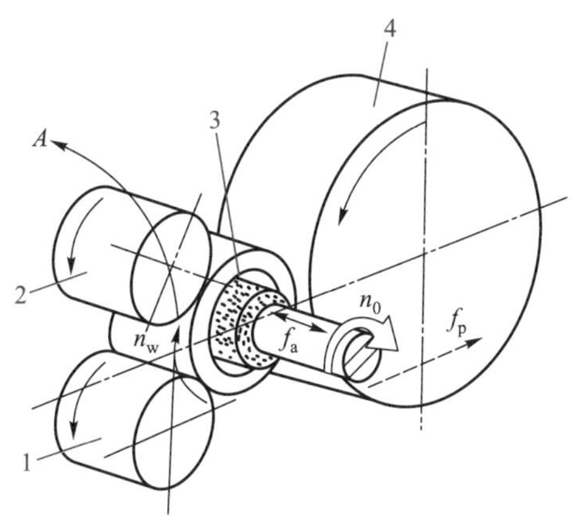

1—滚轮;2—压紧轮;3—工件;4—导轮

图 4-38 无心内圆磨削

现)。由于砂轮运动种类较多,致使砂轮架的结构复杂,刚度较差。目前,这种磨削方式适合于质量大、难以平衡和旋转的工件,如液压缸体。

4.4.2 工件的安装

磨削内圆表面通常是在内圆磨床或万能磨床上用内磨头进行磨削。磨削内圆表面时,工件一般采用三爪自定心卡盘或四爪单动卡盘装夹,原理与车床相同。

如果工件是圆柱体,应采用三爪自定心卡盘夹紧。如果对外圆周同心轴度有特别要求,即要求精度高且磨削余量小时,可以用指示表反复测量,调整四爪单动卡盘,来确定圆心位置,如图 4-39 所示。外形不圆的工件也使用四爪单动卡盘装夹。薄壁工件装夹时要避免装夹引起的工件变形,因此装夹仅限于轴向装夹或在外侧装夹。对于量大且形状特殊的工件,要考虑使用专用夹具装夹。

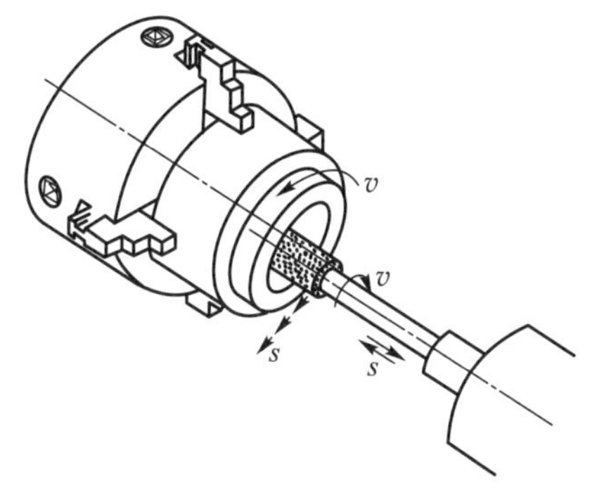

图 4-39 四爪单动卡盘装夹工件磨削内圆

微课

内圆表面的精整、光整加工

4.5 内圆表面的精整、光整加工

4.5.1 珩磨加工

珩磨是利用带有磨条(油石)的珩磨头对孔进行精整和光整加工的方法。珩磨时,工件固定不动,珩磨头由机床主轴带动旋转并做往复直线运动。在相对运动过程中,磨条以一定压力作用于工件表面,从工件表面上切除一层极薄的材料,其切削轨迹是交叉的网纹。为使磨条磨粒的运动轨迹不重复,珩磨头回转运动的每分钟转数与珩磨头每分钟往复行程数应互成质数。珩磨的加工精度高,珩磨后尺寸公差等级为 IT7~IT6,表面粗糙度 Ra 值为

0.2～0.05 μm。

珩磨的应用范围很广，可加工铸铁件、淬硬和不淬硬的钢件以及青铜等，但不宜加工易堵塞油石的塑性金属。珩磨加工的孔径为 5～500mm，也可加工深径比大于 10 的深孔，因此广泛应用于加工发动机的气缸、液压装置的油缸以及各种炮筒的孔。

珩磨是低速大面积接触的磨削加工，与磨削原理基本相同。珩磨所用的磨具是由几根粒度很细的磨条组成的珩磨头。珩磨时，珩磨头的磨条有三种运动：旋转运动、往复直线运动和施加压力的径向运动，如图 4-40a 所示。旋转运动和往复直线运动是珩磨的主要运动，这两种运动的组合，使磨条上的磨粒在孔的内表面上的切削轨迹成交叉而不重复的网纹，如图 4-40b 所示。径向加压运动是磨条的进给运动，施加压力愈大，进给量就愈大。

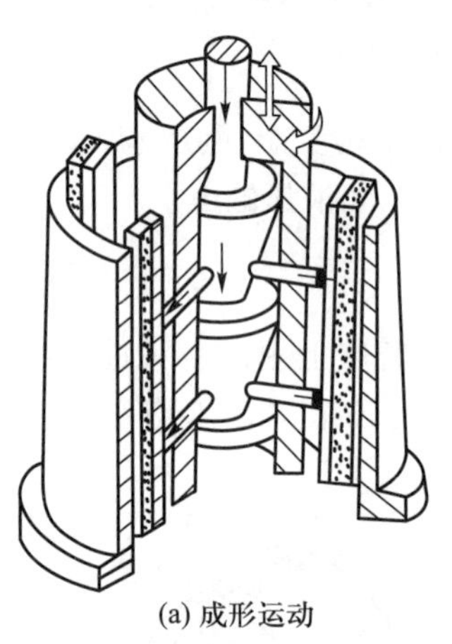
(a) 成形运动

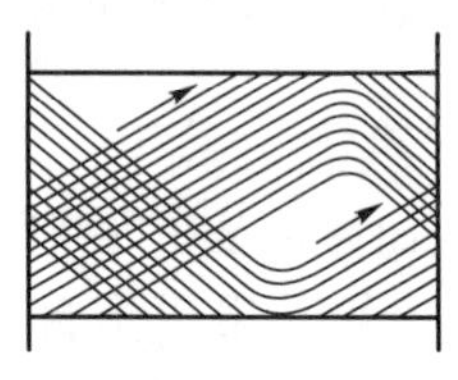
(b) 磨条在双行程中的切削轨迹

图 4-40 珩磨加工

在珩磨时，磨条与孔壁的接触面积较大，参加切削的磨粒很多，因而加在每颗磨粒上的切削力很小，磨粒的垂直载荷仅为磨削的 1/100～1/50。珩磨的切削速度较低，一般在 100 m/min 以下，仅为普通磨削的 1/100～1/30。在珩磨过程中又施加大量的冷却液，所以在珩磨过程中发热少，孔的表面不易烧伤，而且加工变形层极薄，从而被加工孔可获得很高的尺寸精度、形状精度和表面质量。

由于珩磨头与机床主轴是浮动连接，珩磨头相对工件有小量的浮动，因此，珩磨不能修正孔的位置精度和孔的直线度，孔的位置精度和孔的直线度应在珩磨前的工序给予保证。

4.5.2 孔的挤光和滚压

1. 挤光

如图 4-41 所示，挤光是将挤光刀具装夹在立式钻床的主轴上，工件装夹在钻床工作台上固定好的三爪自定心卡盘上，通过 Z 向进给对工件表面施加一定挤压力，使表层金属产生相应的塑性变形；再通过 Z 向走刀和挤光刀具的旋转，迫使工件车削后残留的刀痕波峰在自变形的同时将凸起材料挤向前方的波谷内，从而降低刀痕波峰与波谷的高度差，达到降低表面粗糙度值的目的。在挤压

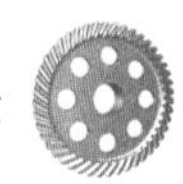

过程中，工件表层将产生残余压力，可提高其疲劳强度和抗腐蚀能力。

挤压余量的大小决定了所需挤压力的大小，而挤压力的大小又直接影响挤压效果。如挤压余量过大，挤压刀会迅速磨损，导致工件表面质量下降；如挤压余量过小，则达不到预期加工的目的。因此，应在保证挤压精度的前提下尽量选择最小挤压余量。

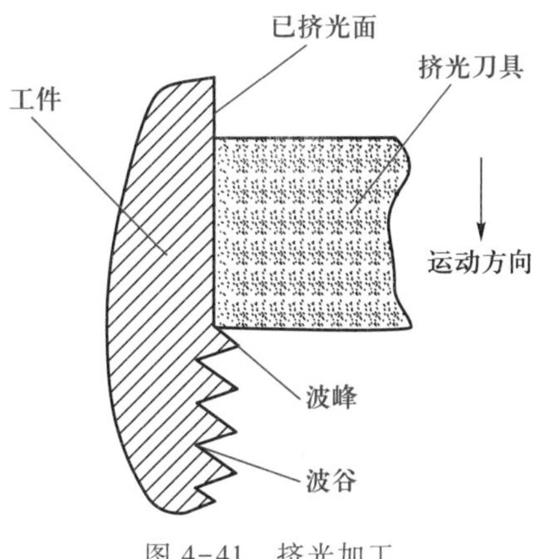

图 4-41　挤光加工

挤光是一种无屑加工，它替代磨削和喷丸处理两道工序，显著提高了加工效率。挤光加工轴套类工件表面具有质量可靠，操作简便，经济实用，工效高，成本低等优点。

2. 滚压

孔的滚压加工原理与滚压外圆相同。由于滚压加工效率高，近年来多采用滚压工艺替代珩磨工艺，效果较好。孔径滚压后尺寸精度在 0.01 mm 以内，表面粗糙度 Ra 值为 0.16 μm 或更小，表面硬化耐磨。生产效率比珩磨提高数倍。

滚压对铸件的质量有很大的敏感性，如铸件的硬度不均匀、表面疏松、含气孔和砂眼等缺陷，对滚压有很大影响。因此，对铸件油缸不可采用滚压工艺而是选用珩磨。对于淬硬套筒的孔精加工，也不宜采用滚压。

4.6 内圆表面的测量

内圆表面的测量

孔的技术要求主要包括：

① 尺寸精度　孔径和长度的尺寸精度。

② 几何精度　孔的圆度、圆柱度及轴线的直线度。孔与孔（孔系）或孔与外圆面的同轴度，孔与孔或孔与其他表面之间的位置尺寸精度、平行度和垂直度等。

③ 表面质量　表面粗糙度、表层加工硬化和表层物理力学性能要求等。

因此，孔加工过程中其技术参数都应该进行相应检测，以判断其加工质量合格与否。因为有的技术参数的检测与外圆表面类似，在此不赘述。此处简单分析下孔径的测量。

孔的尺寸要根据图样对工件尺寸及精度的要求，使用不同的量具进行测量。如果孔的精度要求不高，可以直接用钢直尺、内卡钳或游标卡尺测量；如果精度很高，一般使用内径百分表或塞规进行测量。

1. 用内径百分表测量

（1）内径百分表的结构

内径百分表是一种较为精密的测量工具，常用于测量精度较高且较深的孔，其结构如图 4-42 所示。可换测头根据被测孔选择（仪器配备有一套不同尺寸的可换测头），用螺纹旋入套筒内并借用螺纹固定在需要位置。活动测头装在套筒另一端导孔内。活动测头的移动使杠杆绕其固定轴转动，推动传动杆传至百分表的测量杆，使百分表指针偏转显示工件偏差值。

活动测头两侧的定位护桥起找正直径位置的作用。装上测头后，即与定位护桥连成一个整体，测量时护桥在弹簧的作用下，对称地压靠在被测孔壁上，以保证测头轴线处于被测孔的直径位置上。

内径百分表测孔径属于相对测量，根据不同的孔径可选用不同的可换测头，其测量范围为 6~1 000 mm。

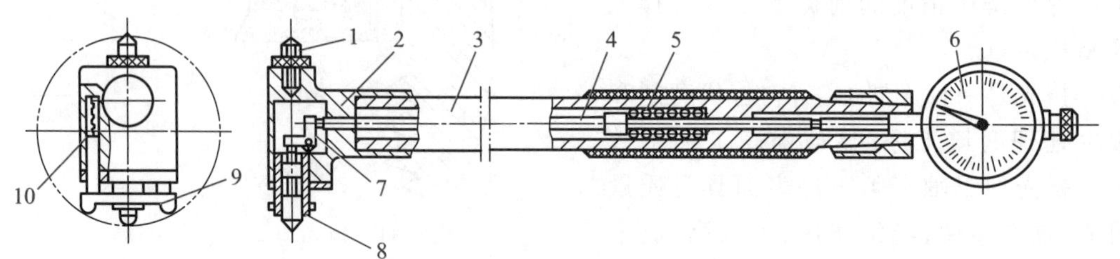

1—可换测头；2—量脚；3—手把；4—传动杆；5、10—弹簧；6—百分表；7—杠杆；8—活动测头；9—定位护桥

图 4-42　内径百分表的结构

(2) 内径百分表的使用方法

内径百分表测孔径时，附有成套可换测头，使用前必须先进行安装、选测头和调零。测量时，连杆中心线应与工件中心线平行，不得歪斜，活动测头要在径向摆动以便找出孔径的最大值，在轴向方向摆动以便找出孔径的最小值，两者重合的尺寸即为孔径的准确尺寸。测量时应注意百分表的正确读数方法（注意正、负值），看是否在被测孔的公差要求范围内，如图 4-43 所示。

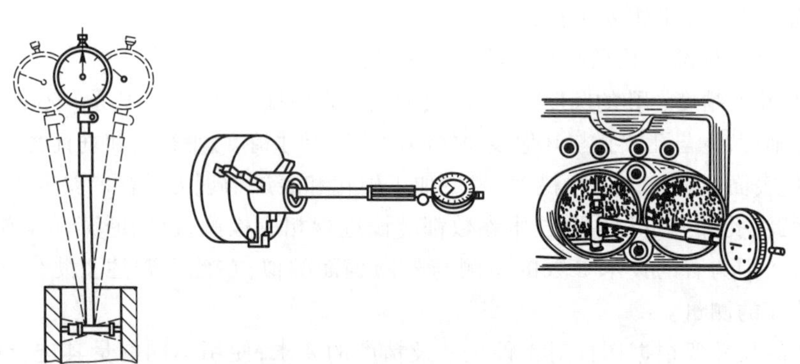

图 4-43　内径百分表的使用方法

2. 用塞规测量

塞规是一种定型的测量工具，它由通端、止端和手柄组成，如图 4-44 所示。通端的尺寸等于孔的下极限尺寸，止端的尺寸等于孔的上极限尺寸，为区别两端，通常通端比止端长。测量时，手握手柄，沿孔的轴线方向，将通端塞入被测孔内，如果通端能通过，而止端不能通过，说明孔的尺寸符合公差要求。因此，塞规测量效率极高，适合于大批量生产过程。

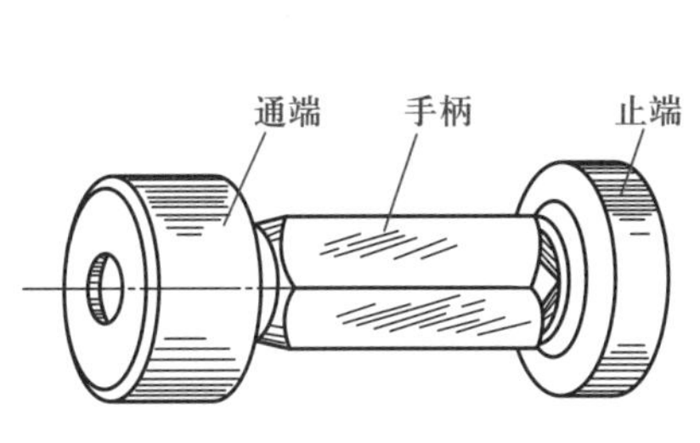

(a) 塞规的结构

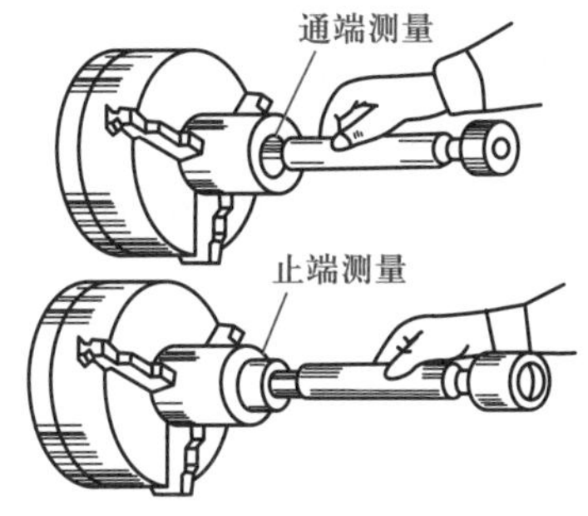

(b) 塞规的使用方法

图 4-44　塞规及其使用方法

使用塞规时，不但要保证塞规轴线与被测孔的轴线一致，更不能将塞规强行塞入，以免损坏工件。

微课
内圆表面加工实例

4.7　内圆表面加工实例

以上介绍了孔加工的常用加工方法、原理以及可达到的精度和表面粗糙度。但要达到孔表面的设计要求，一般只用一种加工方法是达不到的，而是往往要由几种加工方法顺序组合，即选用合理的加工方案。选择加工方案时应考虑零件的结构形状、尺寸大小、材料和热处理要求以及生产条件等。

加工如图 4-45 所示工件，材料为 45 钢，每批数量为 1 000 件。

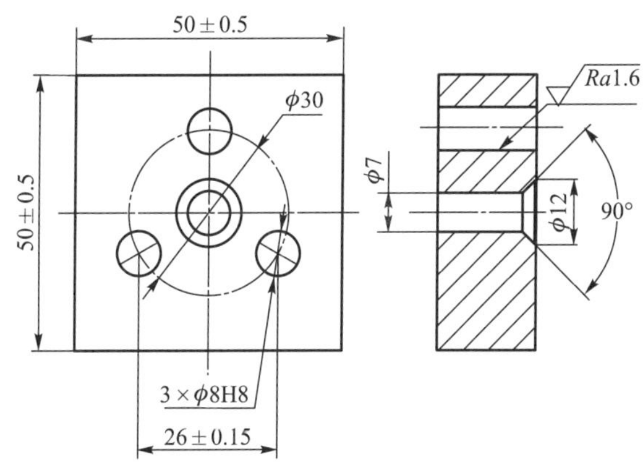

图 4-45　加工零件图

1. 工件分析

① 工件生产纲领为 1 000 件，属批量生产。该工件需加工两组孔：一组是均布在 $\phi30$ 圆周上的 $3\times\phi8$ 的孔，有中心距要求，尺寸精度 H8，表面粗糙度 Ra 值 1.6 μm，要求较高，要进行孔的精加工；另一组是孔径分别为 $\phi7$ 和 $\phi12$ 的组合孔。

② 机床选择　因工件为批量生产，可考虑选用 Z525 型立式钻床。

2. 工艺过程

下料—加工外形—划线，冲样冲眼—钻 $\phi7$ 孔，并锪锥孔—扩 $\phi7.8$ 孔—铰 $\phi8$H8 孔—检查，修整，锐边去毛刺，倒棱。

3. 工具准备

刀具选用：锉刀、ϕ7 mm 麻花钻、ϕ7.8 mm 麻花钻、ϕ12 mm 锥形锪钻、ϕ8H8 铰刀、铰杠、划针、划规、样冲等。

量具：钢直尺、游标卡尺，高度游标卡尺、ϕ8H8 塞规等。

知识的梳理

本单元首先介绍了内圆表面常用的加工方法、加工设备、刀具及其特点。孔加工的常用切削加工方法有钻孔、扩孔、铰孔、镗削加工、磨孔及孔的光整加工等。通常情况下，由于不同零件上孔的技术要求各不相同，加工过程中就有多种孔加工方法。对于非配合孔采用钻削加工即可；对于配合孔则需要在钻孔的基础上，根据被加工孔的技术要求，采用铰削、镗削、磨削等精加工方法进一步加工。在实体工件上加工孔可采用钻削加工；对已有孔进行扩大尺寸并提高精度及表面光洁度可采用铰削、镗削加工；对孔进行精加工，生产中主要采用磨削加工。其次，介绍了内圆表面测量的常用方法：对于一般精度孔，直接用金属直尺、内卡钳或游标卡尺测量；对于高精度孔，一般使用内径百分表或塞规进行测量。最后通过实例介绍了内圆表面的加工工艺过程。

思考与练习

4-1 孔加工的常用方法有哪些？其中哪些方法属于粗加工？哪些方法属于精加工或精密加工？

4-2 用工件旋转和用刀具旋转对孔进行加工，对孔的加工精度的影响有何不同？

4-3 常见的内圆表面加工刀具有哪些类型？各适合于何种加工情况？

4-4 简述麻花钻的结构组成及其各部分的作用和麻花钻切削部分的组成要素。

4-5 台式钻床、立式钻床和摇臂钻床的加工范围有何不同？指出摇臂钻床的成形运动和辅助运动及其工艺范围。

4-6 卧式镗床由哪几部分组成？有哪些主要运动？

4-7 麻花钻在结构上存在哪些缺陷？群钻与麻花钻相比有哪些结构改进？

4-8 深孔加工要解决的主要问题是什么？

4-9 铰刀的结构组成及各部分的作用是什么？

4-10 简述镗刀的种类。浮动镗刀的工作原理及用途是什么？它和固定镗刀相比有何特点？

4-11 简述不同的磨削方式及其工艺特点。

4-12 内圆磨削时，工件有哪些装夹方式？

4-13 珩磨时，珩磨头与机床为何采用浮动连接？珩磨加工能修正哪些加工误差？不能修正哪些加工误差？

单元五　平面及沟槽加工

知识要点

1. 介绍平面及沟槽的加工方法、各加工方法的工艺范围及其特点；

2. 介绍各加工方法所用机床设备、刀具等相关知识。

技能目标

1. 通过该章节的学习了解平面加工方法类型、工艺范围及特点，并能根据实际情况选择合适的平面加工方法；

2. 了解各加工方法所用机床设备组成及特点；

3. 了解相应的刀具结构形式等。

5.1　平面的加工方法

微课

平面及沟槽的加工方法

平面及沟槽的常用加工方法非常多，所有的加工方法基本都能加工平面，有铣、刨、磨、拉等，铣削和刨削加工常用于平面的粗加工和半精加工，而磨削则用做平面的精加工。此外还有刮研、研磨、超精加工、抛光等光整加工方法。采用哪种加工方法加工平面，需根据零件的尺寸、形状、材料、技术要求、生产类型及工厂现有设备来确定。

5.2　平面的铣削加工及设备

5.2.1　铣削工艺特点

微课

铣削加工概述

铣削是平面加工中应用最普遍的一种方法，利用各种铣床、铣刀和附件可以铣削平面、沟槽、弧形面、螺旋槽、齿轮、凸轮和特性面，如图 5-1 所示。经过粗、精铣后，加工件尺寸精度可达到 IT9 ~ IT7，表面粗糙度 Ra 值可达到 3.2 ~ 1.6 μm。铣削加工具有以下特点：

① 生产效率高但不稳定　由于铣削属于多刃切削，且可提高切削速度，故铣削效率较高。但由于有很多原因能导致刀齿负荷不均匀，磨损不一致，从而引起机床的振动，造成切削不稳，影响工件的表面粗糙度。

② 断续切削　铣削时，每个刀齿依次切入和切出工件，形成断续切削，切入和切出时会产生冲击和振动。此外，高速铣削时刀齿还经受周期性的温度变化即热冲击的作用。这种热和力的冲击会降低刀具的耐用度。并且振动还会影响已加工表面的粗糙度。

③ 容屑和排屑　由于铣刀是多刃刀具，相邻两刀齿之间的空间有限，但要求每个刀齿切下的切屑必须有足够的空间容纳并能够顺利排出，否则会造成刀具破坏。

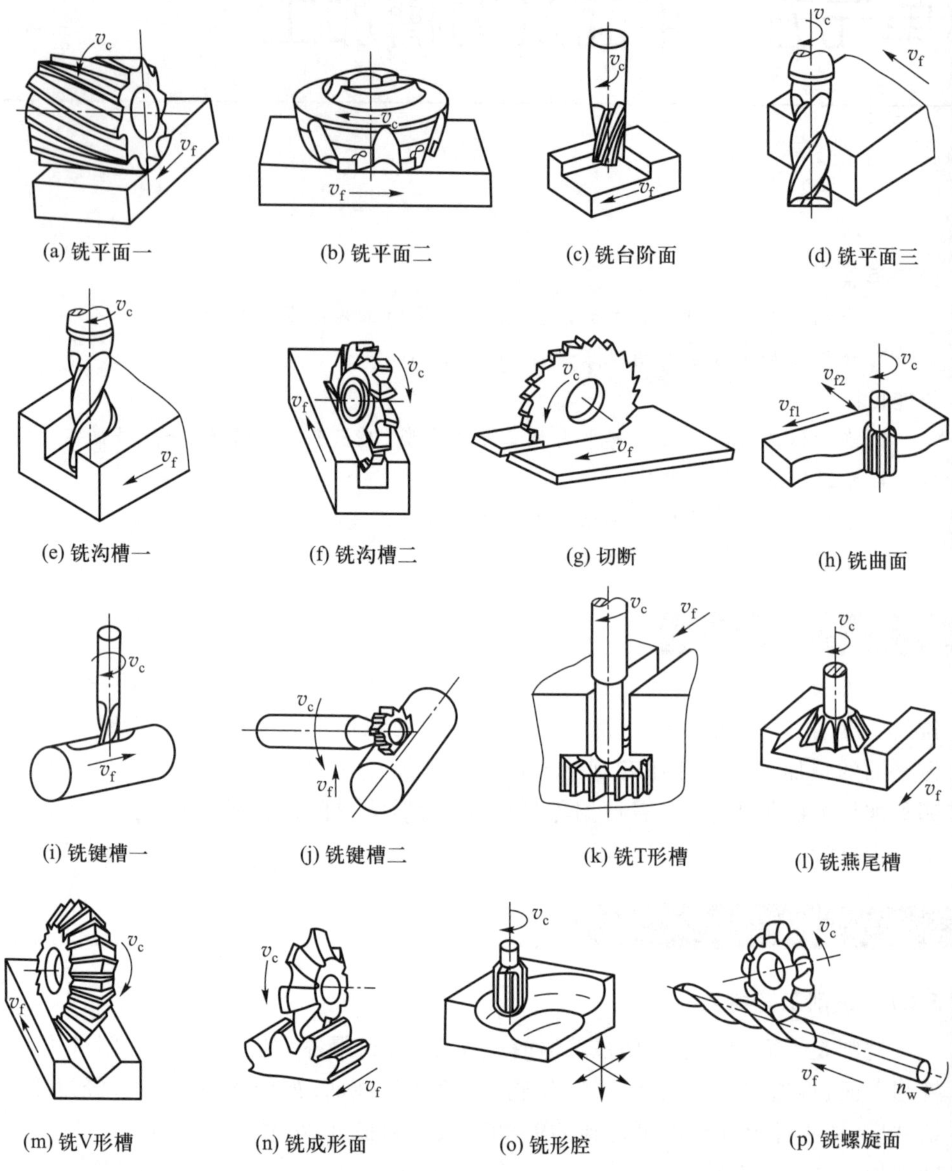

(a) 铣平面一　(b) 铣平面二　(c) 铣台阶面　(d) 铣平面三

(e) 铣沟槽一　(f) 铣沟槽二　(g) 切断　(h) 铣曲面

(i) 铣键槽一　(j) 铣键槽二　(k) 铣T形槽　(l) 铣燕尾槽

(m) 铣V形槽　(n) 铣成形面　(o) 铣形腔　(p) 铣螺旋面

图 5-1　铣削加工的应用

④ 同一个被加工表面可以采用不同的铣削方式、不同的刀具，来适应不同工件材料和其他切削条件的要求，以提高切削效率和刀具耐用度。

5.2.2　铣床

铣床是用铣刀进行切削加工的机床，它的用途极为广泛。铣削加工的主运动一般是铣床主轴带动铣刀的高速旋转运动，而进给运动可根据加工要求，由工件在相互垂直的三个方向中，作某一方向的运动来实现。铣床的种类很多，主要有升降台铣床、工作台不升降铣床、龙门铣床、工具铣床等，此外还有仿形铣床、仪表铣床和各种专门化铣床。随着数控技术的应用，数控铣床和以铣削、镗削为

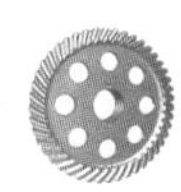

主要功能的铣镗加工中心的应用也越来越普遍。

1. 普通铣床

升降台铣床是普通铣床中应用最广泛的一种类型。如图 5-2 所示,它在结构上的特征是,安装工件的工作台可在相互垂直的三个方向上调整位置,并可在各个方向上实现进给运动,铣刀的主轴仅做旋转运动。升降台铣床可用来加工中小型零件的平面、沟槽,配置相应的附件可铣削螺旋槽、分齿零件等,因而广泛用于单件小批量生产车间、工具车间及机修车间。

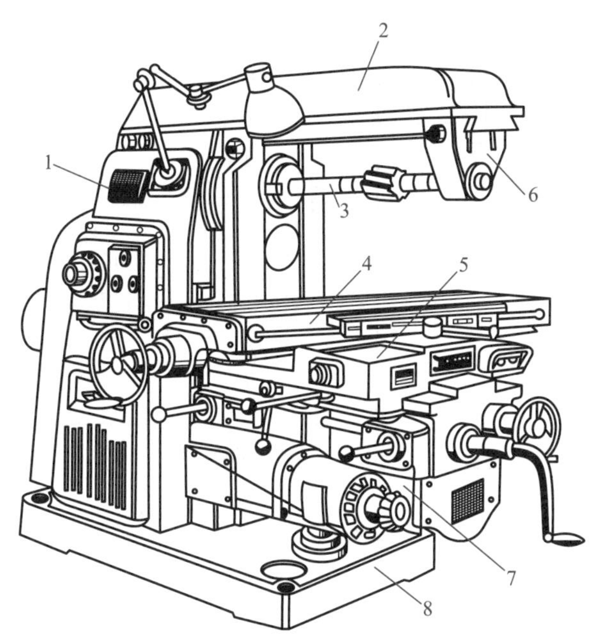

1—床身;2—悬梁;3—铣刀轴;4—工作台;5—滑座;6—悬梁支架;7—升降台;8—底座

图 5-2 卧式升降台铣床

根据主轴的布置形式,升降台铣床可分为卧式和立式两种。图 5-2 为卧式升降台铣床。XA6132 型万能升降台铣床是目前最常用的铣床,机床结构比较完善,变速范围大,刚性好,操作方便。其与普通升降台铣床的区别在于工作台与升降台之间增加一回转盘,可使工作台在水平面上回转一定角度。

(1) 传动系统

XA6132 型万能升降台铣床传动系统如图 5-3 所示。该铣床的主运动共有 18 种不同的转速。其进给运动由单独的进给电机驱动,经相应的传动链将此运动分别传至纵、横、垂直进给丝杠,实现三个方向的进给运动。快速运动由进给电机驱动,经快速空行程传动链实现。工作台的快速运动和进给运动是互锁的,进给方向的转换由进给电机改变旋转方向实现。

(2) 主轴结构

铣床主轴用于安装铣刀并带动其转动。由于铣削力是周期变化的,易引起振动,因此要求主轴部件有较高的刚性及抗振性。

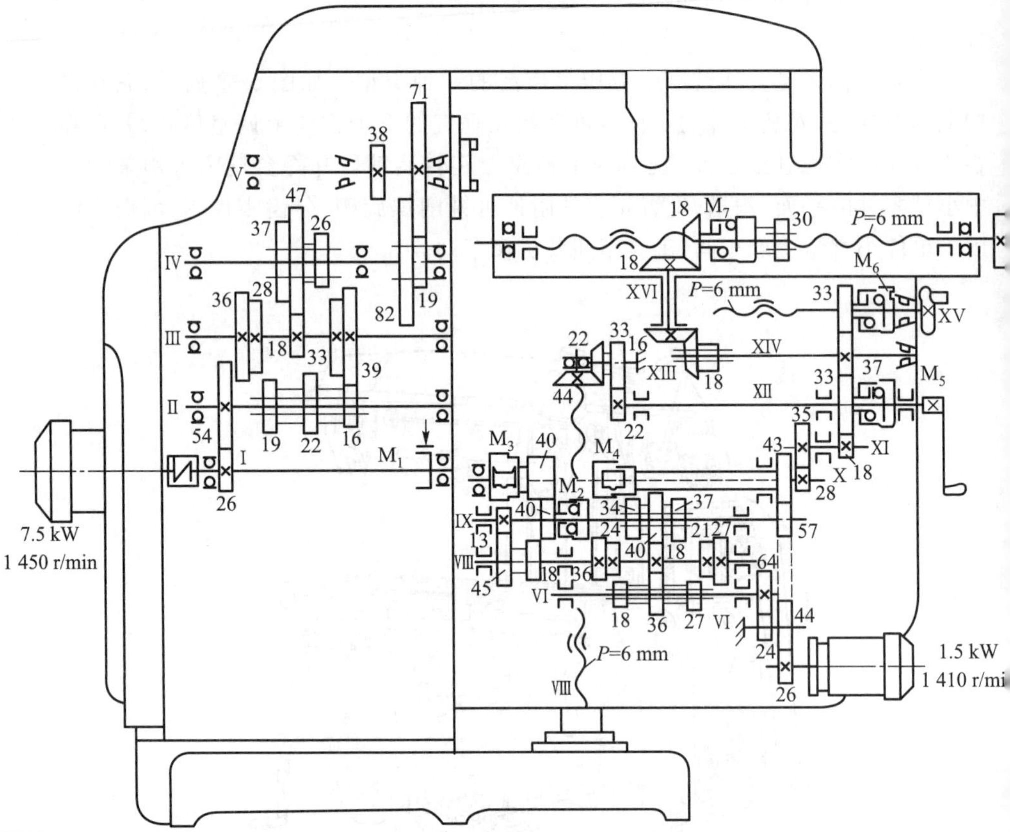

图 5-3　XA6132 型万能升降台铣床的传动系统图

如图 5-4 所示为 XA6132 型万能升降台铣床的主轴部件。主轴采用三支承结构，前支承和中间支承均为圆锥滚子轴承，用于承受径向力及轴向力。后支承为单列向心球轴承，仅承受径向力。主轴为一空心轴，其前端为锥度 7∶24 的精密定心锥孔，用于安装端铣刀刀柄或铣刀刀杆的柄部。前端的端面上装有两个矩形的端面键，用于嵌入铣刀柄部的缺口中，以传递扭矩。主轴中心孔用于穿过拉杆，拉紧刀杆。

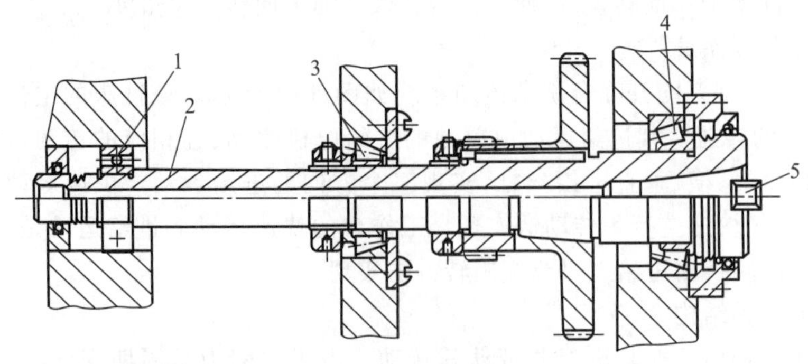

1—后支承；2—主轴；3—中间支承；4—前支承；5—端面键

图 5-4　XA6132 型万能升降台铣床主轴部件

2. 其他铣床

(1) 工作台不升降铣床

这类铣床工作台不做升降运动,机床的垂直进给运动由安装在立柱上的主轴箱做升降运动完成,这样可以增加机床的刚度。工作台不升降铣床根据机床工作台面的形状可分为圆形工作台式和矩形工作台式两类。圆形工作台铣床通常在工作台上安装几套夹具,工作台每转一个工位加工一个工件,装卸工件的辅助时间与加工时间重合,因而生产效率较高。它适用于成批大量生产铣削中、小型工件的平面。

(2) 龙门铣床

龙门铣床是一种大型的高效通用机床,如图 5-5 所示。它在结构上呈框架式结构布局,具有较高的刚度及抗振性。在横梁及立柱上均安装有铣削头,每个铣削头都是一个独立的主运动部件,其中包括单独的驱动电机、变速机构、传动机构、操纵机构及主轴等部分。加工时,工作台带动工件做纵向进给运动,其余运动由铣削头实现。

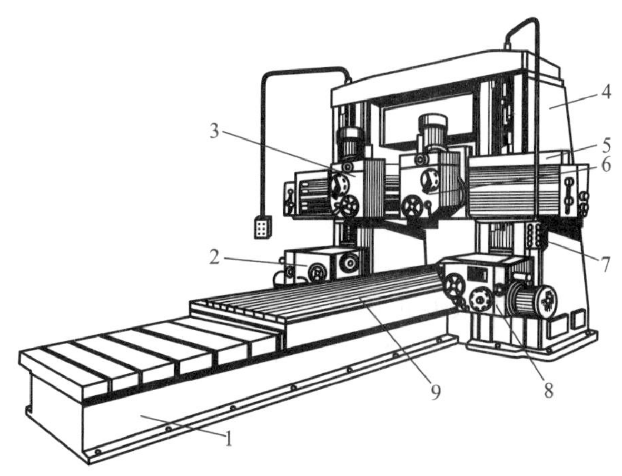

1—床身;2,8—铣侧头;3,6—立铣头;4—立柱;5—横梁;7—操纵箱;9—工作台

图 5-5 龙门铣床结构图

龙门铣床主要用于大中型工件的平面、沟槽加工,可以对工件进行粗铣、半精铣,也可以进行精铣加工。由于龙门铣床可以用多把铣刀同时加工几个表面,所以它的生产效率很高,在成批和大量生产中得到广泛的应用。

(3) 万能工具铣床

万能工具铣床的横向进给运动由主轴座的移动来实现,纵向及垂直方向进给运动由工作台及升降台的移动来实现,如图 5-6 所示。万能工具铣床除了能完成卧式铣床和立式铣床的加工外,配备固定工作台、可倾斜工作台、回转工作台、平口钳、分度头、立铣头、插削头等附件后,可大大增加机床的万能性。它适用于工具、刀具及各种模具加工,也可用于仪器仪表等行业加工形状复杂的零件。

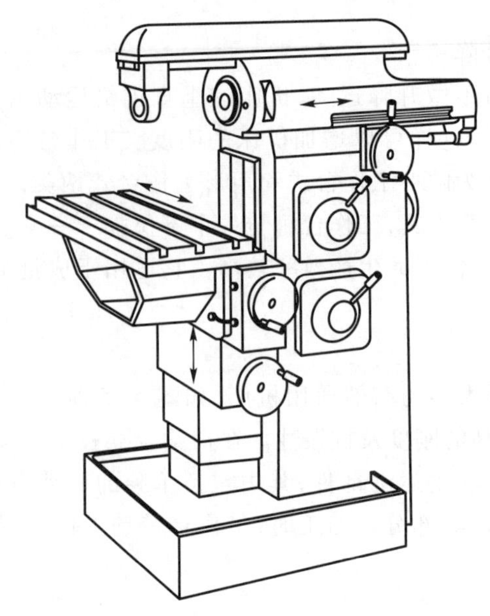

图 5-6　万能工具铣床

5.2.3　铣刀

1. 铣刀的类型及应用

(1) 铣刀的类型

铣刀是铣削加工所用的刀具，根据加工对象的不同，铣刀有许多不同的类型，是金属切削刀具中种类最多的刀具之一。

① 按用途不同，铣刀可分为圆柱铣刀、面铣刀、盘形铣刀、锯片铣刀、立铣刀、键槽铣刀、模具铣刀、角度铣刀、成形铣刀等。

② 按结构不同，铣刀可分为整体式、焊接式、装配式、可转位式。

③ 按齿背形式，铣刀可分为尖齿铣刀和铲齿铣刀。

(2) 铣刀的应用

① 圆柱铣刀　如图 5-1a 所示，圆柱铣刀仅在回转表面上有直线或螺旋线切削刃(螺旋角$\beta=30°\sim45°$)，没有副切削刃。圆柱铣刀一般用高速钢整体制造。它用于卧式铣床上加工面积不大的平面。

② 面铣刀　如图 5-1b 所示，面铣刀主切削刃分布在圆柱或圆锥表面上，端部切削刃为副切削刃。按刀齿材料可分为高速钢和硬质合金两类。面铣刀多制成套式镶齿结构，可用于立式或卧式铣床上加工台阶面和平面，生产效率较高。

③ 立铣刀　如图 5-1c~h 所示，立铣刀一般由 3~4 个刀齿组成，圆柱面上的切削刃是主切削刃，端面上分布着副切削刃，工作时只能沿刀具的径向进给，而不能沿铣刀轴线方向做进给运动。它主要用于加工凹槽、台阶面和小的平面，还可利用靠模加工成形面。

④ 盘形铣刀　盘形铣刀包括三面刃铣刀、槽铣刀。三面刃铣刀如图 5-1f 所示，除圆周具有主切削刃外，两侧面也有副切削刃，从而改善了两端面的切削条

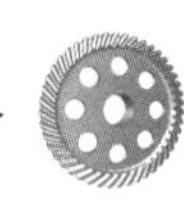

件，提高了切削效率，但重磨后宽度尺寸变化较大。三面刃铣刀可分为直齿三面刃和错齿三面刃，主要用于加工凹槽和台阶面。直齿三面刃铣刀的两副切削刃的前角为零，切削条件较差。错齿三面刃铣刀，圆周上刀齿交替倾斜，左、右螺旋角β，两侧刀刃形成正前角，它比直齿三面刃切削平稳，切削力小，排屑容易。

槽铣刀如图 5-1g 所示，仅在圆柱表面上有刀齿，侧面无切削刃。为减少摩擦，两侧面磨出 1°的副偏角(侧面内凹)，并留有 0.5～1.2 mm 棱边，重磨后宽度变化较小。可用于加工 IT9 级左右的凹槽和键槽。

⑤ 键槽铣刀　如图 5-1i、j 所示，键槽铣刀只有两个刀瓣，圆柱面和端面都有切削刃。加工时，先轴向进给达到槽深，然后沿键槽方向铣出键槽全长。主要用于加工圆头封闭键槽。

⑥ 角度铣刀　角度铣刀有单角铣刀和双角铣刀两种，如图 5-1 l、m 所示，主要用于铣削沟槽和斜面。

⑦ 成形铣刀　如图 5-1 n、p 所示，成形铣刀用于加工成形表面，其刀齿廓形根据被加工工件的廓形来确定。

⑧ 模具铣刀　如图 5-1 o 所示，模具铣刀主要用于加工模具型腔或凸模成形表面。其头部形状根据加工需要可以是圆锥形、圆柱形球头和圆锥形球头等形式。

上述各种铣刀大部分都是尖齿铣刀，只有切削刃廓形复杂的成形铣刀才制成铲齿铣刀。

尖齿铣刀的齿背经铣制而成，后面形状简单，铣刀用钝后只需刃磨后面。铲齿铣刀的齿背是经铲制而成，铣刀用钝后只能刃磨前面。

2. 尖齿铣刀的主要结构尺寸

尖齿铣刀多为带孔结构，直径较小时做成带柄结构。

(1) 铣刀直径和齿数的选择

直径 d 是铣刀的主要结构参数。选择较大的铣刀直径，可增大孔径，使铣刀心轴强度和刚度提高，可获得较小的表面粗糙度值；刀体大，散热条件好，耐用度好；可增大容屑空间，改善排屑条件，刀齿强度也较高。但铣刀直径也不宜选得过大，否则不仅增加刀具材料的消耗，而且将增大铣削转矩，增加动力消耗并容易引起振动。

选择铣刀直径的基本原则是：在保证刀杆刚度的前提下，选择较小的直径。对于面铣刀，其直径应大于铣削宽度 a_p，一般取 $d=(1.2\sim1.6)a_p$，立铣刀和键槽铣刀直径应根据工件尺寸确定，铣槽时铣刀直径应等于槽宽。

铣刀齿数的选择主要涉及圆柱形铣刀、立铣刀和可转位面铣刀。铣刀齿数对铣削过程和刀齿强度都有影响，选取时应保证刀齿强度及足够的容屑空间。因此，粗加工铣刀的齿数应少些，精加工铣刀的齿数应多些；加工韧性材料时齿数宜少些，加工脆性材料时齿数宜多些。

(2) 铣刀容屑槽形状

齿形应满足刀齿强度和容屑空间的要求，保证排屑畅通和有较多的刃磨次数，也应考虑加工的难易。常见整体式刀齿齿形见表 5-1。

表 5-1 整体式刀齿齿形及应用

齿形	简图	计算公式	结构特点
直线形齿背		$\theta=45°\sim50°$ $r=0.5\sim2$ mm $H=(0.5\sim0.65)P$ 圆周齿距 $P=\pi d_0/z$	强度较低，容屑空间小，便于制造，用普通角度铣刀铣槽。 一般用于铲齿铣刀、角度铣刀等
折线形齿背		$\theta=60°\sim65°$ $\theta_1=\alpha_0+(10°\sim20°)$ $r=1\sim4$ mm $H=(0.3\sim0.5)P$	刀齿强度高，容屑空间较大。用成形铣刀铣出槽型。用于粗齿铣刀
曲线形齿背		圆弧半径 $R=(0.3\sim0.5)d_0$ $r=(0.4\sim0.6)H$ $H=(0.3\sim0.45)P$	刀齿接近于等强度，有较大的容屑空间。用圆弧成形铣刀一次铣出槽型。用于粗齿铣刀

3. 机夹可转位铣刀

这种铣刀是将可转位刀片通过夹紧装置夹固在刀体上，当刀片的一个切削刃用钝后，直接在机床上将刀片转位或更新刀片，而不必拆卸铣刀，从而节省辅助时间，减少了劳动量，降低了成本，目前得到了极为广泛的应用。下面以可转位面铣刀为例说明。

如图 5-7 所示为机夹可转位面铣刀结构。它由刀体、刀片座（刀垫）、刀片、内六角螺钉、楔块和紧固螺钉等组成。刀垫和刀片 1 通过内六角螺钉固定在刀槽内，刀片安放在刀垫上并通过楔块夹紧。

（1）刀片的定位和夹紧

可转位面铣刀刀片最常用的定位方式是三点定位，可由刀片座或刀垫实现，如图 5-8 所示。图 5-8a 中定位靠刀片座的制造精度保证，其精度要求较高；图 5-8b 中由于定位点可调，铣刀制造精度要求可低些。在制造、检验和使用铣刀时，采用相同的定位基准，以减少误差。

由于铣刀工作在断续切削条件下，切削过程的冲击和振动较大，在可转位结构中，夹紧装置具有极其重要的地位，其可靠程度直接决定铣削过程的稳定性。目前常用的夹紧方法有如下几种：

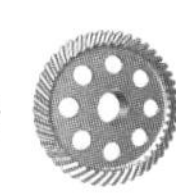

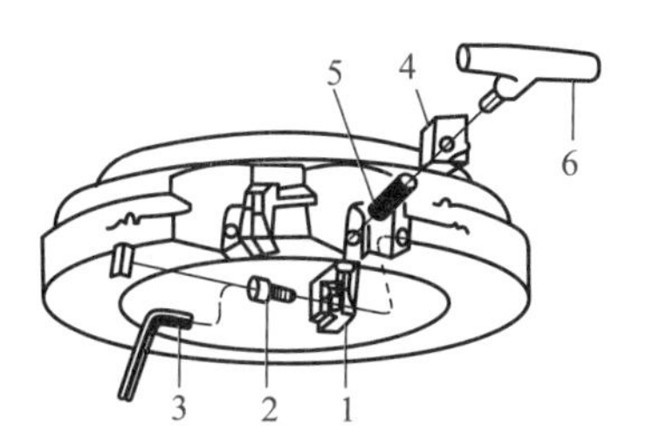

1—刀垫和刀片；2—内六角螺钉；3—内六角扳手；
4—楔形压块；5—紧固螺钉；6—专用锁紧扳手

图 5-7 机夹可转位面铣刀

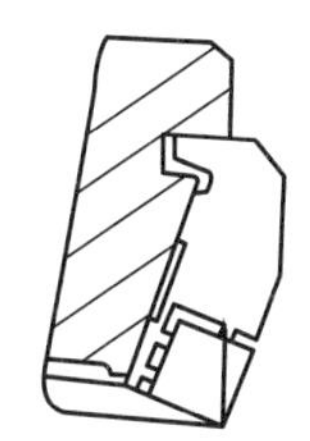

(a) 轴向定位点固定

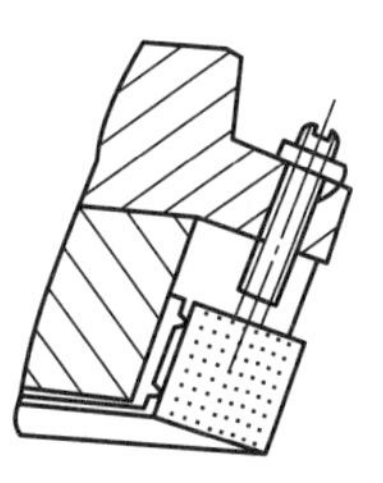

(b) 轴向定位点可调

图 5-8 刀片的定位

① 螺钉楔块式 如图 5-9a、b 所示，楔块楔角 12°，以螺钉带动楔块将刀片压紧或松开。它具有结构简单、夹紧可靠、工艺性好等优点，目前用得最多。

② 拉杆楔块式 图 5-9c 所示为螺钉拉杆楔块式，拉杆楔块通过螺母压紧刀片和刀垫。该结构所占空间小，结构紧凑，可增加铣刀齿数，有利于提高切削效果。

图 5-9d 所示为弹簧拉杆楔块式，刀片的固定靠弹簧力的作用。更换刀片时，只需用卸刀工具压下弹簧刀片即可松开，因此更换刀片非常容易。主要用于细齿可转位面铣刀。

③ 上压式 刀片通过蘑菇头螺钉(图 5-9e)或通过压板(图 5-9f)夹紧在刀体上。它具有结构简单、紧凑、零件少、易制造等优点，故小直径面铣刀应用较多。

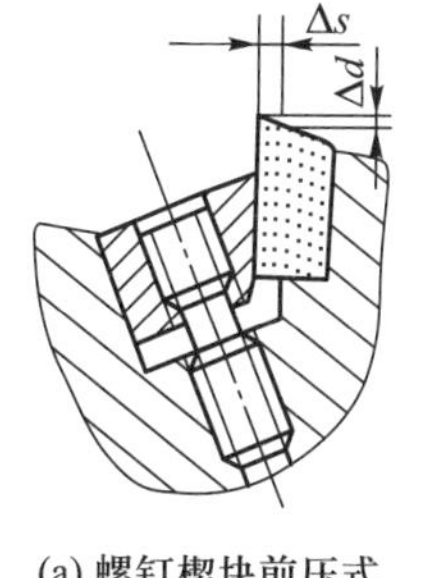

(a) 螺钉楔块前压式

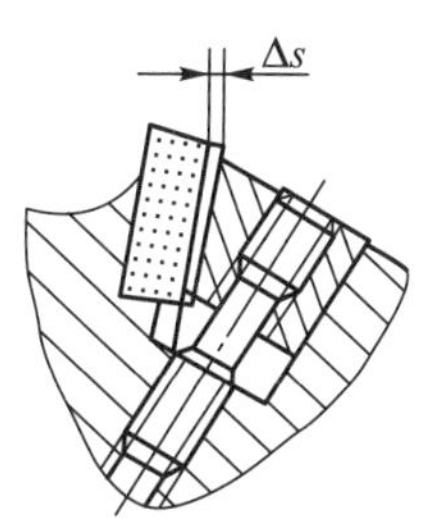

(b) 螺钉楔块后压式

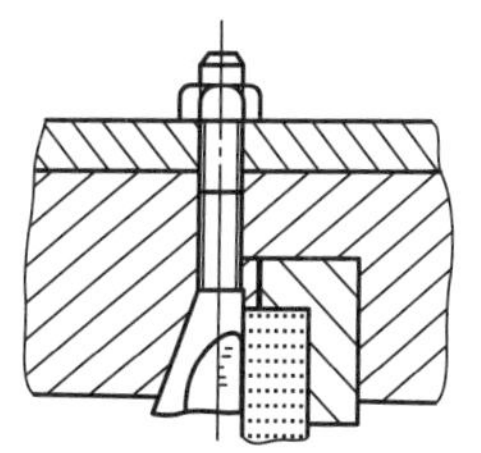

(c) 螺钉拉杆楔块式

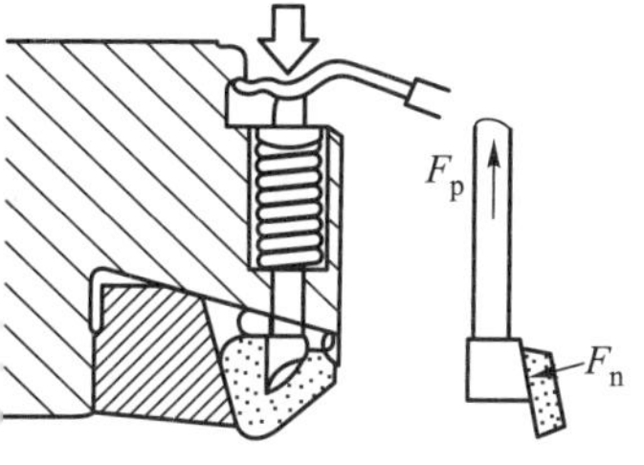

(d) 弹簧拉杆楔块式

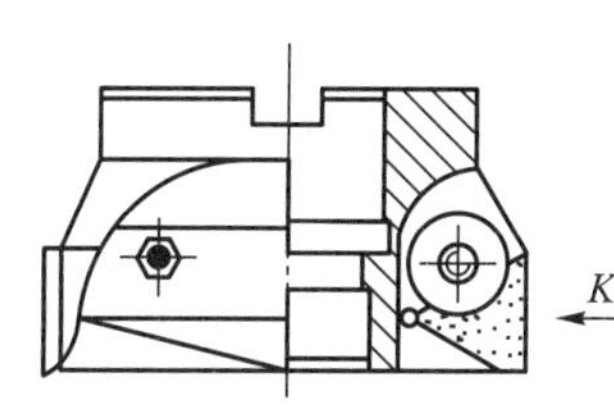

(e) 蘑菇头螺钉上压式

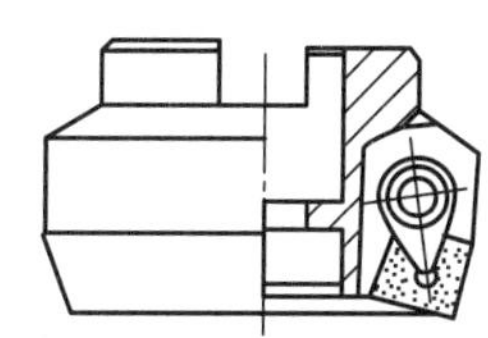

(f) 螺钉压板上压式

图 5-9 可转位刀片的夹紧方式

(2) 可转位面铣刀的选择和使用

可转位面铣刀已标准化。

1) 铣刀直径和齿数的选择

可转位面铣刀直径采用公比 1.25 的标准系列:16,20,25,32,40,50,63,80,100,125,160,200,250,315,400,500,630 mm。

端铣时,应根据侧吃刀量 a_e 选择适当的铣刀直径,使铣刀工作时有合理的切入接触角和切离角,以保证铣刀的耐用度。

可转位铣刀有粗齿、细齿和密齿三种。粗齿铣刀容屑空间较大,常用于粗铣钢件;粗铣带断续表面的铸件和在平稳条件下铣削钢件时,可选用细齿铣刀;密齿铣刀的每齿进给量应很小,适用于加工薄壁铸件。

2) 几何角度的选择

可转位面铣刀主要考虑背平面前角 γ_p 和假定工作平面前角 γ_f 的组合搭配及主偏角 κ_r 的选择。前角组合一般有三种形式:

① 正前角形　γ_p 和 γ_f 均为正值,采用带后角的刀片。这种形式切削刃锋利,排屑流畅,切削轻快,但切削刃强度较差。它适用于加工普通钢材、铸铁等。

② 负前角形　γ_p 和 γ_f 均为负值,采用无后角刀片,刀片两面均能使用。这种形式刀刃强度高,能承受较大的冲击,但铣削时功率消耗多,要求机床刚性好。适用于断续铣削铸钢和高硬度材料。

③ 正负前角形　这种形式综合上述两种形式的优点,刀刃具有足够的耐冲击性,卷屑断屑性能好,排屑顺利,切削力不太大。常用于加工中心加工一般钢材和铸铁。

主偏角 κ_r 在 45°~90°范围内选取,铣削铸铁常用 45°,铣削钢材常用 75°,铣削带凸肩的平面和薄壁零件时要用 90°。

5.2.4　铣床主要附件及使用方法

铣床主要附件

铣床的主要附件有分度头、平口钳、万能铣头和回转工作台。

1.万能分度头

在铣削加工中,常会遇到铣六方、齿轮、花键和刻线等工作。这时,就需要利用分度头分度。因此,分度头是万能铣床上的重要附件。

(1) 万能分度头的作用

① 使工件绕本身轴线进行分度(等分或不等分)。如六方、齿轮、花键等等分的零件。

② 使工件的轴线相对铣床工作台台面板成所需要的角度(水平、垂直或倾斜)。因此,可以加工不同角度的斜面。

微课

万能分度头的结构和使用方法

③ 在铣削螺旋槽或凸轮时,能配合工作台的移动使工件连续旋转。

万能分度头由于具有广泛的用途,在单件小批量生产中应用较多。

(2) 万能分度头的结构

万能分度头是安装在铣床上用于将工件分成任意等份的机床附件。其结构如图 5-10 所示,主要由底座、转动体、分度盘、主轴等组成。主轴可随转动体在垂直平面内转动。通常在主轴前端安装三爪自定心卡盘或顶尖,用它来安装工

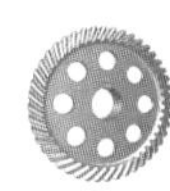

件。转动手柄可使主轴带动工件转过一定角度,这称为分度。

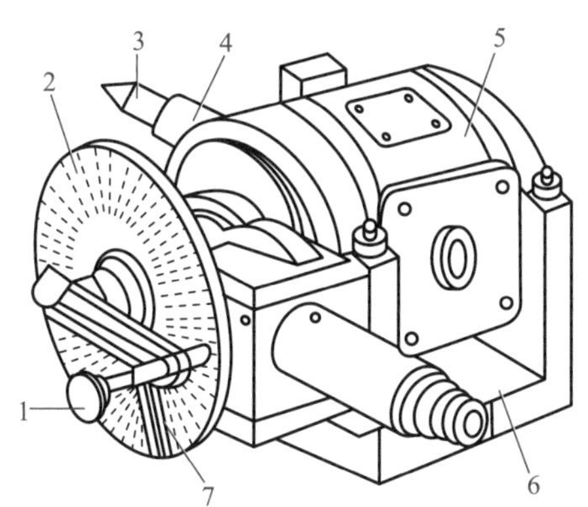

1—分度手柄;2—分度盘;3—顶尖;4—主轴;5—转动体;6—底座;7—扇形夹

图 5-10 万能分度头的外形

(3) 万能分度头的使用

由图 5-11 所示的分度头传动图可知,传动路线是:手柄→齿轮副(传动比为 1∶1)→蜗杆与蜗轮(传动比为 1∶40)→主轴。可算得手柄与主轴的传动比是 1∶1/40,即手柄转一圈,主轴则转过 1/40 圈。

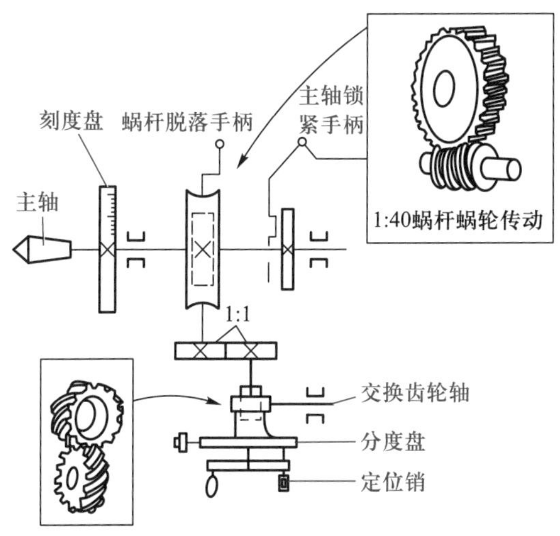

图 5-11 万能分度头的传动示意图

如要使工件按 z 等分度,每次工件(主轴)要转过 $1/z$ 转,则分度头手柄所转圈数为 n 转,它们应满足的比例关系为:$1:\frac{1}{40}=n:\frac{1}{z}$

即:

$$n=\frac{40}{z} \tag{5-1}$$

可见,只要把分度手柄转过 $40/z$ 转,就可以使主轴转过 $1/z$ 转。例:现要铣齿数 $z=17$ 的齿轮。每次分度时,分度手柄转数为:

$$n=\frac{40}{z}=\frac{40}{17}=2\frac{6}{17} \tag{5-2}$$

分度时，如果求出的手柄转数不是整数，可利用分度盘上的等分孔距来确定。分度盘如图 5-12 所示，一般备有两块分度盘。分度盘的两面各钻有许多不通的圈孔，各圈孔数均不相等，然而同一孔圈上的孔距是相等的。

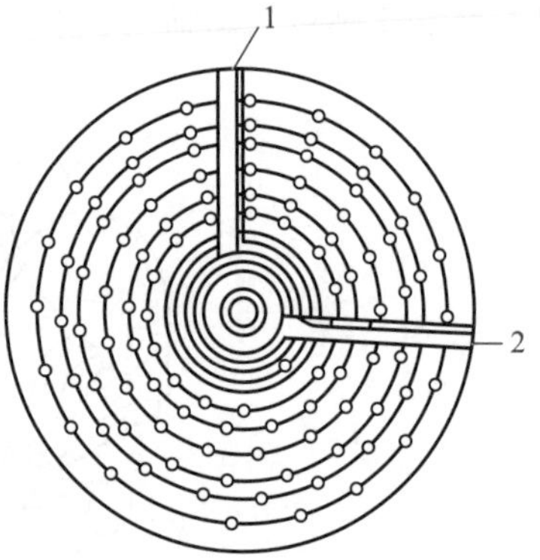

分度头第一块分度盘正面各圈孔数依次为 24、25、28、30、34、37；反面各圈孔数依次为 38、39、41、42、43。

第二块分度盘正面各圈孔数依次为 46、47、49、51、53、54；反面各圈孔数依次为 57、58、59、62、66。

图 5-12　分度盘

按上例计算结果，即每分一齿，手柄需转过 2 整圈再多转$\frac{6}{17}$圈，此处$\frac{6}{17}$圈需通过分度盘来控制。分度前，先将分度盘固定，然后在分度盘上找到分母 17 倍数的孔圈（例如 34、51）从中任选一个，如选 34。把手柄的定位销拔出，使手柄转过 2 整圈之后，再沿孔圈数为 34 的孔圈转过 12 个孔距。这样主轴就转过了6/17 转，达到分度目的。

为了确保手柄转过的孔距数可靠，可调整分度盘上的扇形条 1、2 间的夹角（图 5-12），使之正好等于分子的孔距数，这样依次进行分度时就可准确无误。这种属简单分度法。生产上还有角度分度法、直接分度法和差动分度等方法。

2. 平口钳

平口钳是一种通用夹具，经常用其安装小型工件。

3. 万能铣头

万能铣头的底座用螺栓固定在铣床的垂直导轨上。铣床主轴的运动通过铣头内的两对锥齿轮传到铣头主轴上。在卧式铣床上装上万能铣头，不仅能完成各种立铣的工作，而且还可以根据铣削的需要，把铣头主轴绕铣床主轴轴线偏转任意角度。

4. 回转工作台

回转工作台又称为转盘、平分盘、圆形工作台等。它的内部有一套蜗轮蜗杆。摇动手轮，通过蜗杆轴，就能直接带动与转台相连接的蜗轮转动。转台周围有刻度，可以用来观察和确定转台位置。拧紧固定螺钉，转台就固定不动。转台中央有一孔，利用它可以方便地确定工件的回转中心。当底座上的槽和铣床工作台的 T 形槽对齐后，即可用螺栓把回转工作台固定在铣床工作台上。铣圆弧槽时，工件安装在回转工作台上，铣刀旋转，用手均匀缓慢地摇动回转工作台而使工件铣出圆弧槽。

5.2.5　平面铣削加工方法

1. 铣削用量及选择原则

（1）铣削用量

铣削时的铣削用量由切削速度、进给量、背吃刀量（铣削深度）和侧吃刀量

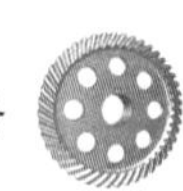

（铣削宽度）四要素组成。其铣削用量如图 5-13 所示。

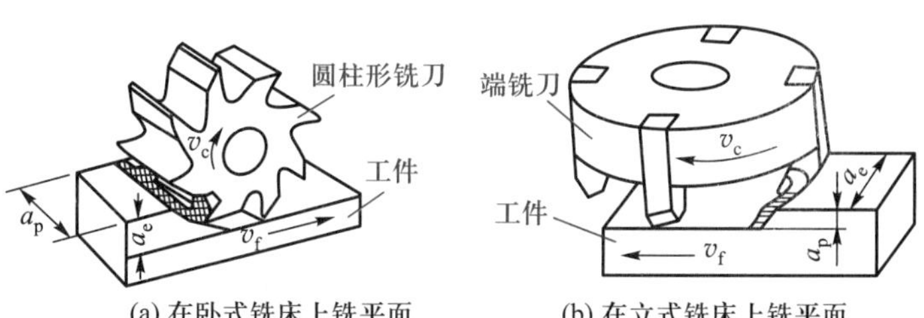

图 5-13　铣削运动及铣削用量

1）切削速度 v_c

切削速度即铣刀最大直径处的线速度，可由下式计算：

$$v_c = \frac{\pi dn}{1\ 000} \tag{5-3}$$

式中：v_c——切削速度，m/min；

d——铣刀直径，mm；

n——铣刀每分钟转数，r/min。

2）进给量

铣削时，工件在进给运动方向上相对刀具的移动量即为铣削时的进给量。由于铣刀为多刃刀具，计算时按单位时间不同，有以下三种度量方法。

① 每齿进给量 f_z　指铣刀每转过一个刀齿时，工件对铣刀的进给量（即铣刀每转过一个刀齿，工件沿进给方向移动的距离），其单位为 mm/z。

② 每转进给量 f　指铣刀每一转，工件对铣刀的进给量（即铣刀每转，工件沿进给方向移动的距离），其单位为 mm/r。

③ 每分钟进给量 v_f　又称进给速度，指工件对铣刀每分钟进给量（即每分钟工件沿进给方向移动的距离），其单位为 mm/min。上述三者的关系为：

$$v_f = fn = f_z zn$$

式中：z——铣刀齿数；

n——铣刀每分钟转速，r/min。

3）背吃刀量 a_p（又称铣削深度）

铣削深度是通过切削刃基点并垂直于工作平面方向上测量的吃刀量，即平行于铣刀轴线测量的切削层尺寸，单位为 mm。

4）侧吃刀量 a_e（又称铣削宽度）

铣削宽度是平行于工作平面并垂直于切削刃基点的进给运动方向上测量的吃刀量，即垂直于铣刀轴线测量的切削层尺寸，单位为 mm。

（2）铣削用量的选择原则

通常粗加工为了保证必要的刀具耐用度，应优先采用较大的侧吃刀量或背吃刀量，其次是加大进给量，最后才是根据刀具耐用度的要求选择适宜的切削速度，这样选择是因为切削速度对刀具耐用度影响最大，进给量次之，侧吃刀量或背吃刀量影响最小。精加工时为减小工艺系统的弹性变形，必须采用较小的进给量，同时为了抑制积屑瘤的产生。对于硬质合金铣刀应采用较高的切削速度，对高速钢铣刀应采用较低的切削速度，如铣削过程中不产生积屑瘤时，也应采用较大的切削速度。

2. 铣削方式

(1) 周铣

用圆柱铣刀的圆周齿刃进行铣削的方式，称为周铣。周铣有逆铣和顺铣之分，如图 5-14 所示。

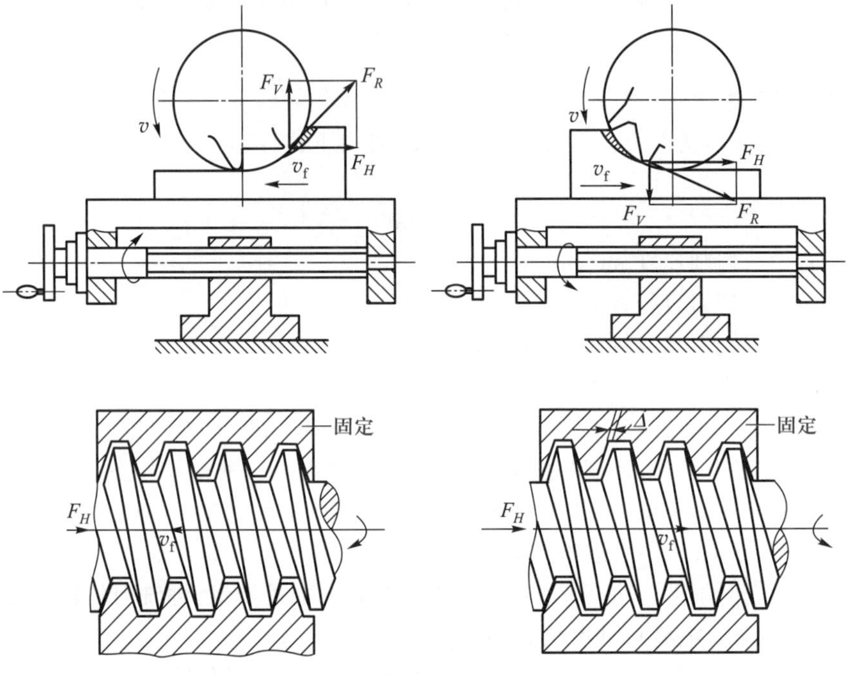

(a) 逆铣 (b) 顺铣

图 5-14 周铣方式

1) 逆铣

如图 5-14a 所示，铣削时，铣刀每一刀齿在工件切进处的速度方向与工件进给方向相反，这种铣削方式称为逆铣。逆铣时，刀齿的切削厚度从零逐渐增大至最大值。刀齿在开始切进时，由于刀齿刃口有圆弧，刀齿在工件表面打滑，产生挤压与摩擦，使这段表面产生冷硬层，至滑行一定程度后，刀齿方能切下一层金属层。下一个刀齿切入时，又在冷硬层上挤压、滑行，这样不仅加速了刀具磨损，同时也使工件表面粗糙值增大。

由于铣床工作台纵向进给运动是用丝杠螺母副来实现的，螺母固定，丝杠带动工作台移动，由图 5-14a 可见，逆铣时，铣削力 F 的纵向铣削分力 F_H 与驱动工作台移动的纵向力方向相反，这样使得工作台丝杠螺纹的左侧与螺母齿槽左侧始终保持良好接触，工作台不会发生窜动现象，铣削过程平稳。但在刀齿切离工件的瞬时，铣削力 F 的垂直铣削分力 F_V 是向上的，对工件夹紧不利，易引起振动。

2) 顺铣

如图 5-14b 所示，铣削时，铣刀每一刀齿在工件切出处的速度方向与工件进

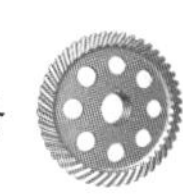

给方向相同，这种切削方式称为顺铣。顺铣时，刀齿的切削厚度从最大逐步递减至零，没有逆铣时的滑行现象，已加工表面的加工硬化程度大为减轻，表面质量较高，铣刀的耐用度比逆铣高。同时铣削力 F 的垂直分力 F_V 始终压向工作台，避免了工件的振动。

顺铣时，切削力 F 的纵向分力 F_H 始终与驱动工作台移动的纵向力方向相同。假如丝杠螺母副存在轴向间隙，当纵向切削力大于工作台与导轨之间的摩擦力时，会使工作台带动丝杠出现左右窜动，造成工作台进给不均匀，严重时会出现打刀现象。粗铣时，假如采用顺铣方式加工，则铣床工作台进给丝杠螺母副必须有消除轴向间隙的机构。否则宜采用逆铣方式加工。

（2）端铣

用端铣刀的端面齿刃进行铣削的方式，称为端铣。如图 5-15 所示，铣削加工时，根据铣刀与工件相对位置的不同，端铣分为对称铣和不对称铣两种。不对称铣又分为不对称逆铣和不对称顺铣。

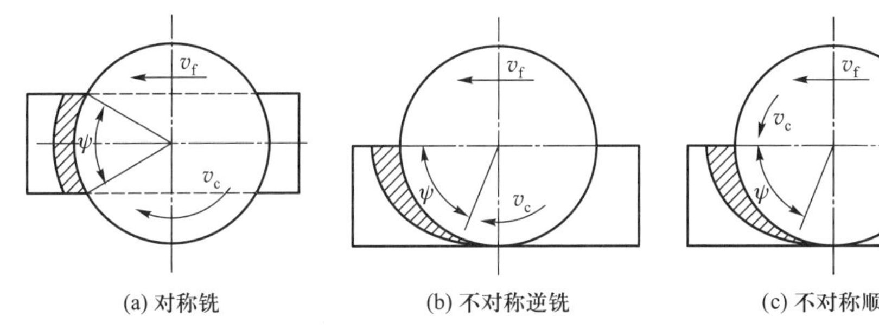

图 5-15 端铣方式

1）对称铣

如图 5-15a 所示，铣刀轴线位于铣削弧长的对称中心位置，铣刀每个刀齿切入和切离工件时切削厚度相等，称为对称铣。对称铣削具有最大的均匀切削厚度，可避免铣刀切进时对工件表面的挤压、滑行，铣刀耐用度高。对称铣适用于工件宽度接近面铣刀的直径，且铣刀刀齿较多的情况。

2）不对称逆铣

如图 5-15b 所示，当铣刀轴线偏置于铣削弧长的对称位置，且逆铣部分大于顺铣部分的铣削方式，称为不对称逆铣。不对称逆铣切削平稳，切入时切削厚度小，减小了冲击，从而使刀具耐用度和加工表面质量得到进步。适合于加工碳钢及低合金钢及较窄的工件。

3）不对称顺铣

如图 5-15c 所示，其特征与不对称逆铣正好相反。这种切削方式一般很少采用，但用于铣削不锈钢和耐热合金钢时，可减少硬质合金刀具剥落磨损。

上述的周铣和端铣，是由于在铣削过程中采用不同类型的铣刀而产生的不同铣削方式，两种铣削方式相比，端铣具有铣削较平稳，加工质量及刀具耐用度均较高的特点，且端铣用的面铣刀易镶硬质合金刀齿，可采用大的切削用量，实现高速切削，生产率高，但端铣适应性差，主要用于平面铣削。周铣的铣削性能固然不如端铣，但周铣能用多种铣刀铣平面、沟槽、齿形和成形表面等，适应范围广，因此生产中应用较多。

3. 铣削力

铣削时每个工作刀齿都受到切削力的作用，铣削合力是各刀齿所受切削力之和。铣削合力可分解为三个相互垂直的分力。

根据对刀具和铣削加工动力的影响铣削合力可分为：

① 主切削力 F_c　在铣刀圆周切线方向上的分力，又称为切向力。消耗功率最多，是主切削力。

② 背向力 F_p　在铣刀半径方向上的分力，又称径向力。一般不消耗功率，但会使刀杆弯曲变形。

③ 轴向力 F_a　在铣刀轴线方向上的分力。

主切削力 F_c 的计算可用有关手册经验公式进行计算，它与工件材料、刀具材料、铣刀的形式以及铣削用量要素有关。

根据对加工过程和机床的影响，按工作台运动方向分解铣削合力可分为：

① 纵向分力 F_f　与纵向工作台运动方向一致的分力。

② 横向分力 F_e　与横向工作台运动方向一致的分力。

③ 垂直分力 F_v　与铣床垂直进给方向一致的分力。

平面的刨削加工及设备

5.3　平面的刨削加工及设备

5.3.1　刨削工艺特点

刨削加工主要用于平面和沟槽加工。刨削可分为粗刨和精刨，精刨后的表面粗糙度 Ra 值可达 3.2 ~ 1.6 μm，两平面之间的尺寸精度可达 IT9 ~ IT7，直线度可达 0.04 ~ 0.12 mm/m。刨削和铣削均是以加工平面和沟槽为主的切削加工方法。

与铣削加工相比较，刨削加工有如下特点：

1. 加工质量

刨削加工的精度、表面粗糙度与铣削大致相当，但刨削主运动为往复直线运动，只能采用中低速切削。当用中等切削速度刨削钢件时，易出现积屑瘤，影响表面粗糙度；而硬质合金镶齿面铣刀可采用高速切削，表面粗糙度值较小。加工大平面时，刨削进给运动可不停地进行，刀痕均匀；而铣削时若铣刀直径（面铣）或铣刀宽度（周铣）小于工件宽度，需要多次走刀，会有明显的接刀痕。

2. 加工范围

刨削加工范围不如铣削加工范围广泛，铣削的许多加工内容是刨削无法代替的，例如加工内凹平面、型腔、封闭型沟槽以及有分度要求的平面沟槽等。但对于 V 形槽、T 形槽和燕尾槽的加工铣削由于受定尺寸铣刀尺寸的限制，一般适宜加工小型的工件，而刨削可以加工大型的工件。

3. 生产率

刨削生产率一般低于铣削，这是因为铣削为多刃刀具的连续切削，无空程损

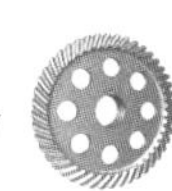

失，硬质合金面铣刀还可以用于高速切削。但对于加工窄长平面，刨削的生产率则高于铣削，这是由于铣削不会因为工件较窄而改变铣削进给的长度，而刨削却可以因工件较窄而减少走刀次数。因此窄平面如机床导轨面等的加工多采用刨削。

4. 加工成本

由于牛头刨床结构比铣床简单，刨刀的制造和刃磨较铣刀容易，因此，一般刨削的成本比铣削低。

5.3.2 刨床及传动原理

1. 刨床

刨削加工是在刨床上进行的，常用的刨床有牛头刨床和龙门刨床。牛头刨床主要用于加工中小型零件，龙门刨床则用于加工大型零件或同时加工多个中型零件。

如图 5-16 所示为牛头刨床外形图。在牛头刨床上加工时，工件一般采用平口钳或螺栓压板安装在工作台上，刀具装在滑枕的刀架上。滑枕带动刀具的往复直线运动为主切削运动，工作台带动工件沿垂直于主运动方向的间歇运动为进给运动。刀架后的转盘可绕水平轴线扳转角度，这样在牛头刨床上不仅可以加工平面，还可加工各种斜面和沟槽，如图 5-17 所示。

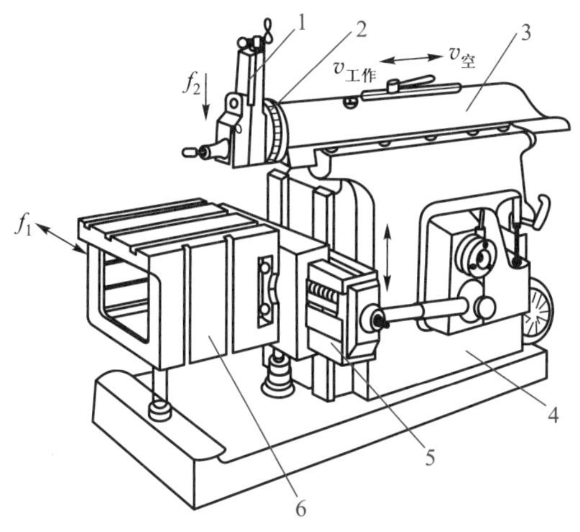

1—刀架；2—转盘备；3—滑枕；4—床身；5—横梁；6—工作台

图 5-16 牛头刨床外形图

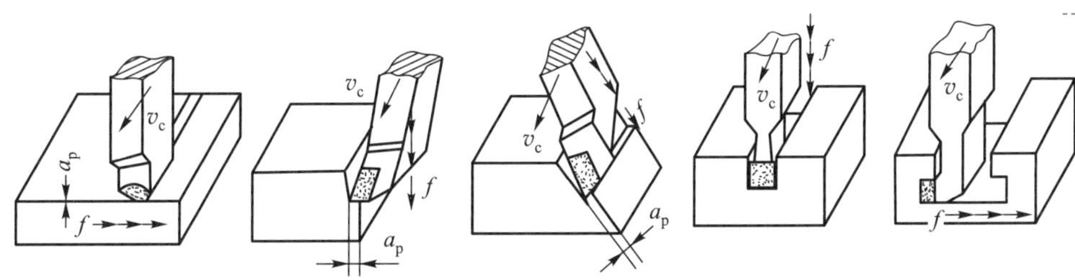

图 5-17 牛头刨的加工类型

如图 5-18 所示为龙门刨床外形图。在龙门刨床上加工时,工件用螺栓压板直接安装在工作台上或用专用夹具安装,刀具安装在横梁上的垂直刀架上或工作台两侧的侧刀架上。工作台带动工件的往复直线运动为主切削运动,刀具沿垂直于主运动方向的间歇运动为进给运动。各刀架也可以绕水平轴线扳转角度,故同样可以加工平面、斜面及沟槽。

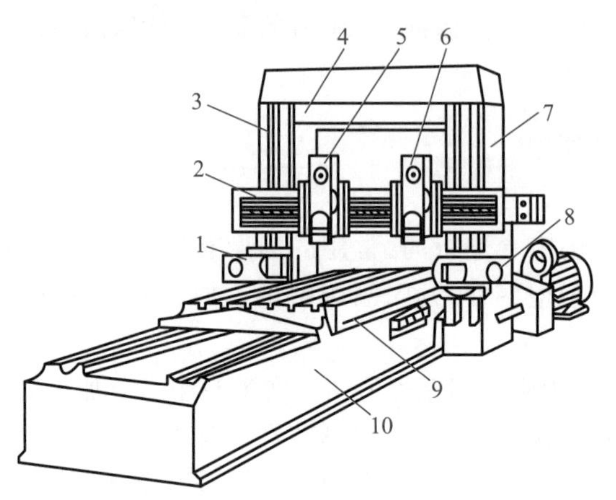

1—左侧刀架;2—横梁;3—左立柱;4—顶梁;5—左垂直刀架;6—右垂直刀架;7—右立柱;8—右侧刀架;9—工作台;10—床身

图 5-18　龙门刨床外形图

2. 牛头刨床的传动原理

牛头刨床的传动原理图如图 5-19 所示,电动机通过带传动、变速机构、摆杆机构、丝杆螺母,从而带动滑枕、刀架及刀具进行往复直线运动,实现刨削加工。

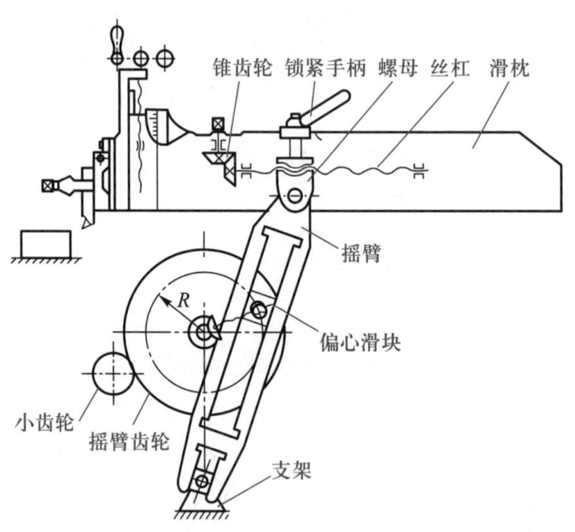

图 5-19　牛头刨床传动原理图

5.3.3　刨刀及装夹

刨刀的结构与车刀相似,如图 5-20 所示,其几何角度的选取原则也与车刀

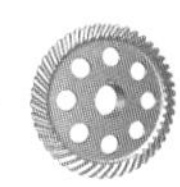

基本相同。但是由于刨削过程有冲击，所以刨刀的前角比车刀要小（一般小于5度），而且刨刀的刃倾角也应取较大的负值，以使刨刀切入工件时所产生的冲击力不是作用在刀尖上，而是作用在离刀尖稍远的切削刃上。为了避免刨刀扎入工件，影响加工表面质量和尺寸精度，在生产中常把刨刀刀杆做成弯头结构。重型机器制造中常采用焊接—机械夹固式刨刀，即将刀片焊接在小刀头上，然后夹固在刀杆上，以利于刀具的焊接、刃磨和装卸。

如图5-21所示，刨刀安装在刀夹7的孔中，并用紧固螺钉6夹紧，其装夹机构主要由转盘、刀座、刀夹及抬刀板等组成。装夹时，刀头伸出要短。刨削过程中由于空回行程刨刀会和工件相撞，此时由于惯性力作用，零件6、7、8及刀具会一起绕轴5转动，实现让刀运动。

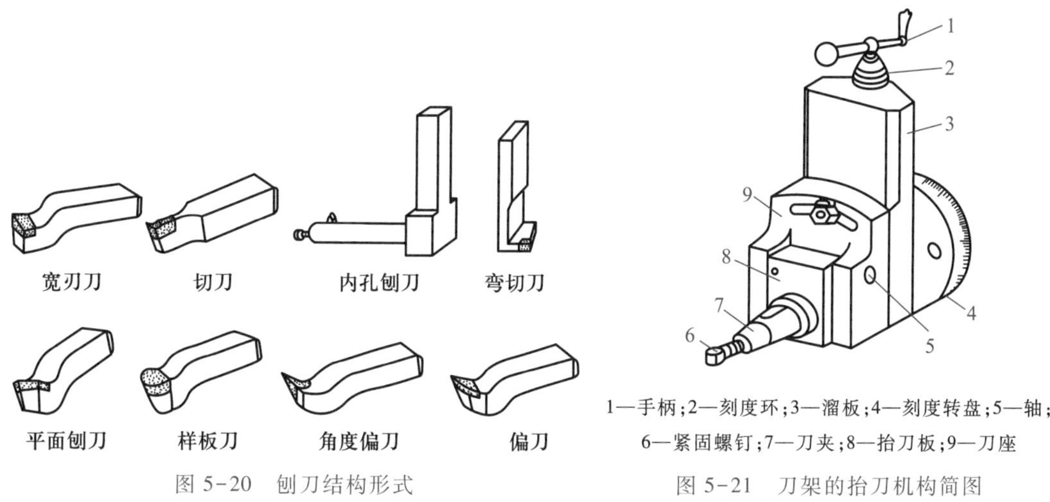

图5-20 刨刀结构形式

1—手柄；2—刻度环；3—溜板；4—刻度转盘；5—轴；6—紧固螺钉；7—刀夹；8—抬刀板；9—刀座

图5-21 刀架的抬刀机构简图

平面的磨削加工及设备

5.4 平面的磨削加工及设备

平面磨削与其他表面磨削一样，具有切削速度高、进给量小、尺寸精度易于控制及能获得较小的表面粗糙度值等特点，加工精度一般可达IT7～IT5级，表面粗糙度 *Ra* 值可达1.6～0.2 μm。平面磨削的加工质量比刨和铣都高，而且还可以加工淬硬零件，因而多用于零件的半精加工和精加工。生产批量较大时，箱体的平面常用磨削来精加工。

5.4.1 平面磨削及磨床

1. 平面磨削

常见的平面磨削方式如图5-22所示。

① 周边磨削　如图5-22a所示，用砂轮的周边作为磨削工作面，砂轮与工件的接触面积小，摩擦发热小，排屑及冷却条件好，工件受热变形小，且砂轮磨损均匀，所以加工精度较高。但是，砂轮主轴处于水平位置，呈悬臂状态，刚性较差。不能采用较大的磨削用量，生产效率低。

② 端面磨削　如图5-22b所示，用砂轮的端面作为磨削工作面。端面磨削

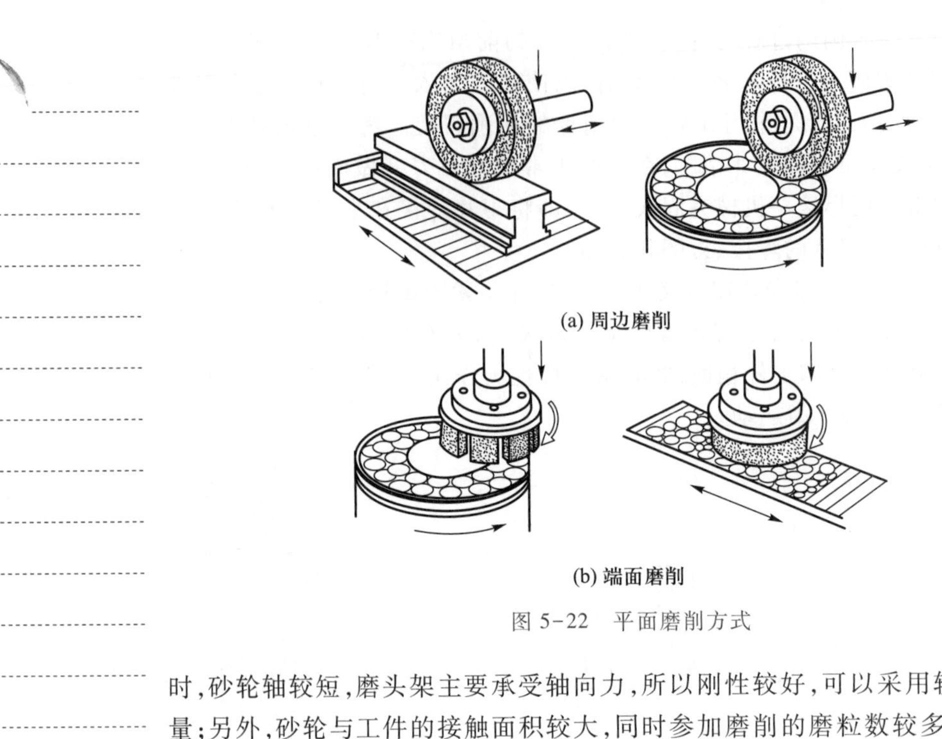

图 5-22　平面磨削方式

时，砂轮轴较短，磨头架主要承受轴向力，所以刚性较好，可以采用较大的磨削用量；另外，砂轮与工件的接触面积较大，同时参加磨削的磨粒数较多，生产效率较高。但是，由于磨削过程中发热量大，冷却条件差，脱落的磨粒及磨屑从磨削区排出比较困难，所以工件热变形大，表面易烧伤。且砂轮端面沿径向各点的线速度不等，使砂轮磨损不均匀，因此磨削质量比周边磨削较差。

2. 平面磨床

平面磨床包括卧轴矩台平面磨床、立轴矩台平面磨床、卧轴圆台平面磨床和立轴圆台平面磨床等。

1）卧轴矩台平面磨床

卧轴矩台平面磨床如图 5-23a 所示，砂轮架中的主轴（砂轮）常由电机直接带动旋转完成主运动。砂轮架可沿滑鞍的燕尾导轨做周期横向进给运动（可手动或液动）。滑鞍和砂轮架可一起沿立柱的导轨做周期的垂直切入运动（手动）。工作台沿床身导轨做纵向往复运动（液动）。卧轴矩台平面磨床也有采用十字导

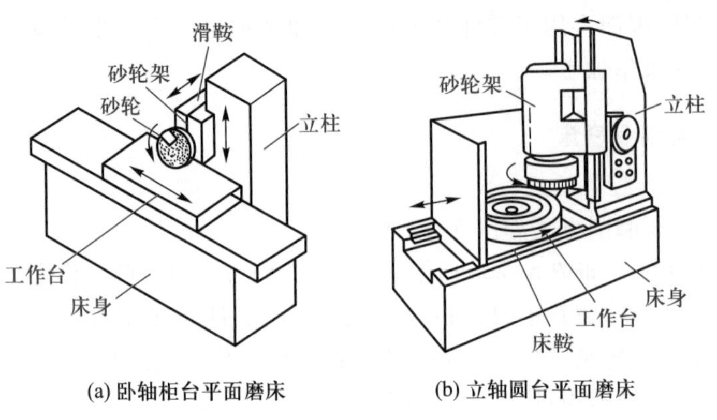

图 5-23　平面磨床

轨式布局的，工作台装在床鞍上，除做纵向往复运动外，还随床鞍一起沿床身导轨做周期的横向进给运动，砂轮架只做垂直进给运动。为减轻工人劳动密度和辅助时间，有些机床具有快速升降功能，用以实现砂轮架的快速机动调位运动。

2）立轴圆台平面磨床

立轴圆台平面磨床如图 5-23b 所示，主要由床身工作台、床鞍、立柱和砂轮架等主要部件组成。砂轮架中的主轴也由电机直接驱动，砂轮架可沿立柱的导轨做周期的垂直切入运动，圆工作台旋转做周期进给运动，同时还可沿床身导轨做纵向移动，以便工件的装卸。

5.4.2　平面磨削常见问题及解决方法

1. 砂轮的修整

砂轮磨损到一定程度而不能正常工作时，或因砂轮工作表面被磨屑堵塞、塑性金属黏结而导致磨粒的磨削性能严重降低时，以及成形磨削砂轮廓形失真时，均应及时修整砂轮的工作表面。

砂轮的修整应起到两个作用：一是去除外层已钝化的磨粒或去除已被磨屑堵塞了的一层磨粒，使新的磨粒显露出来；二是使砂轮修整后具有足够数量的有效切削刃，从而提高加工表面质量。前一要求容易达到，因为只要修整去适量的砂轮表面即可。后一要求则不易达到，往往随修整工具、修整用量和砂轮特性不同而异；满足后一要求的主要方法是控制砂轮的修整条件。

砂轮修整的方法有单粒金刚石修整、金刚石粉末烧结型修整器修整和金刚石超声波修整等，如图 5-24 所示。修整时修整器应安装在低于砂轮中心 0.5 mm～1.5 mm 处，并向上倾斜 10°～15°，如图 5-25 所示，以防止振动和金刚石“啃”入砂轮而划伤砂轮表面。

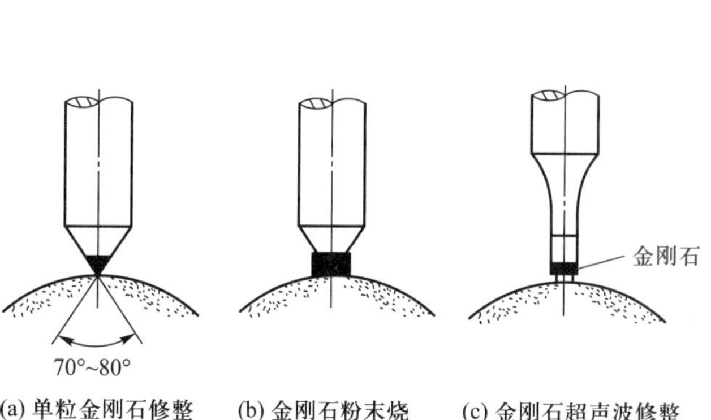

图 5-24　砂轮修整方法

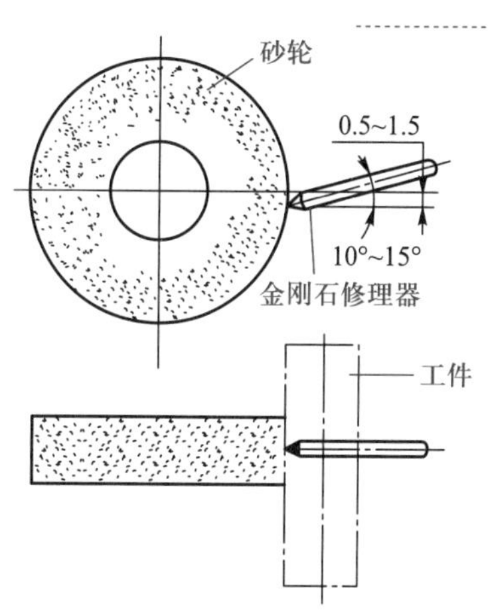

图 5-25　金刚石修整砂轮时的安装位置

砂轮的修整用量有修整导程、修整深度、修整次数和光修次数。修整导程越小，工件表面粗糙度值越低，一般为 10～15 mm/min。修整深度为 2.5 μm/单行程，而一般修去 0.05 mm 就可恢复砂轮的切削性能。修整时一般可分为粗修与精修，粗修用量可大些，逐次减小，一般精修需 2~3 次单行程。光修为无修整深度修整，主要是为了去除砂轮个别表面突出微刃，使砂轮表面更加平整，其次数一般为 1 次单行程。

2. 砂轮的安装

在磨床上安装砂轮应特别注意，因砂轮在高速旋转条件下工作，使用前应仔细检查，不允许有裂纹、安装必须牢靠，并应经过静平衡调整，以免造成人身和质量事故。

砂轮内孔与砂轮轴或法兰盘外圆之间，不能过紧，否则磨削时受热膨胀，易将砂轮胀裂，也不能过松，否则砂轮容易发生偏心，失去平衡，以致引起振动。一般配合间隙为 0.1~0.8mm，高速砂轮间隙要小些。用法兰盘装夹砂轮时，两法兰盘直径应相等，其外径应不小于砂轮外径的 1/3。在法兰盘与砂轮端面间应用厚纸板或耐油橡皮等做衬垫，使压力均匀分布，螺母的拧紧力不能过大，否则砂轮会破裂。注意紧固螺纹的旋向，应与砂轮的旋向相反，即当砂轮逆时针旋转时，用右旋螺纹，这样砂轮在磨削力的作用下，将带动螺母越旋越紧。

3. 箱体类零件平面加工的热变形及解决方法

箱体类零件平面加工中，由于平面磨削的加工质量比刨和铣都高，当生产批量较大时，箱体的主要表面常用磨削来精加工。为了提高生产率和保证平面间的位置精度，工厂还采用组合磨削（多轴和一轴上多个砂轮）来精加工平面。

但在加工中，由于平面磨削时磨削处的温度比其他加工方法（刨、铣）要高，箱体磨削时上表面因热膨胀产生的弯曲变形而呈中凸，加工时将这层中凸磨平，加工后加工面冷却而上下温差小时，上表面则因冷缩而下凹，产生直线度及平面度误差，这项误差对于某些尺寸较大的箱体影响很大。

减少此项误差的方法，除了加强磨削时的冷却措施，还可采用误差补偿方法，图 5-26a 所示为某厂采取的补偿措施，在长箱体安装面两端垫入薄垫片，中间压紧而使上平面呈中凹，以抵消加工中产生的中凸热变形；图 5-26b 所示为数控导轨磨床补偿法，可直接在磨削加工程序中预先编制一条中凸的插补运动曲线，使上平面两端多磨去一些加工余量，有效地减少或消除平面加工误差。当然，此方法也适用于床身导轨面的加工。

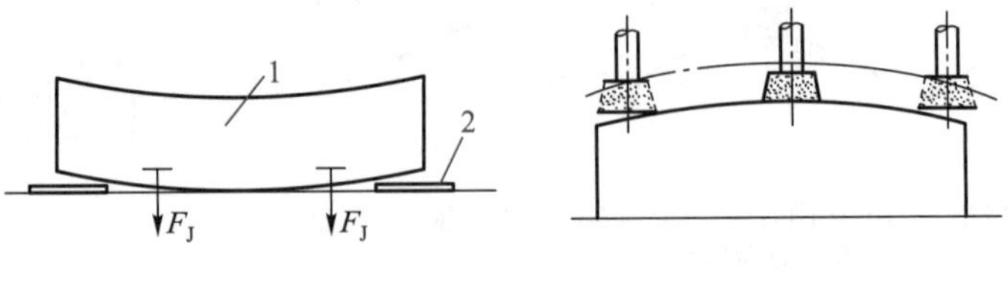

1 2 F_J F_J

(a) 工件装夹反变形补偿法　　(b) 数控插补补偿法

1—工件；2—垫片；F_J—压紧力

图 5-26　减少箱体热变形误差的措施

知识的梳理

本单元介绍了平面和沟槽的加工方法、各加工方法的工艺范围及其特点、各加工方法相应设备(如铣床、刨床及磨床)的结构组成及性能特点,此外还介绍了各加工方法所使用的刀具、铣削加工中常用夹具的使用及平面磨削加工中所存在的问题(如砂轮的修整、砂轮的安装以及零件的热变形)。

平面加工方法主要有铣削加工、刨削加工和磨削加工,经过粗、精铣后,加工件尺寸精度可达到 IT9~IT7,表面粗糙度 Ra 值可达到 3.2~1.6 μm;刨削可分为粗刨和精刨,精刨后的表面粗糙度 Ra 值可达 3.2 ~1.6 μm,两平面之间的尺寸精度可达 IT9~IT7,直线度可达 0.04~0.12 mm/m;一般磨削可获得 IT7~IT5 级精度,表面粗糙度低,磨削中参加工作的磨粒数多,各磨粒切去的切屑少,故可获得较小表面粗糙度 Ra 值可达 1.6~0.2 μm。

思考与练习

5-1 与车削相比,铣削过程有何特点?

5-2 分析 XA6132 型万能升降台铣床的主运动传动链,计算主轴有多少级转速?

5-3 可转位面铣刀刀片是如何定位的?常用的夹固结构有几种形式,各有什么特点?

5-4 铣床主要有哪些类型?各用于什么场合?

5-5 常用铣刀有哪些?各适用于什么场合?

5-6 万能分度头的作用是什么?

5-7 铣一直槽 $z=22$ 的工件,求铣完每一条直槽后,分度手柄应转多少转?

5-8 什么是顺铣?什么是逆铣?试比较其优缺点。

5-9 有一工件表面需要铣削宽度为 20 mm、H9 级精度的直槽(通槽),现有尖齿槽铣刀、直齿三面刃铣刀和键槽铣刀可供选择。选择哪个铣刀加工最合适?为什么?

5-10 立铣刀铣直角槽时应注意哪些问题?

5-11 在牛头刨床上如何加工 T 形槽和燕尾槽?

5-12 刨刀的刀杆做成弯杆的目的是什么?

5-13 试比较刨削加工与铣削加工在加工平面和沟槽时各自的特点。

5-14 平面磨床的类型有哪些?

5-15 如何进行砂轮的修整?

5-16 如何磨削垂直面?

单元六　螺纹的加工

知识要点

1. 通用车床上螺纹的车削加工，攻、套螺纹加工；
2. 常用螺纹加工刀具及螺纹车刀的安装；
3. 螺纹测量方法。

技能目标

1. 掌握通用车床上螺纹加工机床调整及加工过程；
2. 掌握攻、套螺纹加工过程及特点；
3. 了解螺纹精度测量方法。

螺纹是零件上常见的表面之一，它有多种形式，按用途的不同可分为两类：① 紧固螺纹，紧固螺纹用于零件间的固定连接，常用的有普通螺纹和管螺纹等，螺纹牙型多为三角形。② 传动螺纹，传动螺纹用于传递动力、运动或位移，如丝杠和测微螺杆的螺纹等，其牙型多为梯形或锯齿形。

与其他类型的表面一样，螺纹有一定的尺寸精度、几何精度和表面质量的要求。又由于它的用途和使用要求不同，技术要求也有所不同。

对于紧固螺纹和无传动要求的传动螺纹，一般只要求中径、外螺纹的大径、内螺纹的小径的精度。对于普通螺纹的主要要求是可旋入性和连接的可靠性，对于管螺纹的主要要求是密封性和连接的可靠性。

对于有传动精度要求或用于读数的螺纹，除要求中径和顶径的精度外，还要求螺距和牙型角的精度。且对于螺纹的表面粗糙度和硬度也有较高的要求，以保证其传动准确、可靠，螺牙接触良好，并有好的耐磨性。

6.1　螺纹的加工方法

螺纹常用的切削加工方法有车螺纹、铣螺纹、磨螺纹、攻螺纹和套螺纹等，无切削加工方法有搓螺纹和滚螺纹等，特种加工方法有电火花加工和电火花共轭同步回转加工等。本单元主要介绍车螺纹、攻螺纹和套螺纹的加工方法。

6.1.1　通用车床（以 CA6140 为例）上螺纹的车削加工

螺纹可看作一平面图形（如三角形等）绕一柱体做螺旋运动形成的螺旋体，该螺旋体即为螺纹。螺纹车削加工是通过螺纹车刀相对于工件做螺旋运动（工件旋转一周，刀具在其表面沿轴向移动一个导程），刀刃的运动轨迹则形成螺纹表面。在通用车床上进行螺纹车削加工，主轴（工件）的旋转运动是主运动，进给运动是传动链使刀架实现纵向或横向运动。进给运动传动链的两末端件是主轴和刀架，如图 3-4 所示，是内联系传动链，即主轴每转一转，刀具移动一个螺纹导程。其运动平衡式应为：

$$1_{主轴} \times u_x \times Ph_{丝杠} = Ph_{螺纹} \quad (6-1)$$

式中：u_x——机床主轴至丝杠之间的总传动比；

$Ph_{丝杠}$、$Ph_{螺纹}$——分别为车床丝杠和被加工螺纹的导程，在 CA6140 中，$Ph_{丝杠}$ = 12 mm。CA6140 能加工的 4 种螺纹种类的螺距、导程换算关系如表 6-1 所示。表中 k 为螺纹头数。在车削螺纹时，根据螺纹的标准和导程，通过调整传动链实现加工要求。

表 6-1 螺矩、导程换算关系

螺纹种类	螺距参数	螺距/mm	导程/mm
米制	螺距 P/mm	P	$Ph=kT$
模数值	模数 m/mm	$P_m=\pi m$	$Ph_m=kT_m$
英制	每英寸牙数 a/(牙/in)	$P_a=25.4/a$	$Ph_a=kT_a=25.4k/a$
径节制	径节 DP(牙/in)	$P_{DP}=25.4\pi/DP$	$Ph_{DP}=kP_{DP}=25.4k\pi/DP$

1. 车削米制、模数螺纹

传动路线表达式如下：

$$主轴—\left\{\begin{array}{c}(正常螺距)—\frac{58}{58}— \\ (扩大螺距)\ \frac{58}{26}—\frac{80}{20}—\left\{\begin{array}{c}80/20\\50/50\end{array}\right\}—\frac{44}{44}—\frac{26}{58}\end{array}\right\}—\left\{\begin{array}{c}(右螺纹)—33/33— \\ (左螺纹)—33/25—25/33—\end{array}\right\}—$$

$$—\left\{\begin{array}{c}(米制螺纹)63/100—100/75— \\ (模数螺纹)64/100—100/97—\end{array}\right\}—\frac{25}{36}—u_{基}—\frac{25}{36}—\frac{36}{25}—u_{倍}—M_5—丝杠$$

在传动路线中，通过改变挂轮就可以实现米制螺纹与模数制螺纹的加工转换。由传动路线可得加工米制螺纹的运动平衡式，化简后为：

$$1_{主轴} \times 7 \times u_{基}\, u_{倍} = Ph_{螺纹} \quad (6-2)$$

加工模数制螺纹的运动平衡式为：

$$Ph_m = k\pi m = 1 \times \frac{58}{58} \times \frac{33}{33} \times \frac{64}{100} \times \frac{100}{97} \times \frac{25}{36} \times u_{基} \times \frac{25}{36} \times \frac{36}{25} \times u_{倍} \times 12 \quad (6-3)$$

其中，$\frac{64}{100}\times\frac{100}{97}\times\frac{25}{36}\approx 7\pi/48$。化简后为：

$$1_{主轴} \times 7 \times u_{基}\, u_{倍} /(4k) = m \quad (6-4)$$

式中：m——模数制螺纹的模数；

k——模数制螺纹的头数。

2. 车削英制、径节制螺纹

英制螺纹是用每英寸长度上的螺纹牙数表示螺距的，车削英制螺纹时必须

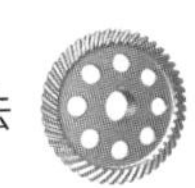

对传动路线进行调整。首先，改变XIII、XIV轴的主从动关系，从而使基本组的传动比变为原来的倒数；其次，在传动链中改变部分传动副的传动比，使之包含特殊因子 25.4。其传动路线表达式如下：

$$\text{主轴}-\left\{\begin{array}{c}(\text{正常螺距})-\dfrac{58}{58}-\\(\text{扩大螺距})\dfrac{58}{26}-\dfrac{80}{20}-\left\{\begin{array}{l}80/20\\50/50\end{array}\right\}-\dfrac{44}{44}-\dfrac{26}{58}\end{array}\right\}-\left\{\begin{array}{l}(\text{右螺纹})-33/33-\\(\text{左螺纹})-33/25-25/33-\end{array}\right\}-$$

$$-\left\{\begin{array}{l}(\text{英制螺纹})63/100-100/75-\\(\text{径节制螺纹})64/100-100/97-\end{array}\right\}-M_3-\frac{1}{u_{\text{基}}}-\frac{36}{25}-u_{\text{倍}}-M_5-\text{丝杠}$$

同理，通过改变挂轮可以实现英制螺纹与径节制螺纹的转换。加工英制螺纹时，其运动平衡式为：

$$Ph_a=\frac{25.4k}{a}=1\times\frac{58}{58}\times\frac{33}{33}\times\frac{63}{100}\times\frac{100}{75}\times\frac{1}{u_{\text{基}}}\times\frac{36}{25}\times u_{\text{倍}}\times 12 \qquad (6-5)$$

式中，$\frac{63}{100}\times\frac{100}{75}\times\frac{36}{25}\approx 25.4/21$。化简后为：

$$1_{\text{主轴}}\times 7ku_{\text{基}}/4u_{\text{倍}}=a \qquad (6-6)$$

式中：a——螺纹每英寸长度上的牙数。

加工径节制螺纹时，运动平衡式为：

$$1_{\text{主轴}}\times 7ku_{\text{基}}/u_{\text{倍}}=DP \qquad (6-7)$$

式中，DP——径节制螺纹的导程主参数（径节数）。

在加工非标准螺纹和精密螺纹时，可将 M_3、M_4、M_5 全部啮合，主轴的运动经过挂轮后，由XII轴、XIV轴、XVII轴直接传给丝杠。被加工螺纹的导程通过调整挂轮的传动比来实现。这时，传动路线缩短，传动误差减小，螺纹精度可以得到较大的提高。其运动平衡式为：

$$1_{\text{主轴}}\times u_{\text{挂}}\times 12=Ph \qquad (6-8)$$

3. 车削螺纹的特点及运用范围

车削螺纹是螺纹加工常用的基本方法，螺纹车刀结构简单，通用性强，可在各类车床上使用。车削螺纹方法可用于加工各种尺寸、牙型和精度要求的非淬火工件的内外螺纹，特别适用于加工大直径、大螺距螺纹，适用范围非常广泛。车削螺纹的加工精度可以达到 GB/T 197—2003 规定的 4~6 级精度，螺纹表面粗糙度 Ra 值可达 0.8~3.2 μm。普通车床上螺纹车削加工的生产效率较低，一般用于单件、小批量生产；但在专用车床或数控机床上可进行螺纹的高速切削加工，适用于大批量生产加工。

微课

用丝锥和板牙切削螺纹

6.1.2 用丝锥和板牙切削螺纹

用丝锥在内孔表面上切削加工内螺纹的方法称为攻螺纹，用板牙在外圆表面上切削加工外螺纹的方法称为套螺纹。攻、套螺纹的加工过程既可以手工完成，也可以在相应机床上完成。通常手动加工效率低，适用于单件、小批量生产；机加工效率较高，适用于中批、大批量生产。例如在普通钻床上、专用多轴攻丝机、自动螺母攻丝机上进行成批大量生产内螺纹；在建筑行业钢筋混凝土施工中梁柱钢筋采用管螺纹连接时，工程现场使用专用套丝机成批加工钢筋外螺纹等。

1. 用丝锥攻螺纹

手动攻螺纹用的工具有丝锥和铰杠，机床上攻螺纹的工具有机用丝锥和保险夹头，丝锥是切削加工刀具，铰杠和保险夹头是刀具的夹持及传力装置。

（1）攻螺纹前底孔直径的确定

对钢和塑性大的材料：

$$D_{孔} = D - P \tag{6-9}$$

对铸铁和塑性小的材料：

$$D_{孔} = D - (1.05 \sim 1.1)P \tag{6-10}$$

式中，$D_{孔}$——螺纹底孔钻头直径，mm；

D——螺纹大径，mm；

P——螺距，mm。

（2）非通孔螺纹攻螺纹前底孔深度确定

$$H_{深} = h_{有效} + 0.7D \tag{6-11}$$

式中，$H_{深}$——底孔深度，mm；

$h_{有效}$——螺纹有效长度，mm；

D——螺纹大径，mm。

（3）攻螺纹工作流程

计算底孔直径（深度）→钻底孔→底孔倒角→选择丝锥→装夹工件→攻内螺纹。

手动攻螺纹时，用一只手的掌心按住扳手中部并沿丝锥轴线下压，用另一只手配合做顺向旋进。攻入一定深度后，两手握住绞杠两端，均匀施加压力，并将丝锥顺时针方向旋进，确保丝锥中心与孔中心线重合，不使其歪斜，并经常倒转1/4~1/2圈断屑，并避免切屑堵塞卡住丝锥。攻非通孔螺纹时，要经常退出丝锥，排除孔中的切屑。当将要攻到孔底时，更应及时排出孔底积屑，以免攻到孔底丝锥被卡住。当螺纹的切削部分全部进入工件时，就不再施加轴向压力。攻螺纹时，必须以头攻、二攻、三攻的顺序攻削至标准尺寸。攻塑性材料的螺孔时，要加切削液，一般用机油或浓度较大的乳化液，要求高的螺孔也可用菜油或二硫化钼等。

2. 用板牙套螺纹

套螺纹的工具有板牙、板牙铰杠和板牙架。板牙是切削刀具，板牙铰杠是手工套螺纹时的辅助传力工具，板牙架是板牙的夹持辅具，通常和扳手做成一体。

（1）套螺纹前圆杆直径的确定

套螺纹前圆杆直径必须要首先计算确定，其计算公式为：

$$d_{杆} = d - 0.13P \tag{6-12}$$

式中，$d_{杆}$——套螺纹前圆杆直径，mm；

d——螺纹大径，mm；

P——螺距，mm。

（2）套螺纹工作流程

圆杆直径计算→选择板牙→装夹工件→套外螺纹。

为使板牙容易对准工件和切入工件，圆杆端部要倒成圆锥斜角为15°~20°的锥体。锥体的最小直径可以略小于螺纹小径，使切出的螺纹端部避免出现锋口和卷边而影响螺母的拧入。起套时，可用一只手的掌心按住扳手中部沿工件轴线下压，另一只手配合做顺向旋进。两手握住扳手两端，均匀施加压力，并将板牙按顺时针方向旋进一段后，再按逆时针旋1/4~1/2圈，避免铁屑阻塞而卡住板牙，并确保板牙中心与工件中心线重合，不使其歪斜。在钢件上套螺纹时要加切削液，以延长板牙的使用寿命，减小螺纹的表面粗糙度。

6.1.3 铣削螺纹

铣削螺纹一般在专门的螺纹铣床上进行，根据所用铣刀形式不同，可分为盘形铣刀或梳形铣刀进行铣削。

（1）盘形铣刀铣削

盘形铣刀主要是用于丝杠、蜗杆等工件的梯形外螺纹的铣削。

（2）梳形铣刀铣削

梳形铣刀主要是用于普通内、外螺纹和锥螺纹的铣削，由于是用多刃铣刀铣削，且其工作部分的长度又大于被加工螺纹的长度，故工件只需要旋转1.25~1.5转就可加工完成，生产率很高。螺纹铣削的螺距精度一般能达8~9级，表面粗糙度 Ra 值为5~0.63μm。这种方法一般在专门的螺纹铣床上进行，生产率较高，适用于成批生产一般精度的螺纹或磨削前的粗加工。

6.1.4 磨削螺纹

磨削螺纹可用于加工生产淬硬工件的精密螺纹，一般是在螺纹磨床上进行。按砂轮截面形状不同它有单线砂轮磨削和多线砂轮磨削之分。

（1）单线砂轮磨削

单线砂轮磨削能达到的螺距精度为5~6级，表面粗糙度 Ra 为1.25~0.08 μm，砂轮修整较方便。这种方法适于磨削精密丝杠、螺纹量规、蜗杆、小批量的螺纹工件和铲磨精密滚刀。

（2）多线砂轮磨削

多线砂轮磨削又分纵磨法和切入磨法两种。纵磨法的砂轮宽度小于被磨螺纹长度，砂轮纵向移动一次或数次行程即可把螺纹磨到最后尺寸。切入磨法的砂轮宽度大于被磨螺纹长度，砂轮径向切入工件表面，工件约转1.25转就可磨好，生产率较高，但精度稍低，砂轮修整比较复杂。切入磨法适于铲磨批量较大的丝锥和磨削某些紧固用的螺纹。

6.1.5 滚压螺纹

用成形滚压模具使工件产生塑性变形以获得螺纹的加工方法，是一种无切削加工方法。螺纹滚压一般在滚丝机、搓丝机或在附装自动开合螺纹滚压头的自动车床上进行，适用于大批量生产标准紧固件和其他螺纹连接件的外螺纹。

滚压螺纹的外径一般不超过 25 mm，长度不大于 100 mm，螺纹精度可达 2 级（GB/T 197—2018），所用坯件的直径大致与被加工螺纹的中径相等。滚压一般不能加工内螺纹，但对材质较软的工件可用无槽挤压丝锥冷挤内螺纹（最大直径可达 30 mm 左右），工作原理与攻丝类似。冷挤内螺纹时所需扭矩约比攻丝大 1 倍，加工精度和表面质量比攻丝略高。按滚压模具的不同，螺纹滚压可分搓丝和滚丝两类。

螺纹滚压的优点：① 表面粗糙度小于车削、铣削和磨削；② 滚压后的螺纹表面因冷作硬化而能提高强度和硬度；③ 材料利用率高；④ 生产率比切削加工成倍增长，且易于实现自动化；⑤ 滚压模具寿命很长。

但滚压螺纹要求工件材料的硬度不超过 40HRC；对毛坯尺寸精度要求较高；对滚压模具的精度和硬度要求也高，制造模具比较困难；不适于滚压牙形不对称的螺纹。

6.2　螺纹的加工刀具

微课
常用螺纹车刀

不同螺纹加工方法所采用的刀具也不尽相同，现针对本章所介绍的常用螺纹加工方法，即车削螺纹、攻螺纹和套螺纹，简要介绍常用螺纹车刀、丝锥和板牙这三种刀具。

6.2.1　常用螺纹车刀

1. 常用螺纹车刀的结构特点和运用场合

螺纹车刀是在车削加工机床上进行螺纹切削加工的一种刀具。螺纹车刀分为内螺纹车刀和外螺纹车刀两大类，有焊接式螺纹车刀、高速钢螺纹车刀、高速钢梳刀、机夹式螺纹车刀及可转位螺纹车刀等，机夹式螺纹车刀目前被广泛使用。机夹式螺纹车刀分刀杆和刀片两部分，刀杆上装有刀垫，用螺钉压紧，刀片安装在刀垫上，刀片又分为硬质合金刀片（用来加工有色金属的刀片，如：铝、铝合金、铜、铜合金等材料），硬质合金涂层刀片（用来加工钢材、铸铁、不锈钢、合金材料等）。各类螺纹车刀的结构特点和运用场合参见表 6-2。

表 6-2　各类螺纹车刀的结构、特点及运用场合

刀具材料	螺纹刀具类型及结构图示			特点与运用
高速钢	平体螺纹车刀	单齿		结构简单，制造容易，刃磨方便，用于单件小批量生产中车削 4~6 级的内、外螺纹
		多齿		用于大批生产中车削 6 级精度的单线、多线外螺纹

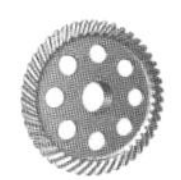

续表

刀具材料	螺纹刀具类型及结构图示			特点与运用
高速钢	棱体螺纹车刀	单齿	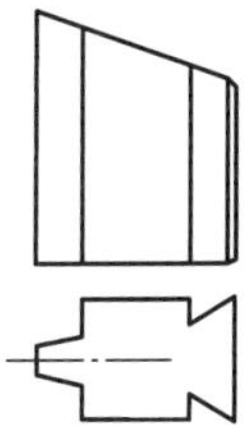	重磨简单，重磨次数较多，用于成批生产中车削4~6级精度的外螺纹
		多齿	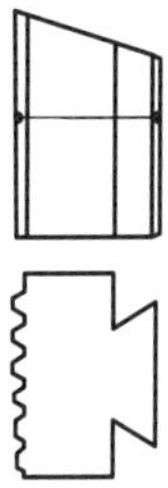	重磨简单，重磨次数较多，用于成批生产中车削6级精度的外螺纹
	圆体螺纹车刀	单齿	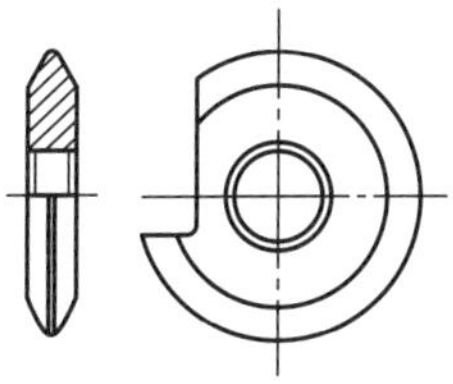	刃磨简单，重磨次数比棱体车刀要多，用于大批生产中车削6级精度的内、外螺纹
		多齿	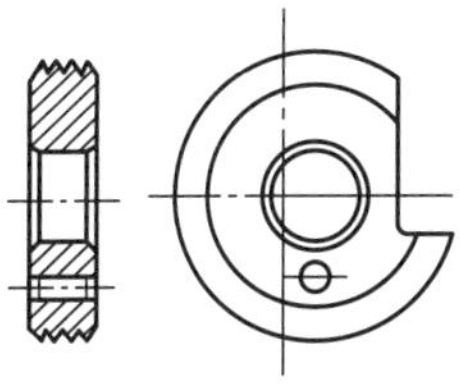	刃磨简单，重磨次数比棱体车刀要多，用于大批生产中车削6级精度的内、外螺纹
硬质合金	焊接式螺纹车刀		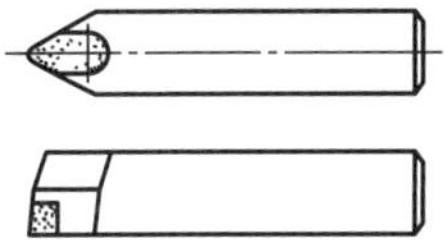	刀具特点与外螺纹车刀相同，制造简单，重磨方便，用于高速切削和强力车削普通螺纹、梯形螺纹
	机械夹固式螺纹车刀		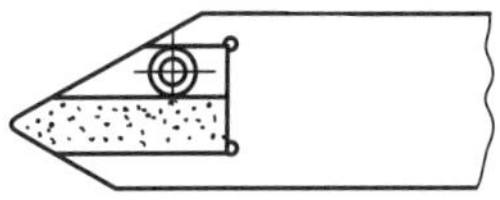	刀片未经加热焊接，寿命长，刀杆可多次使用，可重磨，但不能转位，用于高速车削螺纹

续表

刀具材料	螺纹刀具类型及结构图示		特点与运用
硬质合金	可转位式螺纹车刀	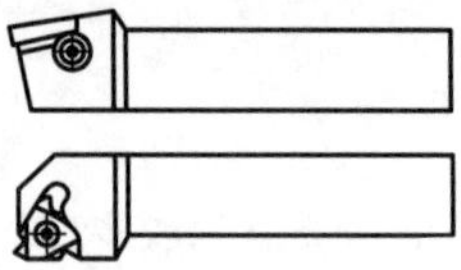 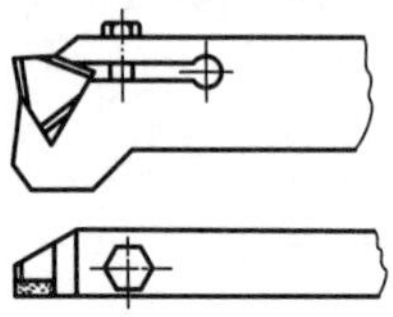	刀具制造复杂，但刀具寿命长，换刃方便，不需对刀，生产效率高。大批生产中用于高速车削普通螺纹

2. 螺纹车刀的几何参数

螺纹车刀的几何参数如图 6-1 所示。

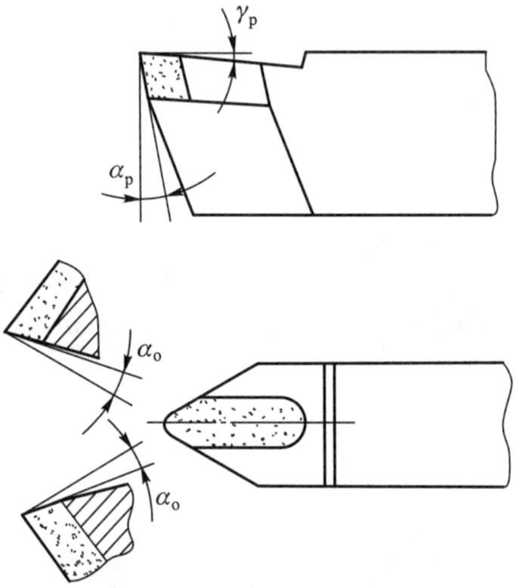

图 6-1　螺纹车刀的几何参数

螺纹车刀几何参数的选择参见表 6-3、表 6-4。

表 6-3　螺纹车刀径向前角 γ_p

螺纹精车刀	螺纹粗车刀		
	车一般结构钢	车有色金属、软钢	车硬材料、高强度材料
0°～5°	10°～15°	15°～25°	-5°～-10°

表 6-4　螺纹车刀顶刃后角 α_p 和侧刃后角 α_o

螺纹车刀材料	顶刃后角 α_p	侧刃后角 α_o
高速钢	4°～6°	3°～5°
硬质合金	3°～5°	2°～4°

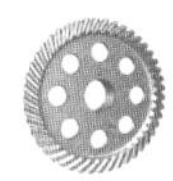

3. 车削螺纹时切削液的选用

采用高速钢车刀车削螺纹时需要使用切削液，具体选用参见表 6-5。

表 6-5 高速钢车刀车削螺纹时常采用的切削液

加工性质	加工材料				
	碳素结构钢	合金结构钢	不锈钢、耐热钢	铸铁、黄铜	纯铜、铝及其合金
粗车螺纹	3%~5%乳化液	1. 3%~5%乳化液 2. 5%~10%极压乳化液	1. 3%~5%乳化液 2. 5%~10%极压乳化液 3. 含硫、磷、氯的切削油	一般不加	1. 3%~5%乳化液 2. 煤油 3. 煤油和矿物油的混合油
精车螺纹	1. 10%~20%乳化液 2. 10%~15%极压乳化液 3. 硫化切削液 4. 75%~90%的 2 号或 3 号锭子油加 25%~10%菜籽油 5. 70%~80%变压器油加 30%~20%氯化石蜡		1. 10%~25%乳化液 2. 15%~20%极压乳化液 3. 煤油 4. 食醋 5. 60%煤油,20%松节油,20%油酸	车削铸铁时通常不加切削液，需要时可加煤油。车削黄铜常不加切削液，必要时加菜籽油	铝及其合金一般不加切削液，必要时加煤油，但不可加乳化液

6.2.2 丝锥

1. 丝锥的材料及种类

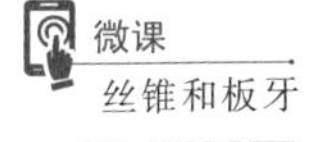

丝锥主要用于加工小孔径的内螺纹。丝锥的材质主要有工具钢、高速钢、硬质合金等。工具钢丝锥只适用于手工攻螺纹和小批量生产的场合，现在已很少使用。钼系高速钢与钨系高速钢相比，钼系高速钢的高硬度碳化物晶粒小，韧性好，用这种材料做刀具可以获得锋利刃口，而且不易崩刃和断裂，所以钼系高速钢作为丝锥材料得到了广泛的应用。硬质合金丝锥主要用于灰口铸铁件、铝合金压铸件、热硬化树脂及高速钢丝锥难以加工硬度在 50 HRC 以上的高硬度钢等，用作丝锥材料的硬质合金以其抗弯强度大的超细晶粒型为主流。切削灰口铸铁件时，硬质合金丝锥的寿命是高速钢丝锥的 10 倍以上。

丝锥种类有不同的分类方法。按使用方法不同，分为手用丝锥和机用丝锥两大类，两者的制造材料不同，基本结构尺寸是相同的。钳工攻螺纹多用手用丝锥，根据螺距的不同，丝锥一般由两支（或三支）组成一套。攻螺纹时，按顺序依次使用，这样有利于切削余量的合理分配。也可以交替使用，进行分段切削，以减小切削阻力。按其用途不同可以分为普通螺纹丝锥、英制螺纹丝锥、圆柱管螺纹丝锥、圆锥管螺纹丝锥、板牙丝锥、螺母丝锥、校准丝锥及特殊螺纹丝锥等。其中普通螺纹丝锥、圆柱管螺纹丝锥和圆锥管螺纹丝锥是常用的三种丝锥。

2. 丝锥的结构组成

丝锥由工作部分和柄部组成，其工作部分实际上相当于开了槽的外螺纹。工作部分包括切削部分和校准部分，丝锥的切削部分呈圆锥形，起主要切削作用;校准部分起修光螺纹和引导丝锥的作用,切削部分磨出锥角。校准部分具有完整的齿形,柄部有方榫,如图 6-2 所示。

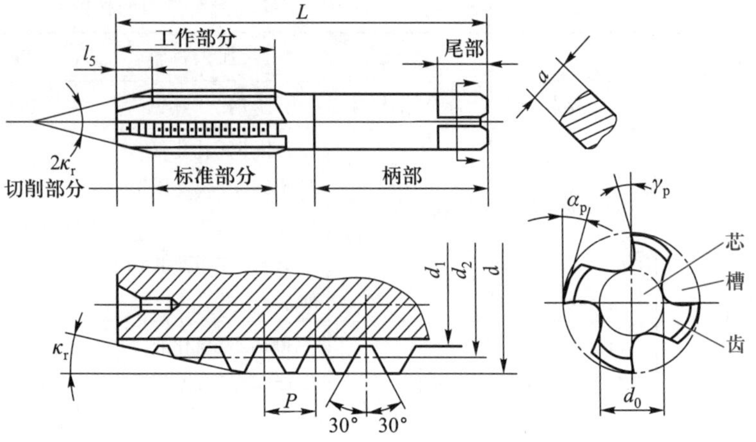

图 6-2　丝锥的结构及参数

常用丝锥的规格尺寸可查阅机械加工工艺手册中螺纹加工的相关内容。

3. 普通螺纹丝锥几何参数的选择

普通螺纹丝锥几何参数主要有前角 γ_p、后角 α_p、主偏角 κ_r 等,选择时可参考机械加工工艺手册螺纹加工中普通螺纹丝锥的相关内容。但在具体选择时应考虑以下基本原则:

① 对于标准丝锥,要满足使用上的广泛性,一般取 $\gamma_p = 8° \sim 10°$,$\alpha_p = 4° \sim 6°$。

② 对于批量和大量生产用的丝锥,其前角、后角应根据被加工材料的类别和具体性质进行选择。

③ 主偏角 κ_r 应根据螺纹的加工精度、表面粗糙度和丝锥类别进行综合选择。加工精度高,主偏角宜选小值。

④ 为保证切屑能顺畅排出,对标准直槽丝锥切削部分可磨出刃倾角 λ_s,一般取 $5° \sim 15°$,这部分的前角为 $12° \sim 15°$。

4. 丝锥的磨钝标准

丝锥的磨损主要发生在切削锥刀刃的后面,通常根据平均磨损量确定磨钝标准,加工 6H 级内螺纹时丝锥的磨钝标准参见表 6-6。

表 6-6　普通螺纹丝锥的磨钝标准　　mm

螺距	1	1.25	1.5	1.75	2	2.5
磨钝标准	0.25	0.35	0.5	0.6	0.6	0.6

6.2.3　板牙的种类及应用范围

板牙是加工外螺纹的工具,常用合金工具钢或高速钢制成。它由切削部分、校准部分和排屑孔组成。圆板牙就相当于一个圆螺母,在它上面钻有几个孔而

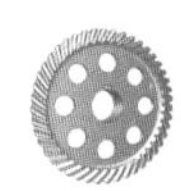

形成切削刃，板牙的外圆柱面上有四个圆锥坑，两个用于将板牙夹持在板牙架内并传递扭矩，另外两个相对板牙中心有些偏移。当板牙磨损后，可沿板牙 V 形槽锯开，拧紧板牙架上的调整螺钉，可使板牙螺纹孔作微量缩小，以补偿磨损的尺寸。板牙的种类及应用范围参见表 6-7。用于加工普通粗牙螺纹圆板牙几何尺寸参见 GB/T 970.1—2008。

表 6-7 板牙的种类及应用范围

名称	简图	应用范围	名称	简图	应用范围
固定式圆板牙		用于加工普通螺纹和锥形螺纹。手动或机床上套螺纹	方板牙		用于扳手手动套螺纹
六角板牙		用方角扳手手动套螺纹	可调式圆板牙		手动或机床上套螺纹
管形板牙		转塔车床和自动车床上套螺纹	钳工板牙		用钳工板牙架手动套螺纹

6.3 螺纹的测量

对于普通螺纹的测量方法主要有单项测量法和综合测量法两种。对于精度要求较高的螺纹需要对螺纹的主要参数进行单项测量，如：单一中径、螺距、牙型半角等。而综合测量是使用螺纹量规对螺纹某些参数进行综合测量，主要控制外螺纹作用中径最大值、单一中径最小值，以及内螺纹作用中径最小值和单一中径最大值，可见采用螺纹量规测量体现了螺纹中径合格判断的基本原则。采用螺纹量规进行综合测量螺纹精度方法简单、方便，符合普通螺纹的精度测量要求，目前普遍运用于生产检验和验收过程中。普通螺纹的基本牙型和参数定义如表 6-8 所示。

表 6-8 普通螺纹的基本牙型和参数定义(GB/T 192—2003、GB/T 14791—1993)

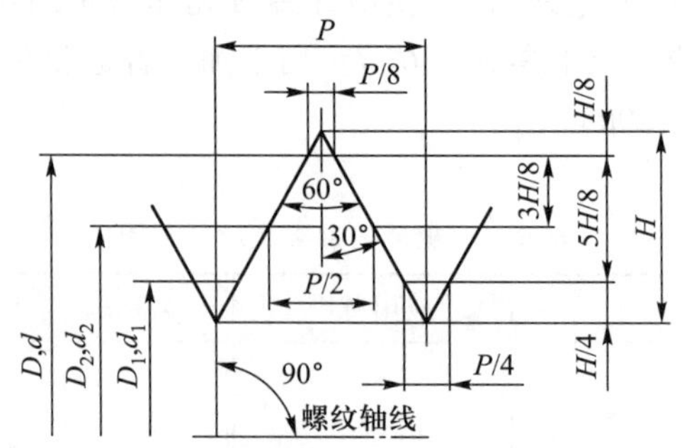

术语	代号	定　义
中径	D_2、d_2	一假想圆柱(中径圆柱)的直径,该圆柱的母线通过牙型上沟槽和凸起宽度相等的地方。D_2 用于内螺纹,d_2 用于外螺纹
单一中径		一假想圆柱的直径,该圆柱的母线通过牙型上沟槽宽度等于 1/2 基本螺距的地方
螺距	P	相邻两牙在中径线上对应两点间的轴向距离
大径	D、d	与外螺纹牙顶或内螺纹牙底相切的假想圆柱直径。D 用于内螺纹,d 用于外螺纹
小径	D_1、d_1	与外螺纹牙底或内螺纹牙顶相切的假想圆柱直径。D_1 用于内螺纹,d_1 用于外螺纹
导程	Ph	同一条螺旋线上的相邻两牙在中径线上对应两点间的轴向距离
牙型角	α	在螺纹牙型上,两相邻牙侧间的夹角
牙型半角	$\alpha/2$	牙型角的一半
螺纹升角	φ	在中径圆柱上,螺旋线的切线与垂直于螺纹轴线平面的夹角

6.3.1 单项测量法

1. 用量针法检测螺纹单一中径

用量针法测量单一中径是一种精度较高的测量方法,有三针、双针和单针法。一般多用三针测量法,双针适用于测量扣数少的止端螺纹塞规,单针法适用于测量直径大于 50 mm 的大尺寸螺纹。三针测量法如图 6-3 所示,是将三根相同的量针分别放在螺纹两侧的牙槽中,测出 M 值后,计算出中径 d_2,测量多线螺纹时,量针应置于同一条螺旋线的牙槽中。为减少牙型半角误差对测量中径的影响,应选择最合适的量针直径 d_0,其计算公式为:

$$d_0=P/[2\cos(\alpha/2)] \tag{6-13}$$

量针法测量螺纹中径的计算公式见表 6-9。

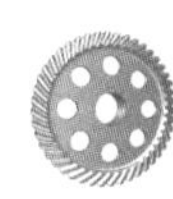

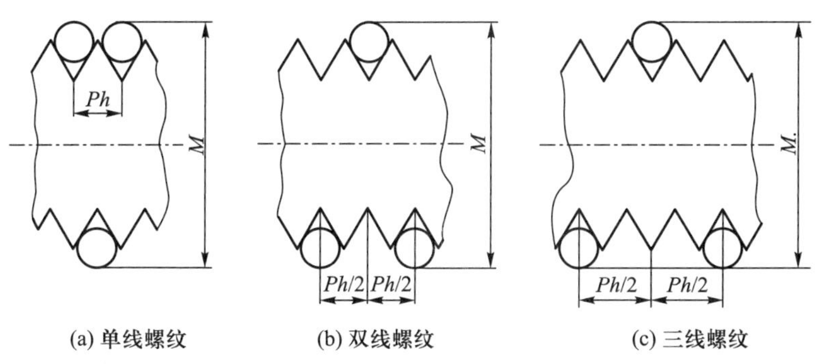

图 6-3 三针法测量外螺纹单一中径

表 6-9 量针法测量螺纹中径的计算公式 mm

测量方法	三针量法	双针量法	单针量法
简图	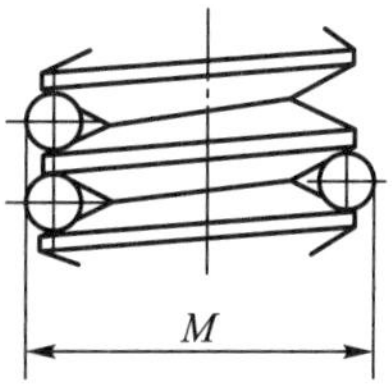	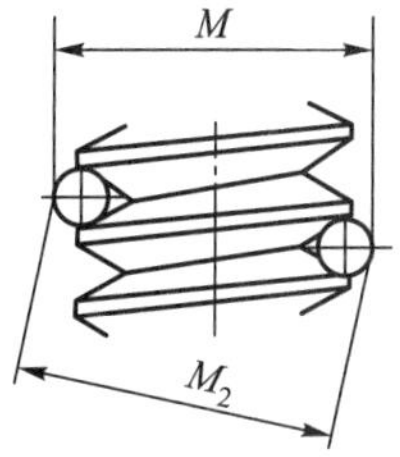	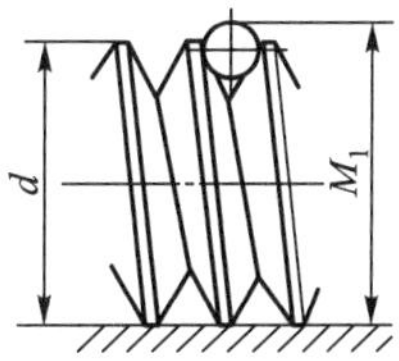
通用公式	$d_2=M-d_0\left(1+\dfrac{1}{\sin\dfrac{\alpha}{2}}\right)+\dfrac{P}{2}\cot\dfrac{\alpha}{2}$	$d_2=M-d_0\left(1+\dfrac{1}{\sin\dfrac{\alpha}{2}}\right)-\dfrac{P^2}{8(M_2-d_0)}+\dfrac{P}{2}\cot\dfrac{\alpha}{2}$	$d_2=2M_1-d-d_0\left(1+\dfrac{1}{\sin\dfrac{\alpha}{2}}\right)+\dfrac{P}{2}\cot\dfrac{\alpha}{2}$
$\alpha=60°$	$d_2=M-A_1$	$d_2=M-A_1-\dfrac{P^2}{8(M_2-d_0)}$	$d_2=2M_1-A_1-d$
$\alpha=55°$	$d_2=M-A_2$	$d_2=M-A_2-\dfrac{P^2}{8(M_2-d_0)}$	$d_2=2M_1-A_2-d$
$\alpha=30°$	$d_2=M-A_3$	$d_2=M-A_3-\dfrac{P^2}{8(M_2-d_0)}$	$d_2=2M_1-A_3-d$
$\alpha=29°$	$d_2=M-A_4$	$d_2=M-A_4-\dfrac{P^2}{8(M_2-d_0)}$	$d_2=2M_1-A_4-d$

注：P—螺距；$\alpha/2$—牙型半角（°）；d_0—量针直径；M、M_2—量针外圆柱母线的测量值，M_2 取在数值最大方向的值；M_1—在螺纹横截面内互相垂直方向上两次测量值的平均值；d—螺纹大径的实际尺寸；$A_1=3d_0-0.8660P$；$A_2=3.1657d_0-0.9605P$；$A_3=4.8637d_0-1.8660P$；$A_4=4.9939\ d_0-1.9334P$。

表 6-9 中螺纹中径测量计算公式没有考虑量针直径的偏差、螺纹升角、测量力对测量结果造成的影响，因此需要对以上计算结果进行修正。另外，对于大直径螺纹测量时，为避免或减小螺纹自身重量对测量结果的影响，应采用立式安装

进行检测。

2. 工具显微镜上测量外螺纹参数方法简介

工具显微镜上测量外螺纹参数方法主要有影像法、轴切法和干涉法。影像法也称投影法,是通过瞄准螺纹牙型,利用工具显微镜沿着螺旋线方向投影出牙廓的清晰影像,从而测量螺纹中径和牙型半角的方法。轴切法是使测量刀的刀刃与被测螺纹牙廓密合,通过瞄准量刀的刻线来测量轴切面内的螺纹参数的方法。干涉法是通过调整显微镜光路在目镜视场获得牙廓外缘的一组干涉条纹,从而检测螺纹中径、螺距和牙型半角的方法。

内螺纹单项参数测量方法目前还不够完善,特别是对牙型半角的测量更缺乏有效的方法,中径和螺距虽能进行测量,但与外螺纹单项参数测量方法相比,测量精度较低。

6.3.2 综合测量

普通螺纹的综合测量是使用螺纹量规对螺纹参数进行综合检测,检测内螺纹的量规叫作螺纹塞规,检测外螺纹的量规叫作螺纹环规。螺纹量规分通规和止规,都是按泰勒原则设计制造的,通规用来检测被测螺纹的作用中径,同时也可以检测螺纹的底径,合格的螺纹应能旋合通过。因此,通规是模拟被测螺纹的最大实体牙型,并具有完全牙型,其长度等于被测螺纹的旋合长度。止规用于检测被测螺纹的单一中径,采用截短牙型,为避免被测螺纹螺距偏差和牙型角偏差的影响,其螺纹圈数也很少。止规只允许与被测螺纹两端旋合,旋合量一般不超过两个螺距。对于被测内螺纹的小径可采用光滑极限塞规进行检测,被测外螺纹的大径可用光滑极限卡规进行检测。

螺纹量规根据使用性能可分为工作螺纹量规、校对螺纹量规和验收螺纹量规。工作螺纹量规和部分校对螺纹量规的名称、代号、功能、特征及使用规则见表 6-10。

表 6-10 螺纹量规的名称、代号、功能、特征及使用规则(GB/T 3934—2003)

螺纹量规的名称	代号	功能	特征	使用规则
通端螺纹塞规	T	检查工件内螺纹的作用中径和大径	完整的外螺纹牙型	应与工件内螺纹旋合通过
止端螺纹塞规	Z	检查工件内螺纹的单一中径	截短的外螺纹牙型	允许与工件内螺纹两端部分旋合,旋合量不超过两个螺距。对于三个或少于三个螺距的工件内螺纹,不应完全旋合通过
通端螺纹环规	T	检查工件外螺纹的作用中径和小径	完整的内螺纹牙型	应与工件外螺纹旋合通过

续表

螺纹量规的名称	代号	功能	特征	使用规则
止端螺纹环规	Z	检查工件外螺纹的单一中径	截短的内螺纹牙型	允许与工件外螺纹两端部分旋合，旋合量不超过两个螺距。对于三个或少于三个螺距的工件外螺纹，不应完全旋合通过
校通—通螺纹塞规	TT	检查新的通端螺纹环规的工作中径	完整的外螺纹牙型	应与新的通端螺纹环规旋合通过
校通—止螺纹塞规	TZ	检查新的通端螺纹环规的单一中径	截短的外螺纹牙型	允许与新的通端螺纹环规两端部分旋合，但旋合量不超过一个螺距
校通—损螺纹塞规	TS	检查使用中的通端螺纹环规的单一中径	截短的外螺纹牙型	允许与通端螺纹环规两端部分旋合，但旋合量不超过一个螺距
校止—通螺纹塞规	ZT	检查新的止端螺纹环规的单一中径	完整的外螺纹牙型	应与新的止端螺纹环规旋合通过
校止—止螺纹塞规	ZZ	检查新的止端螺纹环规的单一中径	完整的外螺纹牙型	允许与新的止端螺纹环规两端部分旋合，但旋合量不超过一个螺距
校止—损螺纹塞规	ZS	检查使用中的止端螺纹环规的单一中径	完整的外螺纹牙型	允许与止端螺纹环规两端部分旋合，但旋合量不超过一个螺距

6.4 螺纹加工实例

例：现需加工一零件，具体要求如图 6-4 所示，零件材料是 45 钢，试在 CA6140 车床上加工出此零件。

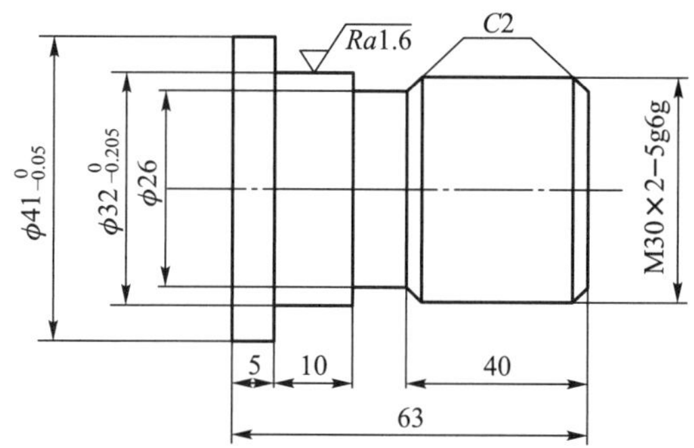

注：1. 未注倒角处小于C0.5；
2. 未注公差按IT12加工。

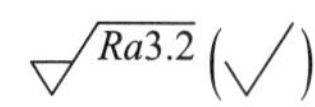

图 6-4　螺纹加工例图

首先，应进行零件分析，确定毛坯形式并下料；其次，应拟出工艺方案；然后完成螺纹加工前各道工序；最后，调整机床进行螺纹加工。此处调整机床加工螺纹前的分析、方案确定及各道工序的完成不再赘述，仅对机床的调整和螺纹的切削加工加以分析。

车床 CA6140 车削螺纹时的传动路线如 6.1.1 节所述。

1. 车螺纹时传动路线中齿轮的搭配计算

根据式 6-1 得：

$P_{螺纹}=58/58\times33/33\times63/100\times100/75\times25/36\times u_{基}\times25/36\times36/25\times u_{倍}\times M_5\times P_{丝杠}=63/75\times25/36\times(6.5/7,1,8/7,9/7,9.5/7,10/7,11/7,12/7)\times(1/8,1/4,1/2,1)\times12$

可加工 21 种不同螺距米制螺纹，具体 CA6140 车床车削普通公制螺纹见表 6-11。

由此可见，本例中的螺纹加工机床传动路线是：

主轴—58/58—33/33—挂轮(63/100—100/75)—25/36—$u_{基3}$(32/28)—25/36—36/25—$u_{倍2}$(28/35—15/48)—M_5—$P_{丝杠}$。

按照以上传动路线进行机床的调整。

表 6-11　CA6140 型卧式车床车削普通公制螺纹螺距值　mm

$u_{倍}$	$u_{基}$							
	$\frac{26}{28}$	$\frac{28}{28}$	$\frac{32}{28}$	$\frac{36}{28}$	$\frac{19}{14}$	$\frac{20}{14}$	$\frac{33}{21}$	$\frac{36}{21}$
$\frac{18}{45}\times\frac{15}{48}=\frac{1}{8}$	—	—	1	—	—	1.25	—	1.5
$\frac{28}{35}\times\frac{15}{48}=\frac{1}{4}$	—	1.75	2	2.25	—	2.5	—	3
$\frac{18}{45}\times\frac{35}{28}=\frac{1}{2}$	—	3.5	4	4.5	—	5	5.5	6
$\frac{28}{35}\times\frac{35}{28}=1$	6.5	7	8	9	—	10	11	12

2. 螺纹车刀的装夹

选择合适的螺纹车刀，本例选 60°高速钢外螺纹车刀。装夹车刀时，刀尖位置应对准工件中心。车刀刀尖角的对称中心线必须与工件轴线垂直，装刀时可用样板来对刀，如果车刀装歪，就会产生牙型歪斜。刀头伸出不要过长，一般为 20~25 mm(约为刀杆厚度的 1.5 倍)。

3. 车削螺纹

手动掌握中刻度盘(吃刀深度)，车出一条有痕螺旋线，到螺纹退刀槽时退刀(收尾在 2/3 圈之内)，用钢直尺或螺纹规检查螺距。检查无误后，采用直进法车削螺纹，此时螺纹车刀刀尖及左右两侧刀刃都参加切削工作。每次切削由中滑板做径向进给，随着螺纹深度的加深，切削深度相应减小，这种切削方法操作简单,可以得到比较正确的牙型,适用于螺距小于 2.5 mm 和脆性材料的螺纹切削。

车削螺纹时,尽可能采用倒顺车的方法,避免乱牙,而且必须加切削液,粗车螺纹时可采用乳化液,精车螺纹时可采用硫化切削液。也可采用浓度为 75%~90%的 2 号或 3 号锭子油加 10%~25%的菜籽油。

4. 检验螺纹

按照图样要求,采用综合螺纹精度检测法进行检测。

知识的梳理

本单元介绍了螺纹常用的加工方法以及螺纹精度检测方法,螺纹的切削加工方法有车螺纹、铣螺纹、磨螺纹、攻螺纹、套螺纹、搓螺纹和滚螺纹等;特种加工方法有电火花加工和电火花共轭同步回转加工等。本单元主要介绍车削、攻、套螺纹的加工。普通螺纹的测量方法主要有单项测量法和综合测量法两种,对于精度要求较高的螺纹需要对螺纹的主要参数进行单项测量,而综合测量是使用螺纹量规对螺纹某些参数进行综合测量,综合测量方法简单、方便,符合普通螺纹的精度测量要求,目前普遍运用于生产检验和验收过程中。

思考与练习

6-1 简述螺纹加工方法的特点及其应用场合。

6-2 攻螺纹时,螺纹底孔直径是否等于螺纹的小径?为什么?

6-3 计算 M5、M10×1.5 螺孔底径,并试选钻头。

6-4 套 M10 螺纹时,计算圆杆直径的大小。端部倒角的目的是什么?

6-5 在 CA6140 型卧式车床上可加工哪四种螺纹?试分别写出其传动链表达式。

6-6 丝锥攻螺纹的一般工艺步骤是什么?板牙套螺纹的一般工艺步骤是什么?

6-7 螺纹车刀的安装方法及各自特点是什么?

6-8 螺纹精度测量方法有哪几种?各自特点及适用场合是什么?

单元七　齿轮的齿形加工

知识要点

1. 齿形加工方法分类；
2. 成形法和展成法的加工原理及特点；
3. 滚齿和插齿的加工原理、刀具类型及加工特点；
4. 齿轮加工机床的分类和加工范围；
5. 滚齿加工机床、齿轮滚刀及滚齿加工的应用；
6. 插齿加工机床、插齿刀及插齿加工的应用；
7. 其他齿形加工方法；
8. 齿形精度检测；
9. 齿轮加工工艺编制。

技能目标

1. 掌握成形法和展成法的加工原理及特点；
2. 掌握滚齿和插齿的加工原理、刀具类型及加工特点；
3. 了解齿轮加工机床的分类和加工范围；
4. 了解齿形精度检测的常用方法；
5. 掌握齿轮加工工艺的编制。

在机械产品中，齿形零件有多种类型，根据应用类型分为内外圆柱齿轮、锥齿轮、蜗轮、蜗杆、各种齿形的花键、链轮等，根据齿线形状可以分为摆线、渐开线、圆弧线齿轮，根据结构形状可分为盘类齿轮、套类齿轮、轴类齿轮、扇形齿轮、齿条等，其中，盘类齿轮应用最广。

7.1　齿形加工方法

7.1.1　齿形加工方法概述

微课
齿形加工方法

齿轮的加工可分为齿坯加工和齿形加工两个阶段。齿轮的齿坯属盘类零件，通常经车削和磨削加工完成。

齿形加工指的是具有各种齿形形状的零件的加工。按照有无切屑的产生，齿形加工方法可分为无切削加工和切削加工两类。

1. 无切削加工

齿形的无切削加工方法有铸造、热轧、冷挤、注塑等方法。无切削加工具有生产率高、材料消耗小和成本低等优点。

2. 切削加工

对于有较高传动精度要求的齿轮来说，切削加工仍是目前主要的加工方法，通常要通过切削和磨削加工来获得所需的齿轮精度。根据所用的加工装备不同,齿形的切削加工有铣齿、滚齿、插齿、刨齿、剃齿、磨齿、珩齿等多种方法。

7.1.2 齿形加工方法的分类

按齿轮齿形(齿廓)的成形原理不同,切削加工方法又可分为成形法和展成法两种。

1. 成形法

(1) 成形原理

成形法是利用与被加工齿轮齿槽法面截形相一致的刀具,在齿坯上加工出齿形。成形法加工齿轮的方法有铣齿、拉齿、插齿及成形法磨齿等,其中最常用的方法是在普通铣床上用成形铣刀铣削齿形(铣齿)。如图 7-1 所示,铣削时工件安装在万能分度头上,盘形铣刀安装在卧式铣床的主轴上,指状铣刀安装在立铣的主轴上。铣刀对工件进行切削加工时,工作台带动工件做直线进给运动,加工完一个齿槽后将工件分度转过一个齿,再加工另一个齿槽,依次加工出所有齿形。

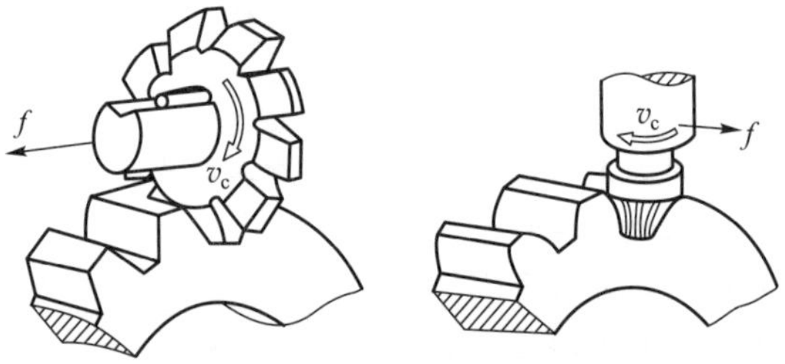

图 7-1 圆柱齿轮的成形铣削

(2) 成形刀具

成形法铣削齿轮所用的刀具有盘形齿轮铣刀和指状铣刀。前者适用于中小模数(m<8 mm)的直齿、斜齿圆柱齿轮,后者适于加工大模数(m≥8 mm)的直齿、斜齿齿轮,特别是人字齿轮。由于同一模数的齿轮齿数不同,齿形曲线也不相同,为了加工出准确的齿形,就需要备有数量很大的齿形不同的齿轮铣刀,这是不经济的。为减少刀具的数量,同一模数的齿轮铣刀按其所加工的齿数通常制成 8 把或 15 把一套,每种铣刀用于加工一定齿数范围的一组齿轮。表 7-1 为 8 把一套的盘形齿轮铣刀刀号及加工齿数范围。表 7-2 为 15 把一套的指状铣刀刀号及其加工齿数的范围。

表 7-1 8 把一套模数铣刀刀号及其加工齿数的范围

模数铣刀刀号	1	2	3	4	5	6	7	8
加工齿数范围	12~13	14~16	17~20	21~25	26~34	35~54	55~134	135 以上

表 7-2 15 把一套模数铣刀刀号及其加工齿数的范围

模数铣刀刀号	1	1.5	2	2.5	3	3.5	4	4.5
加工齿数范围	12	13	14	15~16	17~18	19~20	21~22	23~25
模数铣刀刀号	5	5.5	6	6.5	7	7.5	8	
加工齿数范围	26~29	30~34	35~41	42~54	55~79	80~134	135 以上	

每种刀号的齿轮铣刀刀齿形状均按加工齿数范围中最少齿数的齿形设计。所以,在加工该范围内其他齿数的齿轮时,会产生一定的齿形误差。

当加工斜齿圆柱齿轮且精度要求不高时,可以借用加工直齿圆柱齿轮的铣刀,但此时铣刀的刀号应按照法向截面内的当量齿数 z_d 来选择。斜齿圆柱齿轮的当量齿数 z_d 可按下式求出:

$$z_d=\frac{z}{\cos^3\beta} \tag{7-1}$$

式中,z——斜齿圆柱齿轮的齿数;

β——斜齿圆柱齿轮的螺旋角。

(3) 成形法铣齿的加工特点及其应用

① 加工精度低　由于成形铣刀存在原理性齿形误差,刀具、工件存有安装误差和分度误差,故成形法铣齿加工精度一般为 9~11 级。(原理性齿形误差是指采用近似的刀具刃廓或近似的成形运动轨迹加工工件所产生的误差,正是此误差使铣齿的精度低。)

② 生产成本低　由于模数铣刀结构简单,制造容易,所以成本低。

③ 生产率低　由于每铣一个齿槽均需重复进行切入、切出、退刀和分度,辅助时间长,所以效率低。

④ 主要用于单件、小批生产及精度要求不高的齿轮加工。

2. 展成法

展成法又称滚切法,是利用工件和刀具做展成切削运动进行加工的方法。

(1) 展成原理

展成法加工齿形的原理是利用齿轮副的啮合运动实现齿廓的切削。原理的实现是将齿轮副中的一个齿轮制成具有切削能力的齿轮刀具,另一个齿轮换成待加工的齿坯,由专用的齿轮加工机床提供和实现齿轮副的啮合运动。这样,在齿轮刀具与齿坯的啮合运动中进行切削,齿坯将逐渐展成渐开线齿廓,如图 7-2 所示。

图 7-2a 所示为齿廓的展成过程,齿条刀具与齿坯的啮合运动,即齿条刀具沿着齿坯滚动(在分度圆上做无相对滑移的纯滚动),随着齿条刀具的刀刃不断变更位置而逐层切除齿坯金属,在齿坯上生成齿廓。图 7-2b 所示为生成的齿廓,可以看出,刀刃的切削线与生成线相切并逐点接触,齿廓的生成线是切削线的包络线。

(2) 齿形的展成加工方法

齿形的展成加工方法有滚齿、插齿、剃齿、珩齿、磨齿等。滚齿和插齿是展成

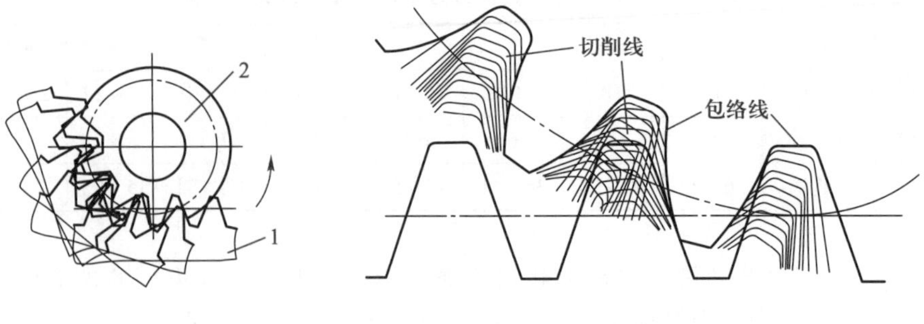

切削线
包络线

(a) 展成过程　　(b) 生成齿廓

1—齿轮刀具；2—齿坯

图 7-2　齿廓展成原理

法加工齿形中最常见的两种方法。各种方法所用的齿轮刀具和切削运动均不相同，如图 7-3 所示。

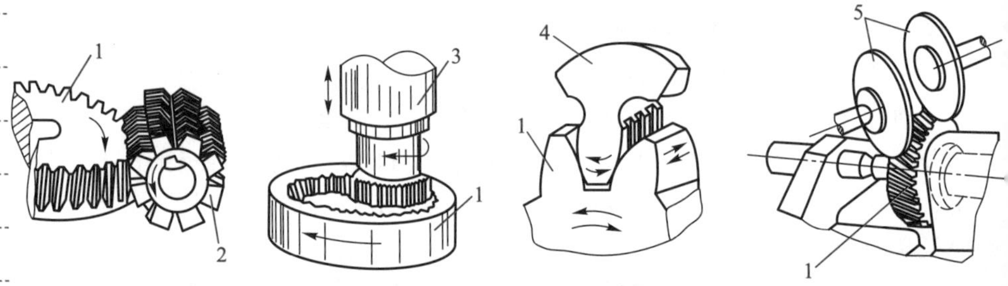

(a) 滚齿　　(b) 插齿　　(c) 剃齿　　(d) 磨齿

1—工件；2—齿轮滚刀；3—插齿刀；4—剃齿刀；5—砂轮

图 7-3　常用的齿面展成加工方法

滚齿和插齿的经济加工精度等级为 7 级，对于精度高于 7 级的或齿面需要淬火处理的齿轮，在滚齿和插齿后，还须进行齿面的精加工。对于不淬硬的齿面，可用剃齿作精加工；对于已淬火的齿面，可用珩齿（替代剃齿）或窄齿作精加工。

（3）展成法加工齿面的特点

① 展成法是按照齿轮副啮合原理加工齿面的，不存在原理性的齿形误差，因此加工精度较高。

② 一把齿轮刀具可以加工与它模数相同、齿形角相等的不同齿数的齿轮。

③ 需要专用的齿轮加工机床。

微课
齿轮加工机床的分类和加工范围

7.2　齿轮加工机床的分类和加工范围

按照被加工齿轮种类不同，齿轮加工机床可分为圆柱齿轮加工机床和锥齿轮加工机床两大类。圆柱齿轮加工机床主要有滚齿机、插齿机等；锥齿轮加工机床有加工直齿锥齿轮的刨齿机、铣齿机、拉齿机和加工弧齿锥齿轮的铣齿机等。另外，用来精加工齿轮齿面的机床有珩齿机、剃齿机和磨齿机等。滚齿机上除可以加工直齿、斜齿外圆柱齿轮外，也可以加工蜗轮、链轮；插齿机适于加工内外啮合的圆柱直齿轮、多联齿轮、齿条、扇形齿轮等。常见的齿形切削加工方法的加工精度和适用范围见下表7-3。

表7-3 常见的齿形切削加工方法的加工精度和适用范围

齿形加工方法		刀具	机床	加工精度及适用范围
成形法	成形铣齿	模数铣刀	铣床	加工精度及生产率均较低，一般精度为9级以下
	拉齿	齿轮拉刀	拉床	精度和生产率均较高，但拉刀多为专用，制造困难，价格高，故只在大量生产时用，宜于拉内齿轮
展成法	滚齿	齿轮滚刀	滚齿机	通常加工6~10级精度齿轮，最高能达4级，生产率较高，通用性大，常用以加工直齿、斜齿外啮合圆柱齿轮和蜗轮
	插齿	插齿刀	插齿机	通常能加工7~9级精度齿轮，最高能达6级，生产率较高，通用性大，适于加工内外啮合齿轮、扇形齿轮、齿条等
	剃齿	剃齿刀	剃齿机	能加工5~7级精度齿轮，生产率高，主要用于齿轮滚插预加工后、淬火前的精加工
	冷挤齿轮	挤轮	挤齿机	能加工6~8级精度齿轮，生产率比剃齿高，成本低，多用于齿形淬硬前的精加工，以代替剃齿，属于无屑加工
	珩齿	珩磨轮	珩齿机或剃齿机	能加工6~7级精度齿轮，多用于经过剃齿和高频淬火后，齿形的精加工
	磨齿	砂轮	磨齿机	能加工3~7级精度齿轮，生产率较低，加工成本较高，多用于齿形淬硬后的精密加工

7.3 滚齿加工

7.3.1 滚齿的加工原理及特点

滚齿加工过程实质上是一对交错轴螺旋齿轮的啮合传动过程。如图7-4所示，其中一个斜齿圆柱齿轮齿数较少（通常只有一个），螺旋角很大（近似90°），

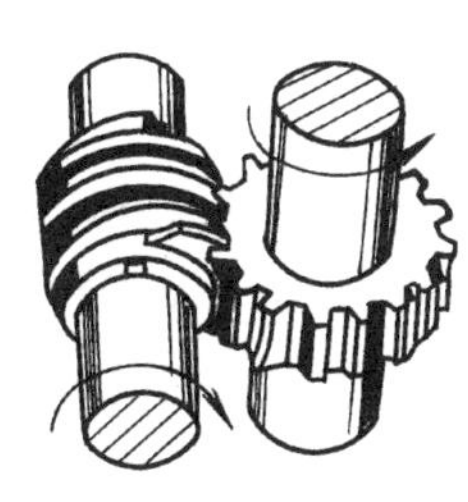
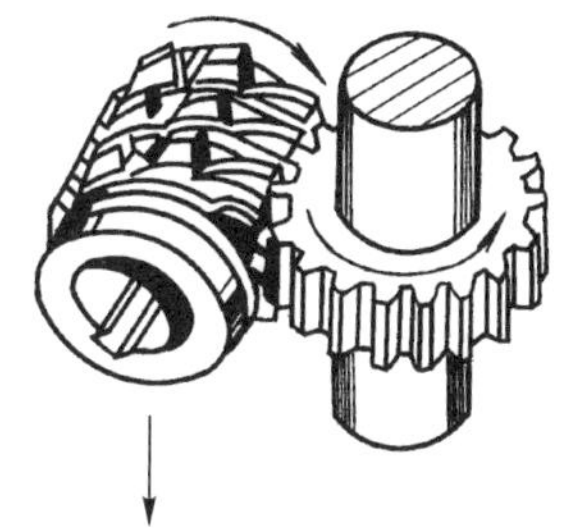

图7-4 滚齿加工原理

齿很长，因而变成为一个蜗杆（称为滚刀的基本蜗杆）状齿轮。该齿轮经过开容屑槽、磨前后面，做出切削刃，就形成了滚齿用的刀具，称为齿轮滚刀。用该刀具与被加工齿轮按啮合传动关系做相对运动就实现了齿轮滚齿加工。

滚齿加工过程如图 7-5 所示。当滚刀旋转时，在其螺旋线的法向剖面内的刀齿，相当于一个齿条做连续移动。根据啮合原理，其移动速度与被切齿轮在啮合点的线速度相等，即被切齿轮的分度圆与该齿条的节线做纯滚动。由此可知，滚齿时，滚刀的转速与齿坯的转速必须严格符合如下关系：

$$\frac{n_{刀}}{n_{工}}=\frac{z_{工}}{K} \tag{7-2}$$

式中：$n_{刀}$、$n_{工}$——分别为滚刀和工件的转速，r/min；

$z_{工}$——工件的齿数；

K——滚刀的头数。

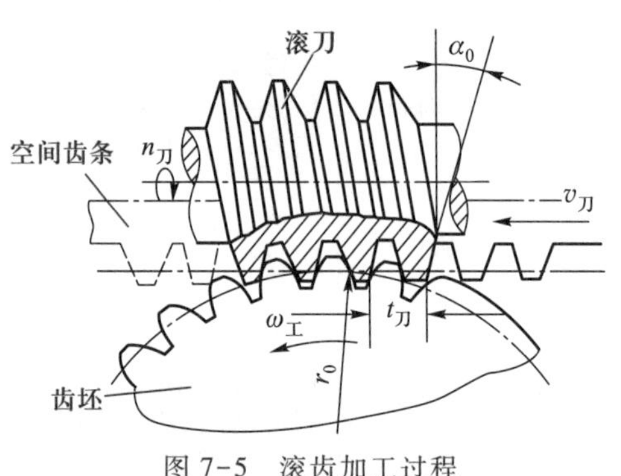

图 7-5　滚齿加工过程

显然，滚刀的旋转运动与工件的旋转运动之间是一个具有严格传动关系的内联系传动链，这一传动链是形成渐开线齿形的传动链，称为展成运动传动链。

滚齿加工一般具有如下特点：

① 滚齿是齿形加工中生产率较高、应用最广的一种加工方法。滚齿加工是连续分度，连续切削，无空行程损失，加工生产率高。滚齿的通用性较好，用一把滚刀可加工模数相同而齿数和螺旋角不同的直齿和斜齿齿轮。滚齿法还可用于加工蜗轮。滚齿的加工尺寸范围也较大，从仪器仪表中的小模数齿轮到矿山和化工机械中的大型齿轮都广泛采用滚齿加工。

② 滚齿既可用于齿形的粗加工，也可用于精加工。滚齿加工精度一般为 6~9 级，对于 8、9 级精度齿轮，滚齿后可以直接得到，对于 7 级精度以上的齿轮，通常滚齿可作为齿形的粗加工或半精加工。当采用 AA 级齿轮滚刀和高精度滚齿机时，可直接加工出 7 级精度以上（最高可达 4 级）的齿轮。

③ 滚齿加工时，齿面是由滚刀的刀线包络而成，由于同时参加切削的刀齿数有限，工件齿面的表面质量不高。为提高加工精度和表面质量，宜将粗、精滚齿分开。精滚齿的加工余量一般为 0.5~1 mm，且应取较高的切削速度和较小的进给量。

滚齿加工主要用于直齿、斜齿圆柱齿轮、蜗轮的加工，不能加工多联齿轮和内齿轮。

7.3.2 滚齿加工的应用

1. 直齿圆柱齿轮加工

由滚齿原理分析可知，滚切直齿圆柱齿轮时所需的加工运动包括形成渐开线的展成运动，其中滚刀的旋转运动是滚齿加工的主运动，工件的旋转运动是圆周进给运动，除此之外，还有切出全齿高所需的径向进给运动和切出全齿长所需的垂直进给运动。如图 7-6 所示，展成运动由滚刀的旋转运动 B_{11} 和工件的旋转运动 B_{12} 组成；垂直进给运动是由机床带动滚刀沿工件轴向的运动 A_2；径向进给运动是工作台带动工件沿工件径向的运动。

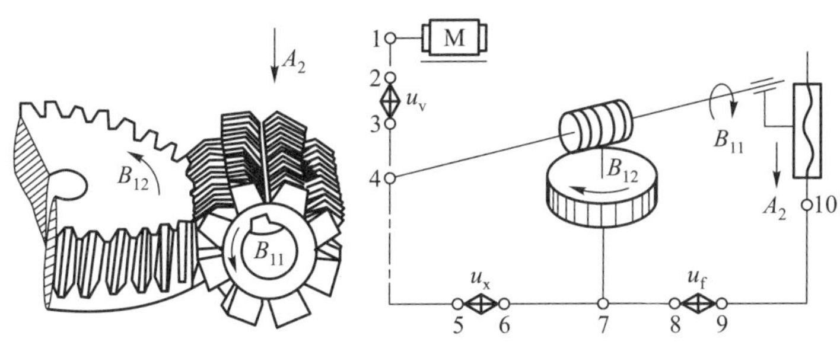

图 7-6　滚切直齿圆柱齿轮的传动原理图

① 展成运动传动链　联系滚刀主轴旋转和工作台旋转的传动链（刀具—4—5—u_x—6—7—工作台）为展成运动传动链，由它保证工件和刀具之间严格的运动关系。其中换置机构 u_x 用来适应工件齿数和滚刀线数的变化。这是一条内联系传动链，它不仅要求传动比准确，而且要求滚刀和工件两者旋转方向必须符合一对交错轴螺旋齿轮啮合时相对运动方向。当滚刀旋转方向一定时，工件的旋转方向由滚刀的螺旋方向确定。

② 主运动传动链　主运动传动链是联系动力源和滚刀主轴的传动链，它是外联系传动链。在图 7-6 中，主运动传动链为：电动机—1—2—u_v—3—4—滚刀。这条传动链产生切削运动，其传动链中的换置机构 u_v 用于调整渐开线齿廓的成形速度，应当根据工艺条件确定滚刀转速来调整其传动比。

③ 垂直进给运动传动链　为了使刀架执行该运动，用垂直进给传动链“7—8—u_f—9—10”将工作台和刀架联系起来。传动链中的换置机构 u_f 用于调整垂直进给量的大小和进给方向，以适应不同加工表面粗糙度的要求。由于刀架的垂直进给运动是简单运动，所以，这条传动链是外联系传动链。通常以工作台（工件）每转 1 转，刀架的位移量来表示垂直进给量的大小。

2. 斜齿圆柱齿轮加工

滚切斜齿圆柱齿轮需要两个成形运动，即形成渐开线齿廓的展成运动和形成螺旋齿形线的运动。因此，滚刀沿工件轴线移动（垂直进给）与工作台的旋转运动之间也必须建立一条内联系传动链。要求工件在展成活动 B_{12} 的基础上再产生一个附加运动 B_{22}，以形成螺旋齿形线。如图 7-7b 所示是滚切斜齿圆柱齿轮的传动原理图，其中展成运动传动链、主运动传动链、垂直进给运动传动链与直齿圆柱齿轮的传动原理相同，只是在刀架与工件之间增加了一条附加运动传动链（刀架—12—13—u_y—14—15—合成机构—6—7—u_x—8—9—工作台），以保证形成螺旋齿形线，其中换置机构 u_y 用于适应工件螺旋线导程 Ph 和螺旋方向的变化。如图 7-7a 所示形象地说明了这个问题。设工件的螺旋线为右旋，当滚刀沿工件轴向进给 f，滚刀由 a 点到 b 点，这时工件除了作展成运动 B_{12} 以外，还要再附加转动 $b'b$，才能形成螺旋齿形线。同理，当滚刀移动至 c 点时，工件应附加转动 $c'c$。以此类推，当滚刀移动至 P 点（经过了一个工件螺旋线导程 Ph），工件附加转动为 $P'P$，正好转 1 转。附加运动 B_{22} 的旋转方向与工件展成运动 B_{12} 旋转方向是否相同，取决于工件的螺旋方向及滚刀的进给方向。如果 B_{12} 和 B_{22} 同向，计算时附加运动取+1 转，反之取-1 转。在滚切斜齿圆柱齿轮时，要保证 B_{12} 和 B_{22} 这两个旋转运动同时传给工件又不发生干涉，需要在传动系统中配置运动合成机构，将这两个运动合成之后，再传给工件。工件的实际旋转运动是由展成运动 B_{12} 和形成螺旋线的附加运动 B_{22} 合成的。

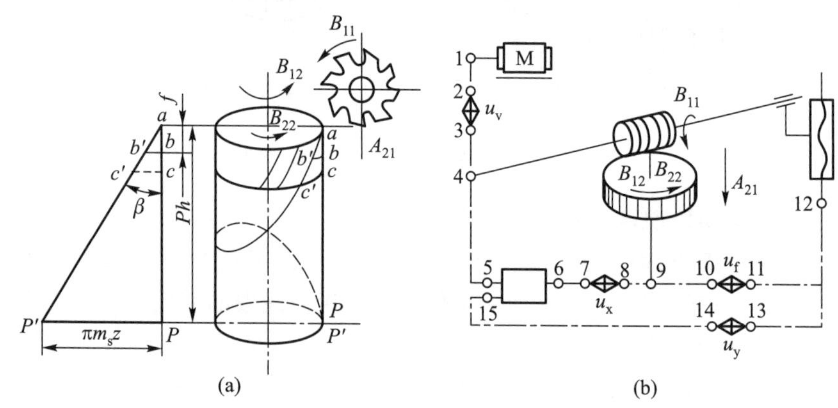

图 7-7　滚切斜齿圆柱齿轮的传动原理图

3. 滚刀安装

如图 7-8 所示是加工直齿圆柱齿轮时，滚刀安装角的调整示意图。滚刀螺旋升角为 γ，加工直齿时，滚刀轴线与齿坯端面倾斜 δ 角，称为安装角。这时安装角等于滚刀的螺旋升角，即 $\delta=\gamma$，滚刀的旋向不同，转角的方向也不同。右旋滚刀安装如图 7-8a 所示，左旋滚刀安装如图7-8b 所示。

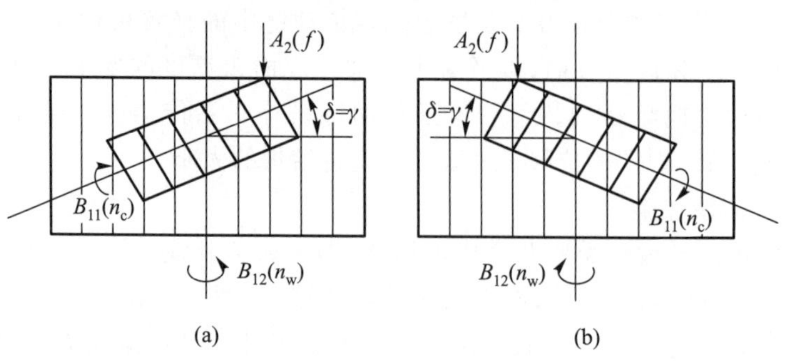

图 7-8　加工直齿圆柱齿轮时滚刀的安装角

如图 7-9 所示是加工斜齿圆柱齿轮时的安装角调整示意图。这时安装角 δ 由滚刀螺旋升角 γ、旋向及工件(齿轮)螺旋角 β、旋向来决定。当两者旋向相同时,安装角为工件(齿轮)螺旋角与滚刀螺旋升角之差;反之为两者之和。即 $\delta=\beta\mp\gamma$。

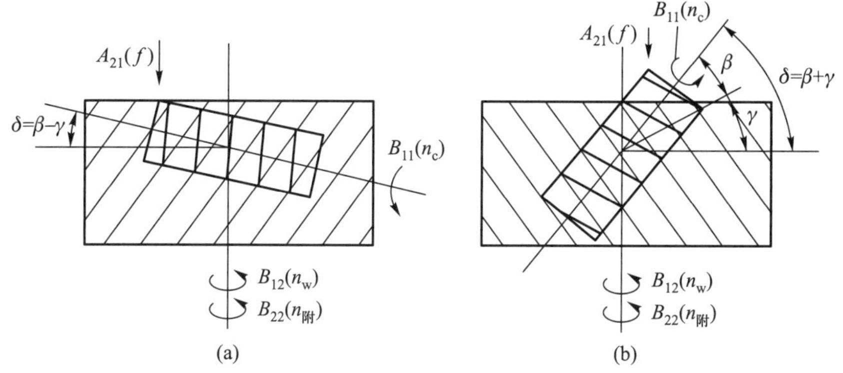

图 7-9 加工斜齿圆柱齿轮时滚刀的安装角

7.3.3 滚齿加工机床

1. Y3150E 滚齿机机床组成

Y3150E 型滚齿机是一种中型通用滚齿机,主要用于加工直齿和斜齿圆柱齿轮,也可以采用径向切入法加工蜗轮。可以加工工件的最大直径为 500 mm,最大模数 8 mm,如图 7-10 所示为该机床的外形图。立柱 2 固定在床身 1 上,刀架溜板 3 可沿立柱导轨上下移动。刀架体 5 安装在刀架溜板 3 上,可绕自己的水平轴线转位。滚刀安装在刀杆 4 上,做旋转运动。工件安装在工作台 9 的心轴 7 上,随同工作台一起转动。后立柱 8 和工作台 9 一起装在床鞍 10 上,可沿机床水平导轨移动,用于调整工件的径向位置或径向进给运动。

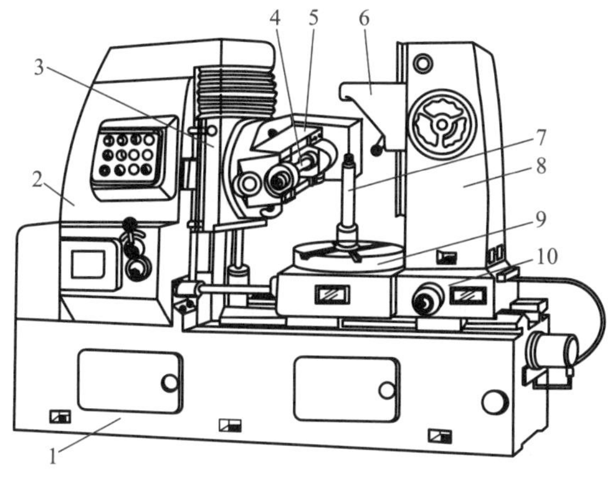

1—床身;2—立柱;3—刀架溜板;4—刀杆;5—刀架体;6—支架;7—心轴;8—后立柱;9—工作台;10—床鞍

图 7-10 Y3150E 型滚齿机

2. 传动系统分析

从前面分析可知，滚齿机的主要运动是由主运动传动链、展成运动传动链、垂直进给运动传动链和附加运动传动链组成的。此外，还有用于快速调整机床的空行程快速传动链。图 7-11 所示是 Y3150E 型滚齿机的传动系统图。下面具体分析各传动链的调整计算。

（1）主运动传动链

主运动传动链的两端件是：电动机—滚刀主轴。其传动路线表达式为：

$$\begin{pmatrix}\text{电动机}\\ n=1430\ \text{r/min}\\ p=4\ \text{kW}\end{pmatrix}-\frac{\phi115}{\phi165}-\text{I}-\frac{21}{42}-\text{II}-\begin{bmatrix}31/39\\35/35\\27/43\end{bmatrix}-\text{III}-\frac{A}{B}-\text{IV}-\frac{28}{28}-\text{V}-\frac{28}{28}-$$

$$\text{VI}-\frac{28}{28}-\text{VII}-\frac{20}{80}-\text{滚刀主轴}$$

上式中$\frac{A}{B}$和三联滑移齿轮变速组就是主运动换置机构 u_v。由上式可得换置公式：

$$u_v=u_{\text{II}-\text{III}}\times\frac{A}{B}=n_{\text{刀}}/124.583 \qquad (7-3)$$

式中：$u_{\text{II}-\text{III}}$——轴Ⅱ、Ⅲ之间的可变传动比；

$\frac{A}{B}$——主运动变速挂轮齿数比，共三种：22/44，33/33，44/22。

滚刀的转速确定后，就可算出 u_v 的数值，并由此决定变速箱中滑移齿轮的啮合位置和挂轮的齿数。

（2）展成运动传动链

微课 展成运动传动链

展成运动传动链的两端件是：滚刀主轴—工作台。计算位移是：滚刀转 1 转，工件相应转$\frac{k}{z_{\text{工}}}$转。其传动路线表达式为：

$$\text{滚刀主轴}-\frac{80}{20}-\text{VII}-\frac{28}{28}-\text{VI}-\frac{28}{28}-\text{V}-\frac{28}{18}-\text{IV}-\frac{42}{56}-\text{IX}-$$

$$\text{合成机构}-\text{X}-\frac{e}{f}-\text{XI}-\frac{36}{36}-\text{XII}-\frac{a}{b}\times\frac{c}{d}-\text{XIII}-\frac{1}{72}-\text{工作台}$$

上式中：$\frac{e}{f}\times\frac{a}{b}\times\frac{c}{d}$为展成运动的换置机构 u_x。滚切直齿圆柱齿轮时合成机构用离合器 M_1，故 $u_{\text{合成}}=1$。由上式可得展成运动传动链换置公式为：

$$u_x=\frac{e}{f}\times\frac{a}{b}\times\frac{c}{d}=24k/z_{\text{工}} \qquad (7-4)$$

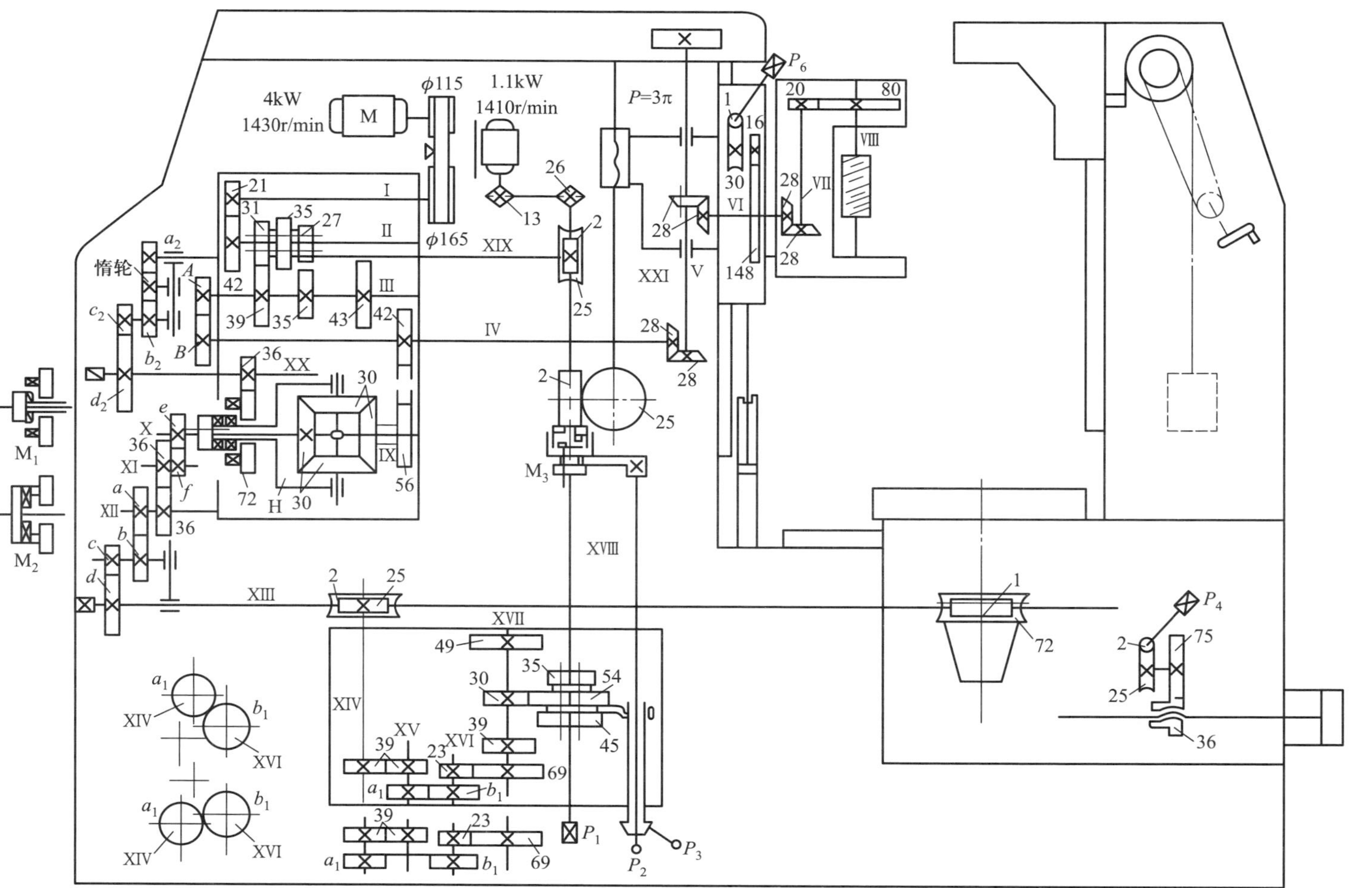

图 7-11 Y3150E 型滚齿机的传动系统图

上式中的挂轮$\frac{e}{f}$用于工件齿数 $z_{工}$ 在较大范围内变化时对 u_x 的数值起调节作用,使其数值适中,以便于选取挂轮。k 为滚刀头数。根据 $z_{工}/k$ 值,$\frac{e}{f}$可以有如下三种选择:

① $5 \leqslant z_{工}/k \leqslant 20$ 时,取 $e=48, f=24$;

② $21 \leqslant z_{工}/k \leqslant 142$ 时,取 $e=36, f=36$;

③ $143 < z_{工}/k$ 时,取 $e=24, f=48$。

(3) 垂直进给运动传动链

垂直进给运动传动链的两端件是:工作台—刀架。计算位移是:工作台转 1 转时的刀架垂直进给 f(单位为 mm)。其传动路线表达式为:

$$工作台—\frac{72}{1}—\text{XIII}—\frac{2}{25}—\text{XIV}—\begin{bmatrix}\frac{39}{39}—\text{XV}\\ ————\\ 换向\end{bmatrix}—\frac{a_1}{b_1}—\text{V}—\frac{23}{69}—$$

$$\text{XVII}—\begin{bmatrix}39/45\\30/54\\49/35\end{bmatrix}—\text{XVIII}—M_3—\frac{2}{25}—丝杠(P=3\pi)$$

上式中:$\frac{a_1}{b_1}$和轴 XVII—XVIII之间的三联滑移齿轮是垂直进给运动的换置机构 u_f。由上式得出换置公式为:

$$u_f=(a_1/b_1)\times u_{\text{XVII}-\text{XVIII}}=f/0.4608\pi \tag{7-5}$$

式中:f——轴向进给量,mm/r;

a_1/b_1——轴向进给挂轮;

$u_{\text{XVII}-\text{XVIII}}$——进给箱轴 XVII—XVIII之间的可变传动比。

(4) 附加运动传动链

滚切斜齿轮时主运动传动链和垂直进给运动传动链与加工直齿圆柱齿轮时相同。而为了形成齿向螺旋线,需要有附加运动传动链,这时采用离合器 M_2,所以展成运动传动链中 $u_{合成}=-1$。附加运动传动链的两端件是:刀架—工作台。计算位移是:刀架每移动一个被加工斜齿轮的导程 Ph(单位为 mm),工件转 1 转。其传动路线表达式为:

$$刀架\frac{Ph}{3\pi}—\frac{25}{2}—\text{XVIII}—\frac{2}{25}—\text{XIX}—\frac{a_2}{b_2}\times\frac{c_2}{d_2}—\text{XX}—\frac{36}{72}—M_2—$$

$$合成机构—\frac{e}{f}—\text{XII}—\frac{a}{b}\times\frac{c}{d}—\text{XIII}—\frac{1}{72}—工作台$$

上式中:$Ph=\pi m_{端} z_{工}/\tan\beta$。$\frac{a_2}{b_2}\times\frac{c_2}{d_2}$是附加运动传动链的换置机构 u_y。在加工斜齿齿轮时,合成机构用离合器 M_2,这时合成机构的传动比 $u_{合成}$ 为 2,由上式可得附加运动的换置公式为:

$$u_y = \frac{a_2}{b_2} \times \frac{c_2}{d_2} = \pm 9 \times \sin\beta / (m_{法} k) \tag{7-6}$$

7.3.4 齿轮滚刀

1. 齿轮滚刀的工作原理

把齿轮滚刀安装在滚齿机的刀架上，并将齿轮滚刀搬转一个螺旋升角 ω（该角等于容屑槽斜角），使齿轮滚刀的齿向与被切齿轮的齿向相同。调整好切削深度 a_p，齿轮滚刀旋转并下移进给。被切齿轮按一定的传动比做圆周进给。这样就形成了展成运动。图 7-12 所示为齿轮滚刀的工作原理和展成法加工齿轮示意图。

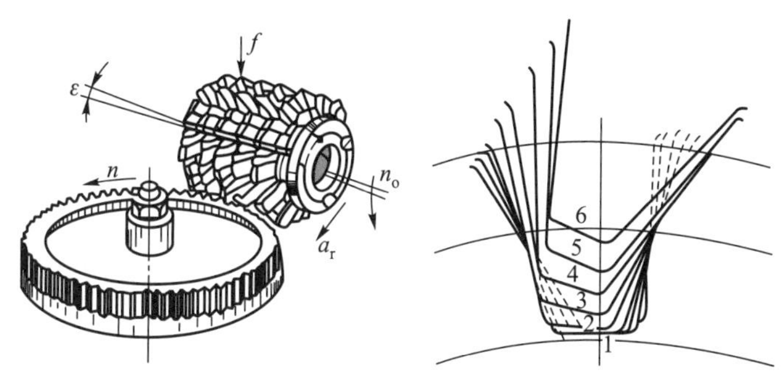

图 7-12 齿轮滚刀的工作原理和展成法加工齿轮

微课
齿轮滚刀结构

齿轮滚刀第一个齿的位置是由第六个齿的位置（假设该齿轮滚刀开六个容屑槽）逐渐切入的，使被切齿轮的两侧齿形是包络曲线，近似等于渐开线。

2. 齿轮滚刀基本蜗杆

齿轮滚刀是一个头的螺纹升角很小的蜗杆（图 7-13）。滚刀的切削部分由较多的刀齿组成，用以切除齿坯上多余的材料，从而得到要求的齿形。刀齿两侧的后面是用铲齿加工得到的螺旋面。它的导程不等于基本蜗杆的导程，这样使得两个侧后面都包容在基本蜗杆的表面之内，只有切削刃正好在基本蜗杆的表面上。这样既能使刀齿具有正确的刃形，又能使刀齿获得必需的侧后角。同样，滚刀刀齿的顶刃后面也要经过铲背加工，以得到顶刃后角。

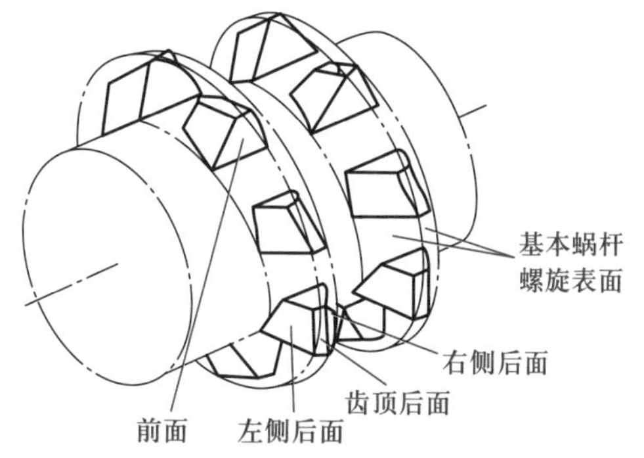

图 7-13 齿轮滚刀的基本蜗杆及各面

滚刀沿轴向开有容屑槽，槽的一个侧面就是滚刀的前面，此面在滚刀端剖面中的截线是直线。如果此直线通过滚刀轴线，那么刀齿的顶刃前角为 0°，这种滚刀称为零前角滚刀；当顶刃前角大于 0°时，就称之为正前角滚刀。

齿轮滚刀基本蜗杆主要有两种类型。

① 渐开线基本蜗杆 渐开线基本蜗杆的端截面齿形是渐开线，轴向截面齿形是凸起的曲线。所以，渐开线齿轮滚刀没有齿形设计误差，加工精度较高，但

制造比较困难，目前应用很少。

② 阿基米德基本蜗杆　阿基米德基本蜗杆的轴向截面齿形是直线，端截面齿形是阿基米德螺旋线，设计阿基米德齿轮滚刀时，若对阿基米德基本蜗杆的齿形角进行修正，可以得到很近似于渐开线基本蜗杆的齿轮滚刀。由于阿基米德齿轮滚刀的制造和测量容易，刃磨时齿形精度比较容易控制，已得到广泛的应用。目前，模数在 10 mm 以下的精加工齿轮滚刀均规定为阿基米德齿轮滚刀。

3. 齿轮滚刀基本结构

齿轮滚刀结构分为整体式、镶齿式等类型，如图 7-14 所示。目前中小模数滚刀都做成整体结构，大模数滚刀，为了节省材料和便于热处理，一般做成镶齿式结构。

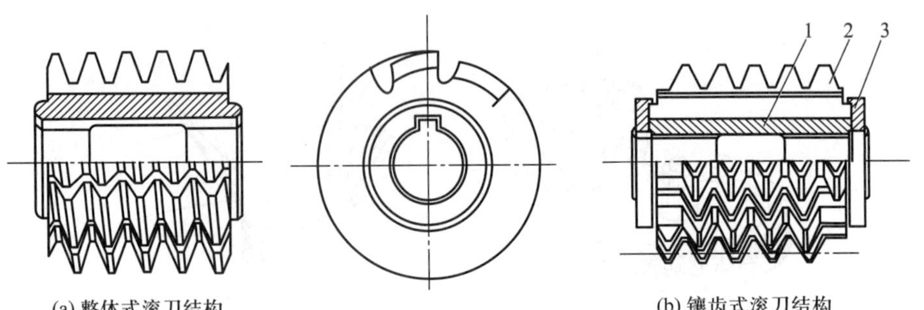

1—刀体；2—刀片；3—端盖

图 7-14　滚刀结构

切削齿轮时，滚刀装在滚齿机的心轴上，以内孔定位，并用螺母压紧滚刀的两端面。在制造滚刀时，应保证滚刀的两端面与滚刀轴线相垂直。滚刀孔径有平行于轴线的键槽，工作时用键传递扭矩。

4. 齿轮滚刀的几何参数

(1) 齿轮滚刀的外径与孔径

滚刀外径是一个很重要的几何参数，它直接影响其他结构参数（孔径、圆周齿数等）的合理性、切削过程的平稳性、滚刀的精度和耐用度、滚刀的制造工艺性和加工齿轮的表面质量。滚刀的孔径要根据外径和使用情况而定。

我国制定的刀具基本尺寸标准，将滚刀分为两大系列：一为大外径系列（Ⅰ型），一为小外径系列（Ⅱ型）。前者用于高精度滚刀，后者用于普通精度滚刀。

增大滚刀外径可以增多圆周齿数，减少齿面包络误差，减小刀齿负荷，提高加工精度。但增大外径会降低加工生产率，加大刀具材料的浪费。

(2) 齿轮滚刀的长度

齿轮滚刀的最小长度应满足两个要求：① 能完整地包络出齿轮的齿廓；② 滚刀两端边缘的刀齿不应负荷过重。

由以上两个要求可以确定滚刀的最小长度，同时还应考虑下列因素对长度值进行修正：① 由于滚刀的刀齿是按螺旋线分布的，在滚刀两端靠近边缘的几个刀刃是不完整的刀齿，为了使它们不参加切削，应加长滚刀；② 为使滚刀磨损均匀，在使用中进行轴向窜刀，应考虑轴向窜刀所必需的长度增加量；③ 轴台是检验滚刀安装是否正确的基准，其长度通常不小于 4~5 mm。

(3) 齿轮滚刀的头数

滚刀的螺纹头数对滚齿生产率和加工精度都有重要影响。采用多头滚刀时,由于参与切削的齿数增加,其生产效率比单头滚刀高。但由于多头滚刀螺旋升角大,设计制造误差增加,铲磨时很难保证精度,加之多头滚刀各螺纹之间存在分度误差,所以多头滚刀的加工精度较低,一般适用于粗加工。近年来随着刀具制造精度的提高及滚齿机刚度的提高,为多头滚刀的使用创造了良好的条件,使一些多头滚刀不仅可以粗加工,也广泛应用于半精加工。

(4) 齿轮滚刀的圆周齿数

齿轮滚刀的圆周齿数影响切削过程的平稳性、加工表面的质量和滚刀的使用寿命。圆周齿数增加时,可使每一个刀齿的负荷减少,使切削过程平稳,有利于提高滚刀的耐用度。同时也使参加包络齿轮齿廓的切削刃数增多,被切齿面的加工质量高。但随着圆周齿数的增多,将使齿背的宽度减少,减少了滚刀的可刃磨次数,使滚刀的寿命缩短。通常,对于大直径(Ⅰ型)滚刀,其圆周齿数取12~16个;对于小直径(Ⅱ型)滚刀,其圆周齿数取9~12个。

5. 齿轮滚刀的精度

齿轮滚刀按精密程度分为AAA级、AA级、A级、B级、C级,表7-4列出了滚刀精度等级与被加工齿轮精度等级的关系。

表7-4 滚刀精度等级与被加工齿轮精度等级的关系

滚刀精度等级	AAA级	AA级	A级	B级	C级
可加工齿轮精度等级	IT6	IT7~IT8	IT8~IT9	IT9	IT10

7.4 插齿加工

微课

插齿加工

7.4.1 插齿的加工原理及特点

用插齿刀按展成法或成形法加工内、外齿轮或齿条等的齿面称为插齿。

展成法插齿是利用一对圆柱齿轮相啮合的原理来加工齿面的,如图7-15所示,齿轮副中的一个齿轮制成插齿刀,另一个齿轮换成齿坯。插齿刀是在轮齿上磨出前角、后角使其具有切削刃的特殊齿轮。插齿时,插齿刀回转,齿坯按齿轮副啮合关系相应回转,另外插齿刀亦做上、下往复直线运动,刀具每往复一次,切出齿坯齿槽的一小部分,齿廓曲线是在插齿刀切削刃多次相继切削中,由切削刃各瞬时位置的包络线所形成的,最终在齿坯上生成渐开线齿廓,即完成切齿。

插齿加工一般具有如下特点:

① 由于插齿刀在设计时没有滚刀的近似齿形误差,在制造时可通过高精度磨齿机获得精确的渐开线齿形,所以插齿加工的齿形精度比滚齿高。

② 齿面的表面粗糙度值小。这主要是由于插齿过程中参与包络的刀刃数远比滚齿时多。

③ 运动精度低于滚齿。由于插齿时,插齿刀上各个刀齿顺序切削工件的各

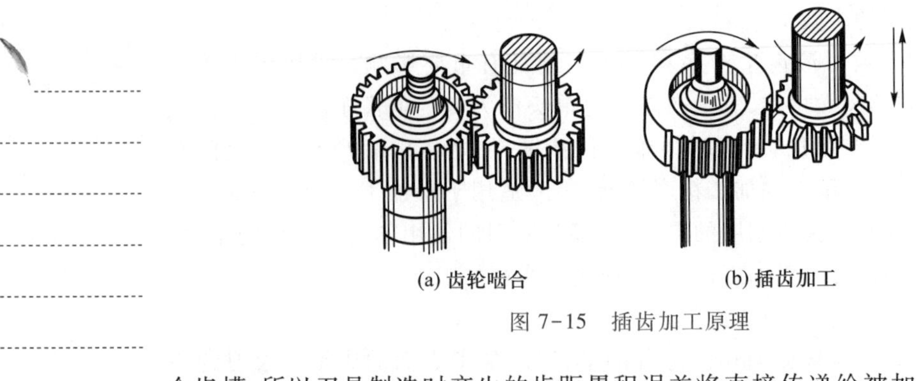

图 7-15　插齿加工原理

个齿槽，所以刀具制造时产生的齿距累积误差将直接传递给被加工齿轮，从而影响被切齿轮的运动精度。

④ 齿向偏差比滚齿大。因为插齿的齿向偏差取决于插齿机主轴回转轴线与工作台回转轴线的平行度误差。由于插齿刀往复运动频繁，主轴与套筒容易磨损，所以齿向偏差常比滚齿加工时要大。

⑤ 插齿的生产率比滚齿低。这是因为插齿刀的切削速度受往复运动惯性限制难以提高，目前插齿刀每分钟往复行程次数一般只有几百次。此外，插齿有空行程损失。

⑥ 插齿可以加工内齿轮、双联或多联齿轮、齿条、扇形齿轮等滚齿无法完成的加工。

7.4.2　插齿加工的应用

1. 直齿圆柱齿轮加工

展成法插齿需在专用的齿轮加工机床即插齿机上进行。图 7-16 所示为插齿机的简图。插齿刀安装在刀架 3 的刀轴 2 上，做上、下往复直线运动和回转运动。刀架可带动插齿刀向工件径向切入。工件安装在工作台 7 中央的心轴 6 上，在作回转运动的同时，随工作台水平摆动让刀。

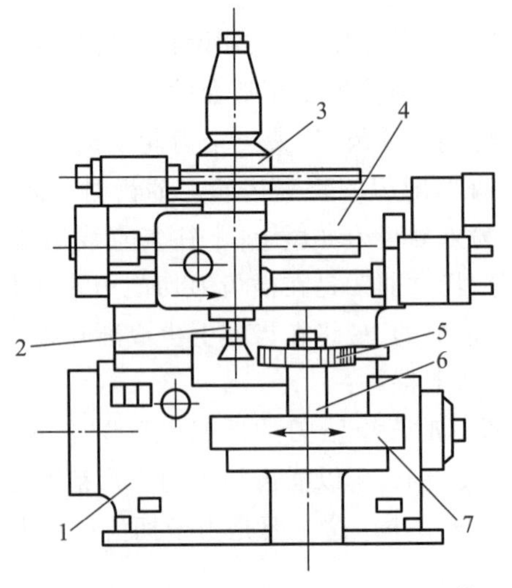

1—床身；2—刀轴；3—刀架；4—横梁；5—齿坯；6—心轴；7—工作台

图 7-16　插齿机简图

插削直齿圆柱齿轮的运动如下：

① 主运动 为插齿刀的上、下往复直线运动，其中插齿刀向下运动为工作行程，向上运动为返回行程。主运动的速度以每分钟往复次数表示，单位为str/min。

② 展成运动 为插齿刀与工件分别绕自身轴线回转的啮合运动，这是一条内联系传动链，二者的转速应严格符合下式的关系：

$$\frac{n_{工}}{n_{刀}}=\frac{z_{刀}}{z_{工}} \tag{7-7}$$

式中：$z_{刀}$、$z_{工}$——分别为插齿刀和被加工齿轮的齿数；

$n_{刀}$、$n_{工}$——分别为插齿刀和被加工齿轮的转速，r/min。

③ 径向进给运动 为了逐渐切至工件的全齿深，插齿刀必须有径向进给运动。插齿刀每往复一次，刀架带动插齿刀向工件中心径向进给一次，直到插齿刀切至齿的全深后，工件再回转一周，完成全部轮齿的插制。

④ 圆周进给运动 展成运动只确定插齿刀和工件的相对运动关系，而运动快慢由圆周进给运动来确定。插齿刀往复一次工件在分度圆上所转过的弧长称为圆周进给量$f_{周}$，单位为mm/往复行程。圆周进给量的大小影响切削效率和齿面的表面粗糙度。

⑤ 让刀运动 为了避免插齿刀返回行程中后面与工件已加工表面产生摩擦，工件应作离开刀具的让刀运动，而返回行程终了、工作行程开始时，工件应恢复原位。让刀运动由工作台的摆动实现。

插齿机一般设有换向机构，可以改变插齿刀和工件的旋转方向，使插齿刀的两个刀刃能充分利用。

图7-17所示为插齿机的传动原理图。

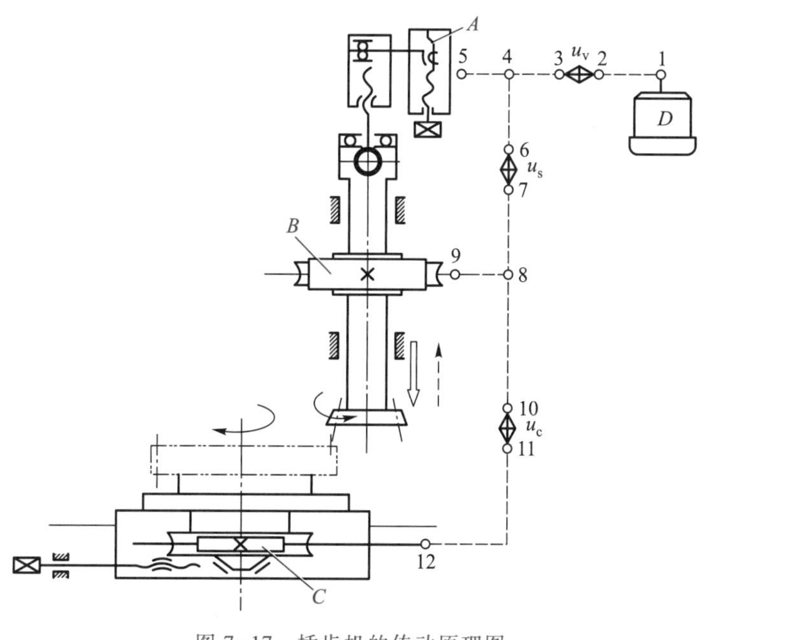

图7-17 插齿机的传动原理图

"电动机—1—2—u_v—3—4—5—曲柄偏心盘 A—插齿刀"为主运动传动链，在电动机的驱动下插齿刀做往复切削运动。改变换置机构的传动比 u_v，就可以改变插齿刀的切削速度。

"曲柄偏心盘 A—5—4—6—u_s—7—8—9—主轴套上的蜗轮副 B—插齿刀主轴"为圆周进给运动传动链，改变换置机构的传动比 u_s，就可以改变插齿刀的旋转速度。插齿刀转速较低时，被加工齿轮的齿面包络线多，加工齿面质量高。

"插齿刀轴一蜗杆蜗轮副 B—9—8—10—u_c—11—12—工件工作台"为展成运动传动链。展成运动传动链是插齿机的主要传动链，传动链中的换置机构传动比 u_c 要根据被加工齿轮的齿数和插齿刀的齿数来调整。

由于圆周进给运动、让刀运动不直接参与表面成形运动，因此图 7-17 中没有表示出来。

2. 斜齿圆柱齿轮加工

加工斜齿圆柱齿轮时的展成运动和主运动与直齿轮加工时相同，其特殊之处在于必须使插齿刀附加一个转动，以形成斜齿轮的齿向螺旋线。这一附加转动与插齿刀的轴向运动之间也必须保持严格的相对运动关系，以得到齿向螺旋角。所以，这也是一条内联系传动链。一般不采用此方法加工斜齿圆柱齿轮。

7.4.3 插齿刀

插齿刀也是按展成原理加工齿轮的刀具。它主要用来加工直齿内、外齿轮和齿条，尤其是对于双联或多联齿轮、扇形齿轮等的加工有其独特的优越性。插齿刀的形状很像齿轮，其模数和名义齿形角就等于被加工齿轮的模数和齿形角，只是插齿刀有切削刃、前角和后角。加工直齿齿轮使用直齿插齿刀；加工斜齿轮和人字齿轮要使用斜齿插齿刀，常用的直齿插齿刀结构类型有如下三种。

① Ⅰ型——盘状直齿插齿刀（图 7-18a） 这是最常用的一种，用于加工直齿外齿轮和大直径内齿轮。插齿刀的内孔直径由国家标准规定，因此不同的插齿机应选用不同的插齿刀。

② Ⅱ型——碗形直齿插齿刀（图 7-18b） 它和Ⅰ型插齿刀的区别在于其刀体凹孔较深，以便容纳紧固螺母，避免在加工双联齿轮时，螺母碰到工件。

③ Ⅲ型——锥形直齿插齿刀（图 7-18c） 这种插齿刀的直径较小，只能做成整体式，它主要用于加工较小的内齿轮。

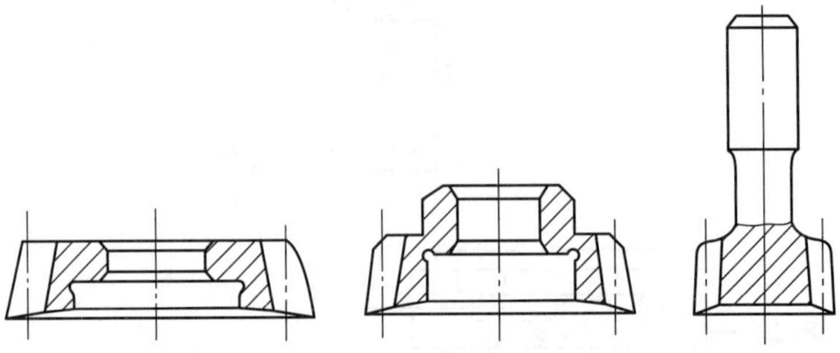

(a) 盘形直齿插刀 (b) 碗形直齿插刀 (c) 锥形直齿插刀

图 7-18 插齿刀类型

除上述几种类型的插齿刀外，还可以根据实际生产的需要设计专用的插齿刀。例如：为了提高生产效率所采用的复合插齿刀，即在一把插齿刀上做有粗切齿及精切齿，这两种刀齿的齿数都等于被切齿轮的齿数，插齿刀转一转，就可以完成齿形的粗加工和精加工。

标准插齿刀的精度等级有三种，即 AA 级、A 级、B 级，分别用于加工 6~8 级精度的圆柱齿轮。

微课
其他齿轮加工方法

7.5 其他齿轮加工方法

对于 6 级精度以上的齿轮，或者淬火后的硬齿面加工，往往需要在滚齿、括齿之后经热处理再进行精加工。常用的齿面加工方法有剃齿、珩齿和磨齿 3 种。下面简述这 3 种加工方法的原理及应用。

7.5.1 剃齿

剃齿是利用剃齿刀在专用剃齿机上对齿轮齿形进行精加工的一种方法，专门用来加工未经淬火（硬度 35HRC 以下）的圆柱齿轮。剃齿加工精度可达 IT7~IT6 级，齿面的表面粗糙度 Ra 值可达 0.8~0.4 μm。

1.剃齿原理

剃齿加工是根据一对螺旋角不等的螺旋齿轮啮合的原理，属于展成法加工。剃齿刀的形状类似螺旋齿轮，如图 7-19 所示，齿形做得非常准确，在齿面上沿渐开线方向开有许多小沟格以形成切削刃。

剃齿加工时，由剃齿刀带动工件做旋转运动。如图 7-20 所示，剃齿刀的轴线与工件轴线夹 β 角，以便使剃齿刀与工件能够正确啮合。剃齿刀与工件的接触点 A 的速度 v_A 可分解为 v_{An}（切向速度）和 v_{At}（剃削速度）。切向速度带动工件旋转，剃削速度使齿轮的齿侧面沿剃齿刀的齿侧面滑移，从工件齿面上切下极薄的切屑。在剃齿过程中，剃齿刀时而正转，时而反转，可剃削工件的双面。

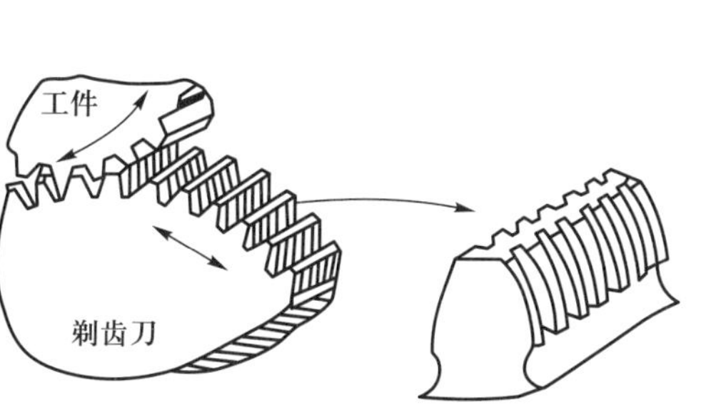

图 7-19 剃齿刀

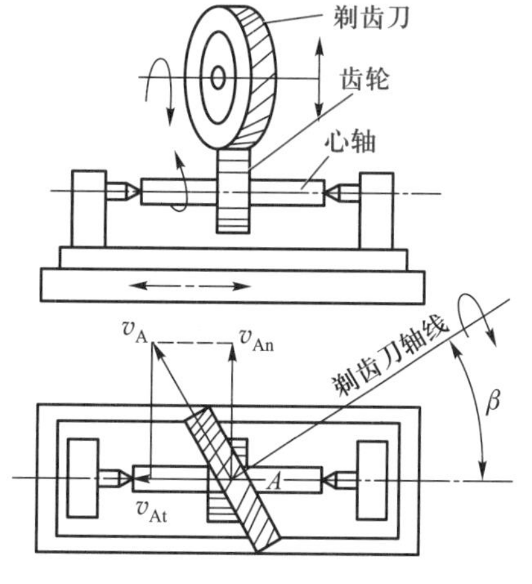

图 7-20 剃齿原理

剃齿加工需要有以下几种运动：

① 剃齿刀带动工件的高速正、反转运动——基本运动。

② 工件沿轴向往复运动——使齿轮全齿宽均能剃出。

③ 工件每往复一次做径向进给运动——以切除全部余量。

综上所述,剃齿加工的过程是剃齿刀与被切齿轮在轮齿双面紧密啮合的自由展成运动中,实现微细切削的过程,而实现剃齿的基本条件是轴线存在一个交叉角,当交叉角为零时,切削速度为零,剃齿刀对工件没有切削作用。

2. 剃齿加工的特点

① 剃齿加工效率高,一般 2~4 min 便可完成一个齿轮的加工。剃齿加工的成本也很低,平均要比磨齿低 90%,剃齿刀一次刃磨可加工 1500 多个齿轮,一把剃齿刀约可加工 10 000 个齿轮。

② 剃齿加工对齿轮切向误差的修正能力差。因此,在工序安排上应采用滚齿作为剃齿的前道工序,因为滚齿运动精度比插齿好,滚齿后的齿形误差虽然比插齿大,但这在剃齿工序中却不难纠正。

③ 剃齿加工对齿轮的齿形误差和基节误差有较强的修正能力,因而有利于提高齿轮的齿形精度。剃齿加工精度主要取决于刀具,只要剃齿刀本身精度高,刃磨质量好,就能够剃出表面粗糙度 *Ra* 值为 1.25~0.32 μm、精度为 IT7~IT6 级的齿轮。

④ 剃齿刀通常用高速钢制造,可剃制齿面硬度低于 35 HRC 的齿轮。

7.5.2　珩齿

当工件硬度超过 35HRC 时,用珩齿代替剃齿。珩齿原理与剃齿相似,珩轮与工件类似于一对螺旋齿轮呈无侧隙啮合,利用啮合处的相对滑动,并在齿面间施加一定的压力来进行珩齿。

珩齿时的运动和剃齿相同。即珩轮带动工件高速正、反向转动,工件沿轴向往复运动及工件径向进给运动。与剃齿不同的是珩齿开车后一次径向进给到预定位置,故开始时齿面压力较大,随后逐渐减小,直到压力消失时珩齿便结束。

珩轮由磨料和环氧树脂等原料混合后在铁芯浇铸而成。珩齿是齿轮热处理后的一种精加工方法,与剃齿相比较,珩齿具有以下工艺特点:

① 珩轮结构和磨轮相似,但珩齿速度甚低(通常为 1~3 m/s),加之磨粒粒度较细,珩轮弹性较大,故珩齿过程实际上是一种低速磨削、研磨和抛光的综合过程。

② 珩齿时,齿面间隙沿齿向有相对滑动外,沿齿形方向也存在滑动,因而齿面形成复杂的网纹,提高了齿面质量,其表面粗糙度 *Ra* 值可从 1.6 μm 降到 0.8~0.4 μm。

③ 珩轮弹性较大,对珩前齿轮的各项误差修正作用不强。因此,对珩轮本身的精度要求不高,珩轮误差一般不会反映到被珩齿轮上。

④ 珩轮主要用于去除热处理后齿面上的氧化皮和毛刺。珩齿余量一般不超过 0.025 mm,珩轮转速达到 1000 r/min 以上,纵向进给量为 0.05~0.065 mm/r。

⑤ 珩轮生产率甚高,一般一分钟珩一个,通过 3~5 次往复即可完成。

7.5.3 磨齿

磨齿加工是适用于淬硬齿轮的精加工方法，是目前齿形加工中精度最高的一种方法。根据齿面渐开线的形成原理，磨齿方法分为仿形法和展成法两类。

1. 仿形法磨齿

仿形法磨齿是用成形砂轮直接磨出渐开线齿形，原理与成形法铣齿相同，磨齿时的分度运动是不连续的，在磨完一个齿之后必须进行分度，再磨下一个齿，轮齿是逐个加工出来的。仿形法磨齿由于砂轮一次就能磨削出整个渐开线齿面，故生产率高，但受砂轮修整精度和机床分度精度的影响，其加工精度为 IT6～IT5 级，在生产中应用较少。

2. 展成法磨齿

展成法磨齿是将砂轮工作面制成假想齿条的两侧面，通过与工件的啮合运动包络出齿轮的渐开线齿面。磨齿采取强制啮合方式，修正误差的能力强，但加工效率较低、机床结构复杂、调整困难、加工成本高，主要用于单件小批生产中、加工精度要求很高的淬硬或非淬硬齿轮。

(1) 锥形砂轮磨齿

锥形砂轮磨齿是利用齿条和齿轮啮合原理来磨削齿轮的，如图 7-21 所示，砂轮的磨削部分修整成锥面，以构成假想齿条的齿面。磨削时，砂轮做高速旋转运动（主运动），同时沿工件轴向做往复直线运动，以磨出全齿宽。工件则严格按照一齿轮沿固定齿条做纯滚动的方式，边转动、边移动，从齿根向齿顶方向先后磨出一个齿槽两侧面。之后齿轮退离工件，机床分度机构进行分度，工件转过一个齿，磨削下一个齿槽的齿面，如此重复，直至磨完全部轮齿的齿面。锥形砂轮磨齿尺寸精度可达 IT6～IT4 级，表面粗糙度 Ra 值可达 0.4～0.2 μm。

(2) 双碟形砂轮磨齿

双碟形砂轮磨齿用两个碟形砂轮的端平面来形成假想齿条的不同轮齿的两侧面，同时磨削齿槽的左右齿面。如图 7-22 所示，其磨削原理与锥形砂轮磨齿基本相同。

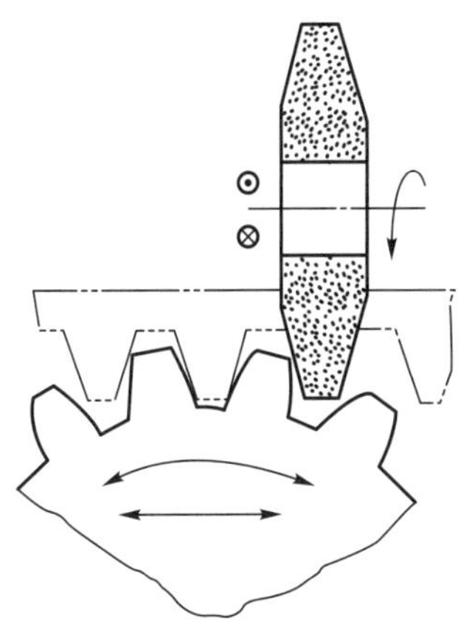

图 7-21 锥形砂轮磨齿工作原理

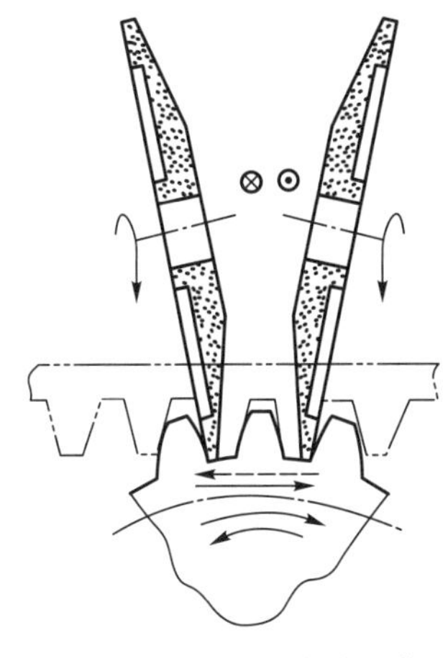

图 7-22 双碟形砂轮磨齿工作原理

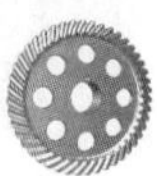

磨削接触面积小,磨削力和磨削热很小。机床具有砂轮自动修整与补偿装置,使砂轮能始终保持锐利和良好的工作精度,因而磨齿精度较高,最高可达 4 级,是各类磨齿机中磨齿精度最高的一种。其缺点是砂轮刚性较差,磨削用量受到限制,所用设备结构复杂,成本高,生产率低,故应用不广。

(3) 蜗杆砂轮磨齿

蜗杆砂轮磨齿的工作原理和滚齿加工相似,是将砂轮做成蜗杆形状,如图 7-23 所示。蜗杆形砂轮与被加工齿轮按严格的啮合传动关系运动,实现渐开线齿轮的加工。由于在加工过程中是连续磨削,所以其生产率在各类磨齿机中是最高的。它的缺点是砂轮修整困难,不易达到高的精度,磨削不同模数的齿轮时需要更换砂轮,联系砂轮与工件的传动链中的各个传动环节转速很高,用机械传动易产生噪声,磨损较快。这种磨齿方法适用于中小模数齿轮的成批和大量生产。

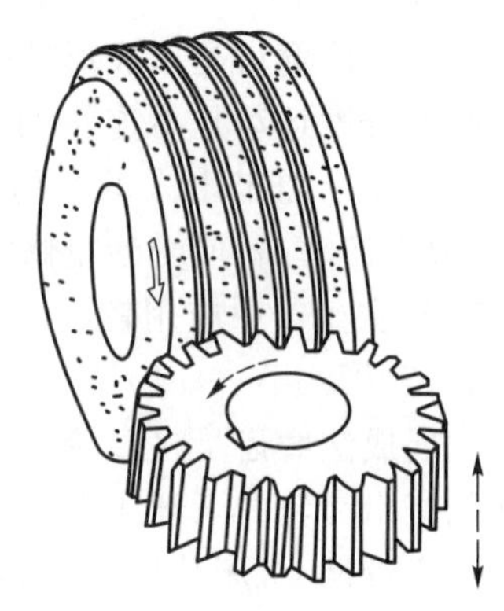

图 7-23　蜗杆砂轮磨齿工作原理

微课
渐开线圆柱齿轮精度检测

7.6　齿形精度检测

7.6.1　公法线千分尺

渐开线齿轮的公法线长度是指与相隔若干个齿的两异侧齿面相切的两平行平面间的距离,如图 7-24a 所示。公法线千分尺用于测量齿轮公法线长度,是一种通用的齿轮测量工具,如图7-24b 所示。当检验直齿轮时,公法线千分尺的两卡脚跨过 k 个齿,两卡脚与两异侧齿廓相切,两切点间的距离称为公法线(即基圆切线)长度,用 W 表示。

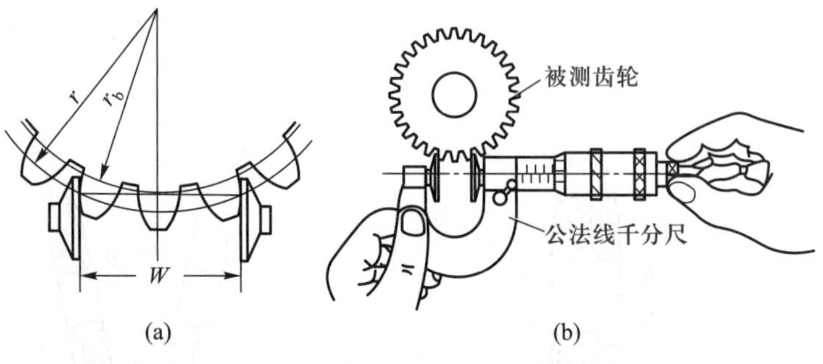

图 7-24　齿轮公法线长度及检测

测量时,要求测头的测量平面在齿轮分度圆附近与左、右齿廓相切,因此跨齿数 k 不是任取的。当齿形角 $\alpha=20°$,齿数为 z 时,取 $k=\frac{z}{9}+0.5$ 的整数(四舍五入)。

对于直齿圆柱齿轮,公法线长度的公称值 W 可按下式计算:

$$W=m\cos\alpha[\pi(k-0.5)+z\text{inv}\alpha]+2xm\sin\alpha \quad (7-8)$$

式中:m——被测齿轮模数;

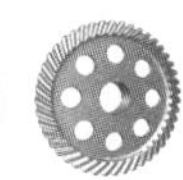

α——形角；

z——齿数；

k——跨齿数；

x——变位系数。

当 $\alpha=20°$，变位系数 $x=0$ 时，

$$W=m[1.476(2k-1)+0.014z] \tag{7-9}$$

W 和 k 值可从相关表中查出。

7.6.2 齿厚游标尺

齿厚游标尺用于测齿轮齿厚，形状像90°的角尺，有平行和垂直两种，垂直尺杆专为测量齿顶的高度，平行齿杆则测量齿厚。测量时，以分度圆齿高 h_a 为基准来测量分度圆弦齿厚 S。由于测量分度圆弦齿厚是以齿顶圆为基准的，测量结果必然受到齿顶圆公差的影响。而公法线长度测量与齿顶圆无关，公法线长度测量在实际应用中较广泛。在齿轮检验中，对较大模数（m>10 mm）的齿轮，一般检验分度圆弦齿厚；对成批生产的中、小模数齿轮，一般检验公法线长度 W。

7.6.3 齿圈径向跳动检查仪

用于检测圆柱、圆锥齿轮及蜗轮蜗杆的径向跳动或端面跳动。齿圈径向跳动是指当检查仪测头与被测齿轮齿面接触时，被测齿轮在转动一转范围内测头相对于齿轮轴心线的最大变动量，它主要反映齿轮运动误差中因基圆的几何偏心所引起的径向误差分量。测量齿圈径向跳动的工作原理与测量径向跳动相似，通常可以在通用的跳动仪上测量。

7.7 齿轮加工实例

微课

齿轮加工实例

根据表7-5所列参数和要求拟定图7-25所示的直齿圆柱齿轮的加工工艺。

表7-5 齿轮基本参数及技术要求

模数	m	3.5 mm
齿数	z	66
齿形角	α	20°
变位系数	x	0
精度等级	7 GB 10095.1—2008	7 GB 10095.2—2008
齿距累积总偏差	F_p	0.036 mm
径向综合偏差	F_i''	0.08 mm
一齿径向综合偏差	f_i''	0.016 mm
螺旋线总偏差	F_β	0.009 mm
公法线平均长度	$W=80.72_{-0.19}^{-0.14}$ mm	
材料	45钢	
生产类型	小批量	
技术要求	(1) 1∶12锥度塞规检查，接触面不少于75%；(2) 热处理：齿部54 HRC	

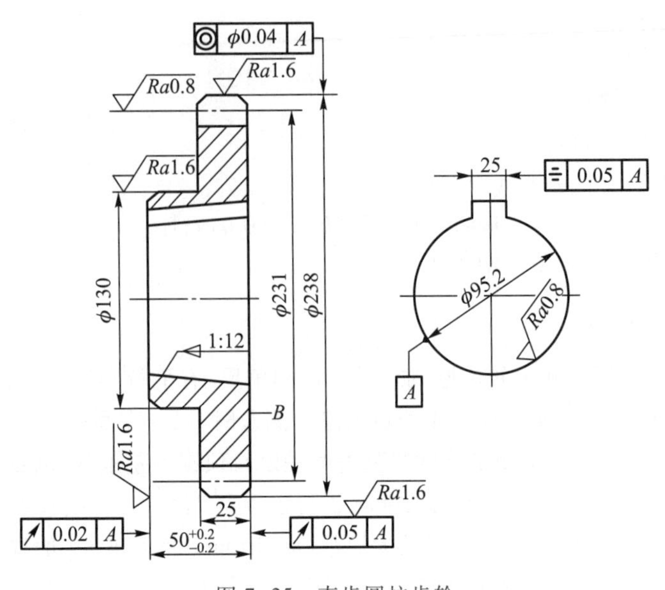

图 7-25　直齿圆柱齿轮

1. 分析齿轮的结构和技术要求

圆柱齿轮分轮体和齿圈两部分，在机器中，常见的齿轮根据结构形状可分为盘类齿轮、套类齿轮、轴类齿轮、扇形齿轮、齿条等，其中，盘类齿轮应用最广。

如图 7-25 所示的齿轮，精度为 7 级。端面与轴线有垂直度要求。表面粗糙度 *Ra* 为 1.6 μm。齿轮表面需淬火，齿部硬度达 54 HRC。

2. 明确毛坯状况

齿轮的毛坯形式主要有棒料、锻件和铸件。棒料用于小尺寸、结构简单，对强度要求低的齿轮；当齿轮要求强度高、耐磨和耐冲击时，多用锻件；直径大于 400~600 mm 的齿轮，常用铸造毛坯。为了减少机械加工量，对大尺寸、低精度齿轮，可以直接铸出轮齿；对于小尺寸、形状复杂的齿轮，可用精密铸造、压力铸造、精密锻造、粉末冶金、热轧和冷挤等新工艺制造出具有轮齿的齿坯，以提高劳动生产率、节约原材料。

3. 拟定齿轮的加工工艺路线

齿轮加工的工艺路线是根据齿轮材质和热处理要求、齿轮结构及尺寸大小、精度要求、生产批量和车间设备条件而定。一般工艺路线为：毛坯制造→毛坯热处理→齿坯加工→齿形加工→齿圈热处理→齿轮定位表面精加工→齿圈的精整加工。齿形加工一般为滚、插齿加工，对于 8 级以下齿轮可以直接加工；对于 6~7 级齿轮，齿形精加工采用剃—珩加工；对于 5 级以上齿轮采用磨齿方法。

根据本例所列参数和精度要求，该齿轮的加工工艺路线为：毛坯制造→毛坯热处理→齿坯加工→滚齿加工→剃齿加工→齿圈热处理→珩齿加工。

4. 选择加工装备

齿轮加工分两部分：轮体部分加工和齿圈部分加工。轮体采用普通车床加工，一般根据尺寸选择 C6132、CA6140 或其他车床；齿圈部分，尺寸大或模数大的齿轮采用滚齿机，对于尺寸小或结构紧凑的齿轮用插齿机；根据精度要求有的还需要进行剃齿、珩齿或磨齿等精加工。根据上面本例拟定的工艺路线，本例中车床可以选用 CA6132 或 CA6140，滚齿可以选用 Y38，剃齿可以选用 Y5714，珩齿可以选用 Y4632A；另外插键槽可以选用普通插床，磨内锥孔可以选用 M220。

5. 确定齿轮的热处理方法

常见毛坯热处理有：正火，调质。

常见齿圈热处理有：渗碳淬火，高频淬火，碳氮共渗，渗氮。

可根据零件图要求，选择相应热处理方法。

知识的梳理

本单元介绍了渐开线齿轮的齿形加工方法、加工原理、刀具类型及工艺特点等。

齿形加工方法主要包括：按加工过程有无切屑的产生，齿形加工分无切削加工和切削加工两类；按齿轮轮廓的成形原理不同，齿形加工又可分为成形法和展成法两种，成形法主要有铣齿，展成法（包络法或范成法）主要有滚齿和插齿。铣齿、滚齿、插齿为齿轮粗加工方法；剃齿、珩齿、磨齿为齿轮精加工方法。

齿形加工刀具按其工作原理可分为两大类：成形法齿轮刀具（盘形齿轮铣刀、指状齿轮铣刀等）和展成法齿轮刀具（齿轮滚轮刀、插齿刀、剃齿刀等）。

本单元重点介绍了展成法加工齿形的加工方法，对齿形精度检测做了简要介绍，最后通过实例介绍了齿轮的加工工艺。需要重点掌握成形法和展成法的原理和特点，铣齿、滚齿、插齿的原理、特点及应用，齿轮加工工艺过程等。

思考与练习

7-1 齿形加工有哪些方法？比较它们的加工原理和特点。

7-2 用仿形法加工模数 $m=3$ mm 的直齿圈柱齿轮，齿数 $z_1=26$，$z_2=34$，试选择盘形齿轮铣刀的刀号。在相同的切削条件下，哪个齿轮的加工精度高？为什么？

7-3 用仿形法加工一个模数 $m=5$ mm，齿数 $z=40$，螺旋角 $\beta=15°$的斜齿圆柱齿轮，应选何种刀号的盘形齿轮铣刀？

7-4 什么是展成法？常用的齿面展成加工方法有哪些？展成法加工齿面有哪些特点？

7-5 什么是滚齿？滚切直齿圆柱齿轮有哪些运动？

7-6 什么是插齿？插削直齿圆柱齿轮有哪些运动？

7-7 简述插齿和滚齿的工作原理？两种齿形加工方法各适用于加工什么齿轮？

7-8 何谓齿轮滚刀的基本蜗杆？齿轮滚刀与基本蜗杆有何相同与不同之处？

7-9 插齿刀有哪几种结构形式？

7-10 滚齿、插齿、剃齿加工各有何特点？为何剃齿的加工精度高于滚齿和插齿？

7-11 选择齿形加工方案的依据是什么？请分析单件小批生产类型常选用磨齿方案的理由？

单元八　其他加工方法

知识要点

主要讲述插削、拉削的加工方法。

技能目标

掌握插削、拉削加工方法的工艺特点，了解插削、拉削加工的工艺范围、刀具结构形式及特点，了解相应机床的性能特点。

8.1　拉削加工

拉削是一种高效率的加工方法，可以认为是刨削的进一步发展。它是利用多齿的拉刀，逐齿依次从工件上切下很薄的金属层，使表面达到较高的精度和较小的表面粗糙度值。

拉削可以加工各种截面形状的内孔表面及一定形状的外表面，如图 8-1 所示。拉削的孔径一般为 8~125 mm，深径比一般不超过 5。由于拉床工作的特点，拉削不能加工台阶孔和盲孔，复杂形状零件的孔（如箱体上的孔）也不宜进行拉削。由于受拉刀制造工艺以及拉床动力的限制，过小或过大尺寸的孔均不适宜拉削加工。

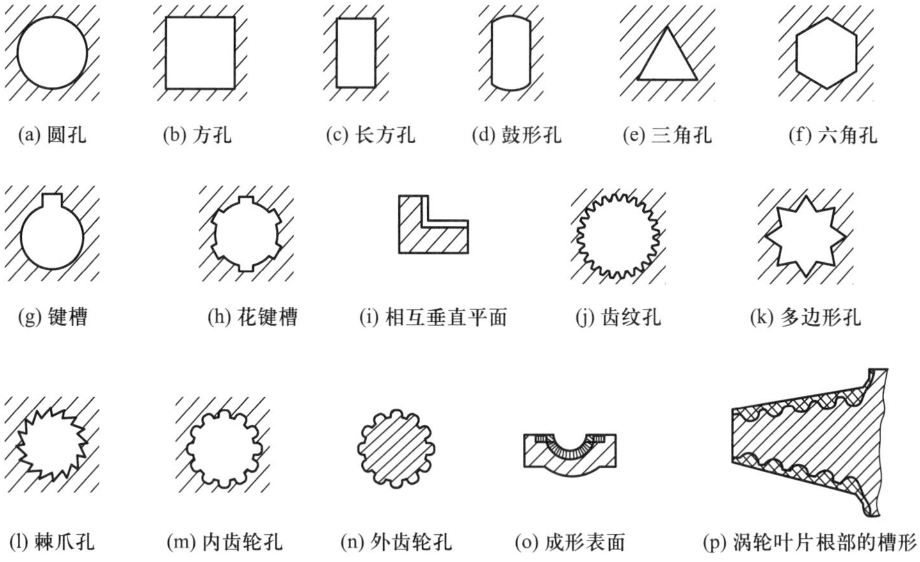

(a) 圆孔　(b) 方孔　(c) 长方孔　(d) 鼓形孔　(e) 三角孔　(f) 六角孔

(g) 键槽　(h) 花键槽　(i) 相互垂直平面　(j) 齿纹孔　(k) 多边形孔

(l) 棘爪孔　(m) 内齿轮孔　(n) 外齿轮孔　(o) 成形表面　(p) 涡轮叶片根部的槽形

图 8-1　拉削加工的典型工件截面形状

8.1.1　拉削过程及特点

拉削是依靠刀齿尺寸或廓形变化切除加工余量，以达到要求的形状尺寸和表面粗糙度。如图 8-2 所示，拉削时，将工件的端面靠在拉床挡壁上，拉刀先穿过工件上已有的工艺孔，然后由机床的刀夹将拉刀前柄夹住，并将拉刀从工件孔中拉过。由拉刀上一圈圈不同尺寸的刀齿，分别逐层地从工件孔壁上切除金属，从而形成与拉刀最后的刀齿同形状的孔。拉刀刀齿的直径依次增大，形成齿升量 a_f。拉孔时从孔壁切除的金属层的总厚度就等于通过工件孔表面的切削齿的齿升量之和。由此可见，拉削的主切削运动是拉刀的轴向移动，而进给运动是由拉刀各个刀齿的齿升量来完成的。因此，拉床只有主运动，没有进给运动。拉削时，拉刀做平稳的低速直线运动。拉刀的主运动通常由液压系统驱动。

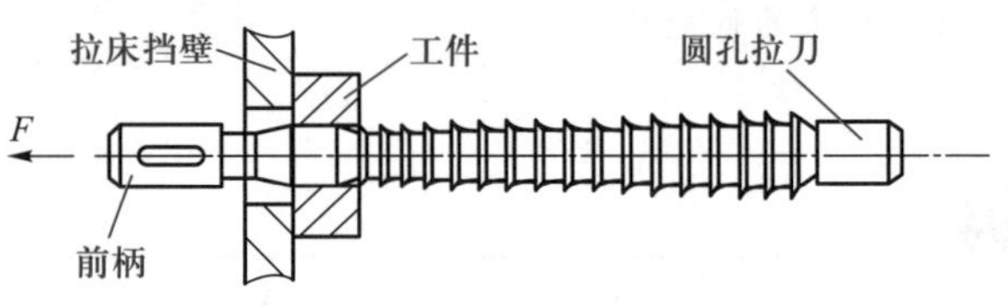

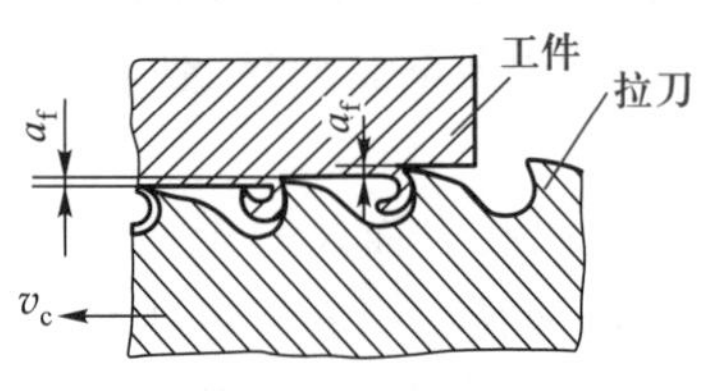

图 8-2　拉削过程

拉削的特点如下：

① 生产率高　由于拉削时，拉刀同时工作的刀齿数多、切削刃长，且拉刀的刀齿分粗切齿、精切齿和校准齿，在一次工作行程中就能够完成工件的粗、精加工及修光，机动时间短，因此，拉削的生产率很高。一般情况下，班产可达 100～800 件，自动拉削时班产可达 3000 件。

② 可以获得较高的加工质量　拉刀为定尺寸刀具，用校准齿进行校准、修光工作；拉床采用液压系统，传动平稳；拉削速度低（v_c = 2～8 m/min），不会产生积屑瘤。因此，拉削加工质量好，精度可以达到 IT8～IT7 级，表面粗糙度 Ra 值为 1.6～0.4 μm。

③ 拉刀耐用度高，使用寿命长　由于拉削时，切削速度低，切削厚度小；在每次拉削过程中，每个刀齿只切削一次，工作时间短，拉刀磨损慢。拉刀刃磨一次可以加工数以千件的工件，拉刀刀齿磨钝后，还可磨几次。因此，拉刀耐用度高，使用寿命长。

④ 拉削属于封闭式切削，容屑、排屑和散热均较困难　如果切屑堵塞容屑空间，不仅会恶化加工表面质量，损坏刀齿，严重的会造成拉刀断裂。因此，应重视对切屑的妥善处理。通常在刀刃上磨出分屑槽，并给出足够的齿间容屑空间及合理的容屑槽形状，以便切屑自由卷曲。

⑤ 拉刀制造复杂,价格昂贵　由于拉刀的结构和形状复杂,精度和表面质量要求较高,故制造成本很高。当加工零件的批量大时,分摊到每个零件上的刀具成本并不高。

8.1.2 拉床

拉床按用途可分为内拉床及外拉床,按机床布局可分为卧式和立式。其中,以卧式内拉床应用普遍。

图 8-3 所示为卧式内拉床。液压缸固定于床身内,工作时,液压泵供给压力油驱动活塞,活塞带动拉刀,连同拉刀尾部活动支承一起沿水平方向左移,装在固定支承上的工件即被拉制出符合精度要求的内孔。其拉力通过压力表显示。

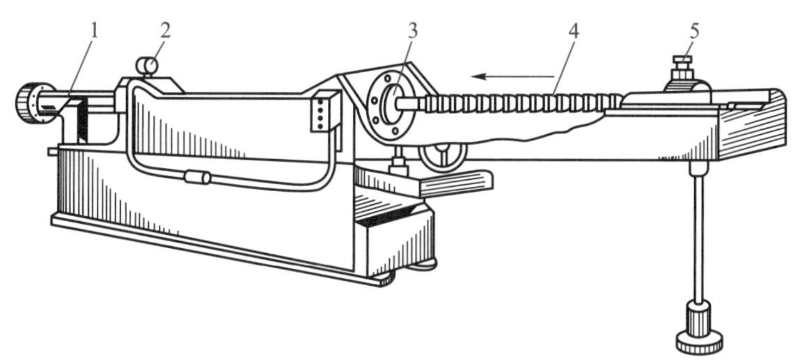

1—液压缸;2—压力表;3—工件;4—拉刀;5—活动支承

图 8-3　卧式内拉床

如图 8-4 所示,拉削圆孔时,工件一般不需夹紧,只以工件端面支承,因此,工件孔的轴线与端面之间应有一定的垂直度要求。当孔的轴线与端面不垂直时,则需将工件的端面紧贴在一个球面垫板上,在拉削力作用下,工件连同球面垫板在固定支承架上做微量转动,以使工件轴线自动调到与拉刀轴线一致的方向。

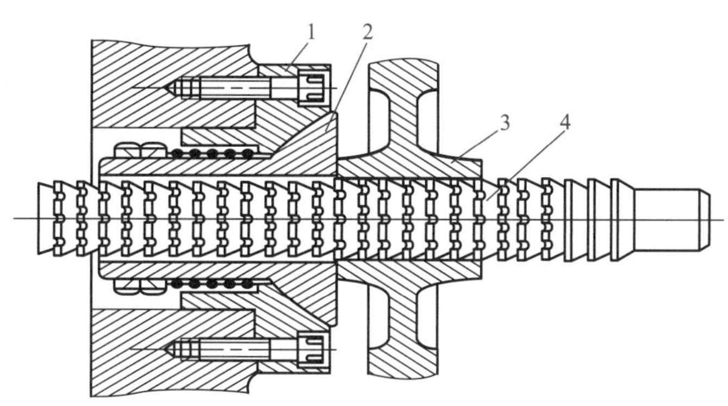

1—固定支承架;2—球面垫板;3—工件;4—拉刀

图 8-4　拉削圆孔的方法

8.1.3 拉刀的组成及其加工方式

1. 拉刀的组成

根据工件加工面及截面形状不同,拉刀有多种形式。现以图 8-5 所示的圆孔拉刀为例,其组成部分包括:

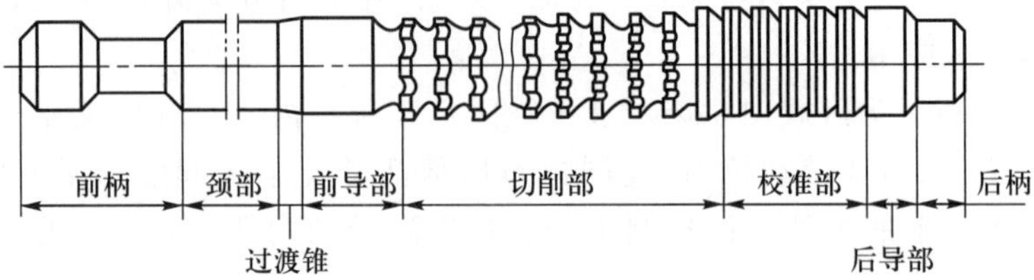

图 8-5 圆孔拉刀的组成

① 前柄 拉床夹头通过前柄夹持拉刀,带动拉刀进行拉削。

② 颈部 是前柄与过渡锥的连接部分,可在此处打标记。

③ 过渡锥 起对准中心的作用,使拉刀顺利进入工件预制孔中。

④ 前导部 起导向和定心作用,防止拉孔歪斜,并可检查拉削前的孔径尺寸是否过小,以免拉刀第一个切削齿载荷太大而损坏。

⑤ 切削部 承担全部余量的切除工作,由粗切齿、过渡齿和精切齿组成。

⑥ 校准部 用以校正孔径,修光孔壁并作为精切齿的后备齿。

⑦ 后导部 用以保持拉刀最后正确位置,防止拉刀在即将离开工件时,工件下垂而损坏已加工表面或刀齿。

⑧ 后柄 用作直径大于 60 mm 的拉刀的后支承,防止拉刀下垂。直径较小的拉刀可不设后柄。

2. 拉刀的结构要素

① 齿升量 a_f 前后两相邻刀齿(或两组刀齿)的高度差(或半径差)。同廓式圆孔拉刀的齿升量是相邻两个刀齿半径之差。轮切式圆孔拉刀的齿升量是相邻两组刀齿的半径之差。齿升量影响加工质量、生产效率和拉刀的制作成本。齿升量选择大些,切下全部余量所需要的刀齿数就少,拉刀的长度就较短,对拉刀制作有利,生产效率也就高,但同时拉削力增大,拉刀的空屑空间也要增大,有可能因拉刀强度不够而使拉刀断裂,拉削后表面粗糙度也较大;若齿升量过小,切削厚度太薄,刀齿难以切下很薄的金属层而产生挤刮的现象,加剧刀齿的磨损,降低刀具的耐用度,同时也使加工表面恶化。

一般来说,只要拉刀强度许可,粗切齿应尽可能选取大的齿升量。而精切齿为了保证加工质量,其齿升量应小得多。为了使拉削负荷逐渐下降,粗切齿到精切齿应有齿升量逐渐减小的过渡齿。粗切齿切去全部余量的 80%左右,过渡齿和精切齿各切去余量的 10%左右,校准齿起修光校准作用,没有齿升量。

② 圆孔拉刀刀齿的直径 拉刀上第一个切削齿的直径等于预加工孔的公称直径,应使其无齿升量,目的是防止在预加工孔径偏小时,不致因负荷太大而使第一刀齿过早磨损或损坏。从第二个刀齿开始,各刀齿直径按齿升量依

次递增。最后一个切削齿的直径应等于校准齿的直径。

此外,还应根据拉刀类型、切削方式、加工质量等合理地选择前角、后角、容屑槽、齿距、刃带等结构参数。图 8-6 和图 8-7 所示分别是容屑槽和分屑槽的结构形状。设计时可查阅刀具设计手册。

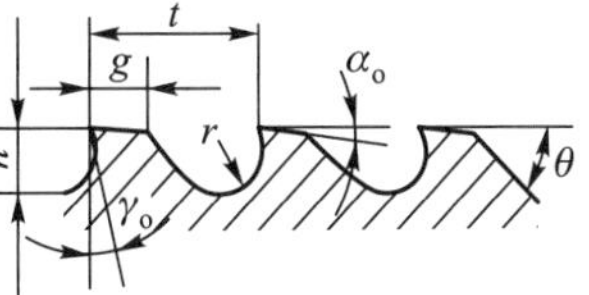

(a) 直线齿背形，槽底有圆弧

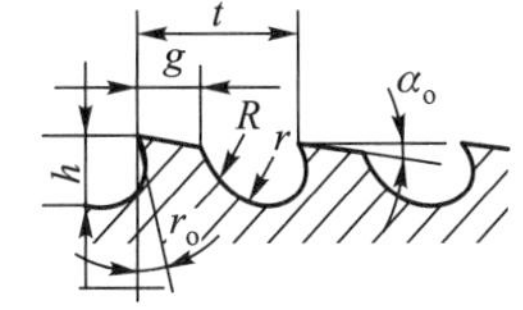

(b) 曲线齿背形，曲线槽形，两个圆弧

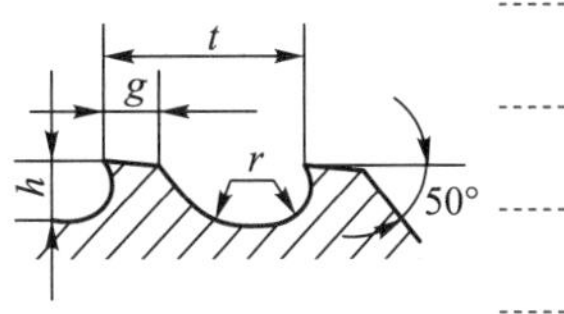

(c) 加长齿背形，槽底与直线

t—齿距;r_o—前角;α_o—后角;h—槽深;R、r—容屑槽圆弧半径;g—齿背宽度

图 8-6 容屑槽的结构形状

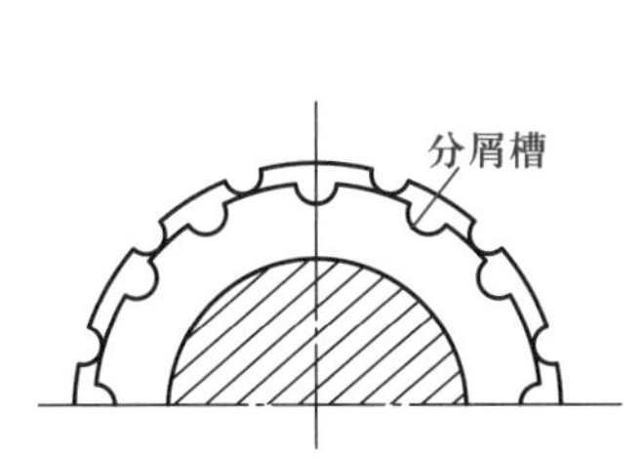

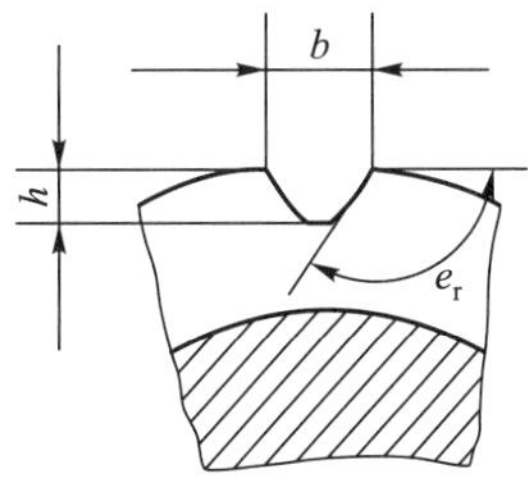

图 8-7 分屑槽的结构形状

3. 拉削方式

拉削方式有分层拉削和分块拉削两大类。分层拉削包括同廓式和渐成式两种,分块拉削目前常用的有轮切式和综合轮切式两种。

(1) 分层拉削法

1) 同廓式拉削法

按同廓式拉削法设计的拉刀,各刀齿的廓形与被加工表面的最终形状一样,仅尺寸不同,即刀齿直径(或高度)向后递增,加工余量被一层一层地切去,如图 8-8 所示。

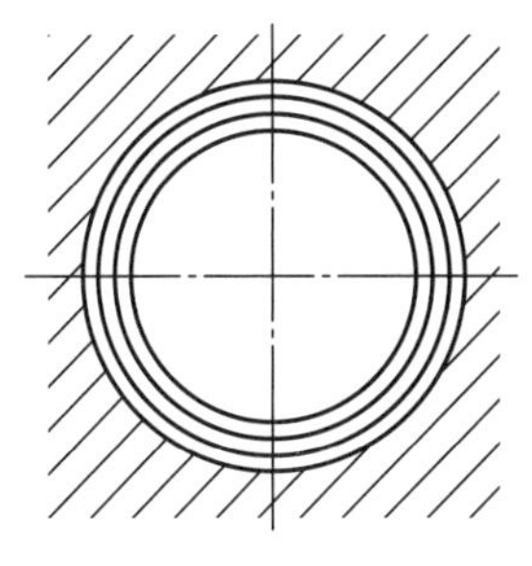

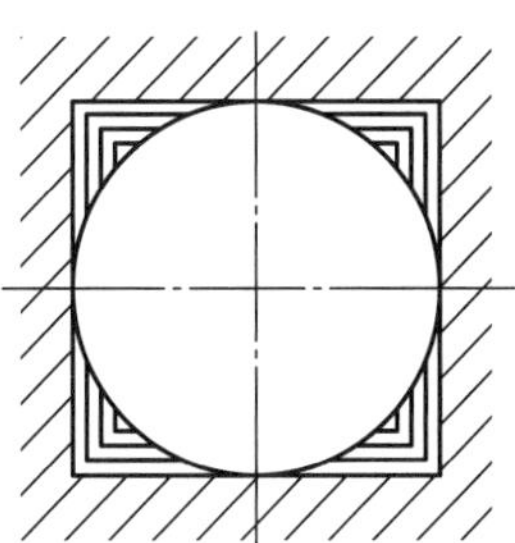

图 8-8 同廓式拉削法

它们一层层地切去加工余量,最后由拉刀的最后一个切削齿和校准齿切出工件的最终尺寸和表面。这种拉削方式切削厚度小而切削宽度大,因此可获得

较好的工件表面质量。拉削力及功率较大,分屑槽转角处容易磨损而影响拉刀耐用度。这种方式的拉刀除圆孔拉刀外,其他制造比较困难。

2）渐成式拉削法

它是指加工表面最终廓形是由各刀齿拉削后衔接形成的。如图 8-9 所示,图中工件最后要求是四方形,拉刀刀齿可制成简单的直线形或弧形,与被加工表面形状不同,被加工工件表面形状和尺寸是由各刀齿的副刃所切成。

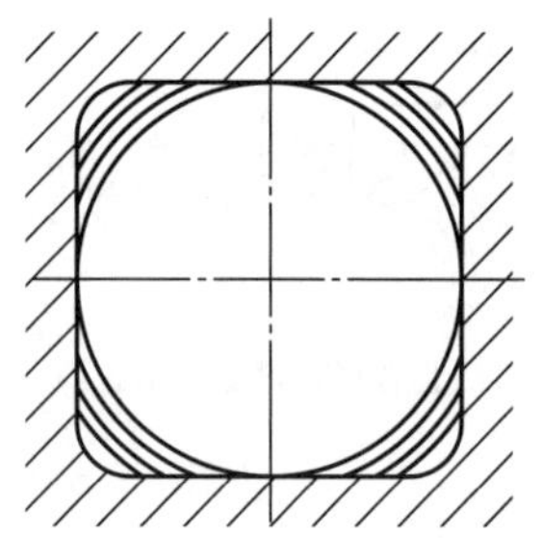

图 8-9　渐成式拉削法

按渐成式拉削法设计的拉刀,各刀齿可制成简单的直线或圆弧,它们一般与被加工表面的最终形状不同,被加工表面的最终形状和尺寸是由各刀齿切出的表面连接而成。因此,对于复杂形状的工件,拉刀制造却不太复杂。但是,在工件已加工表面上可能出现副切削刃的交接痕迹,因此被加工表面较粗糙。

(2) 分块拉削法

拉削时,工件上的每一层金属不是由一个刀齿切去,而是将加工余量分段由几个刀齿先后切去,如图 8-10 所示。按分块式设计的拉刀称为轮切式拉刀,有制成两齿一组、三齿一组及四齿一组的。这种拉削方式齿升量较大,适宜于拉削大尺寸、大余量表面,也可拉削毛坯面,拉刀长度短,效率高,但不易提高拉削质量。

(3) 综合轮切式拉削法

综合轮切式拉刀的前部刀齿做成单齿分块式,后部刀齿作成同廓分层式。具有分块、分层拉削的优点,目前拉削余量较大的圆孔,常采用综合式圆拉刀,如图 8-11 所示。

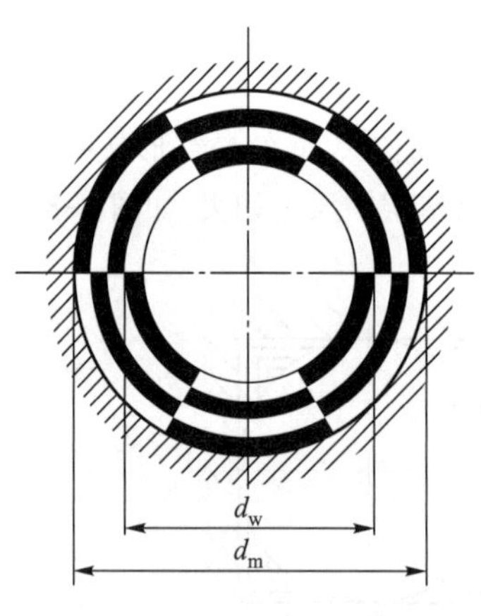

图 8-10　分块拉削法

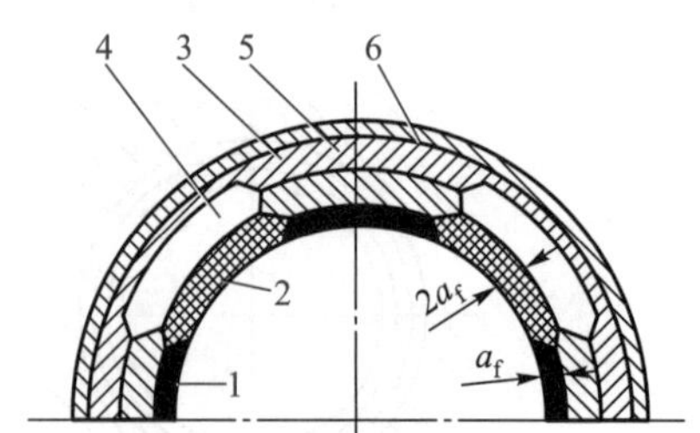

1,2,3,4—粗切齿和过渡齿;5,6—精切齿

图 8-11　综合式圆拉刀

8.2　插削加工

插削的工作方式与刨削类似,利用插刀在竖直方向上对工件做往复直线运

动加工沟槽和型孔。插刀装夹在插床滑枕下部的刀杆上,可以伸入工件的孔中做竖向往复运动,向下是工作行程,向上是回程。安装在插床工作台上的工件在插刀每次回程后做间歇的进给运动。插刀的材料主要是高速钢,在插削钢和铸铁时的切削速度一般为 15~25 m/min。为了避免回程中插刀后面与工件发生剧烈摩擦而损伤已加工表面和降低刀具寿命,可采用活动式插刀杆。插削的效率和精度都不高,故在批量生产中常用铣削或拉削代替插削。但插刀制造简单,生产准备时间短,故插削适于单件小批生产中加工零件的内表面,如插削内键槽、内方孔、内多边形孔和花键孔等。也可以加工不便于铣削和刨削的外表面。用得最多的是插削盘类零件的内键槽,如图 8-12 所示。对于不通孔或有碍台肩的内孔键槽,插削几乎是唯一的加工方法。

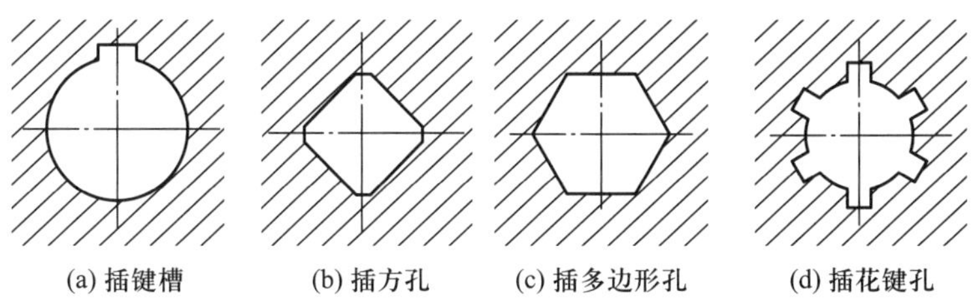

图 8-12 插削加工的典型工件截面形状

8.2.1 插削的工艺特点

① 插床与插刀的结构简单,加工前的准备工作和操作也较方便,但与刨削一样,插削时也存在冲击和空行程损失,因此,主要用于单件小批量生产。

② 插削工作行程受刀杆刚性限制,槽长尺寸不宜过大。

③ 刀架没有抬刀机构,工作台没有让刀机构,因此插刀在回程时与工件相互摩擦,工作条件较差。

④ 除键槽、型孔以外,插削还可以加工圆柱齿轮、凸轮等。

⑤ 插削的经济加工精度为 IT9~IT7,表面粗糙度 Ra 值为 6.3~1.6 μm。

8.2.2 插床

插削是在插床上进行的,插床是利用插刀的竖直往复运动插削键槽和型孔的机床,插床有普通插床、键槽插床、龙门插床和移动式插床等几种。

如图 8-13 所示,工件安装在普通插床的圆形工作台上,插刀装在滑枕的刀架上。滑枕带动刀具在垂直方向的往复直线运动为主切削运动,工作台带动工件沿垂直于主运动方向的间歇运动为进给运动,圆形工作台还可绕垂直轴线回转,实现圆周进给和分度。滑枕导轨座可绕水平轴线在前后小范围内调整角度,以便加工斜面和沟槽。

键槽插床的工作台与床身连成一体,工件安装在工作台上。从床身穿过工件孔向上伸出的刀杆,带着插刀一边做上下往复的主运动,一边做断续进给运动。它的特点是工件安装不像普通插床那样受到立柱的限制,故适于加工大型零件(如螺旋桨)孔中的键槽。

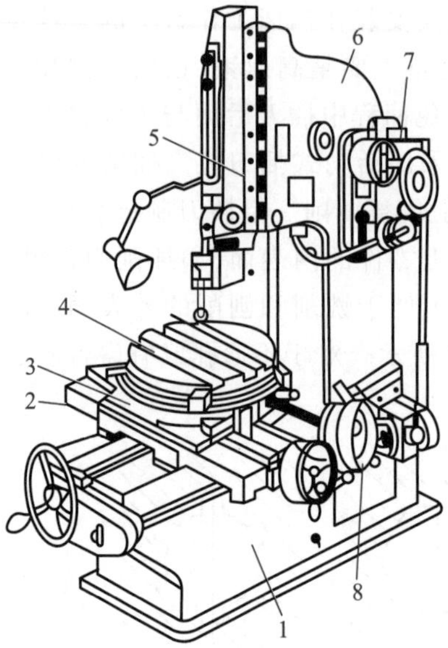

(a) 外形图 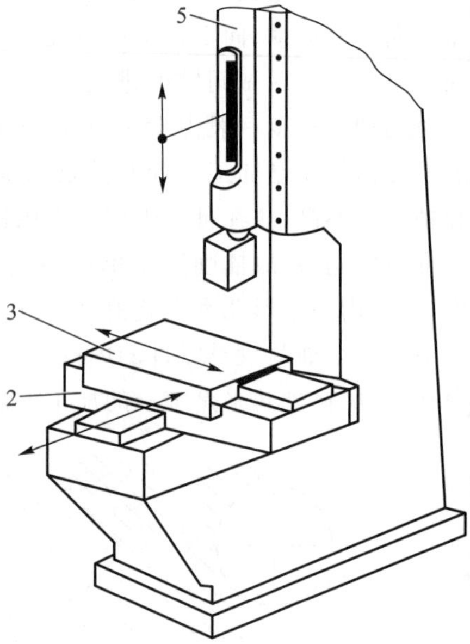　　(b) 插削运动示意图

1—床身；2—下滑枕；3—上滑座；4—圆形工作台；5—滑枕；6—立柱；7—变速箱；8—分度机构

图 8-13　普通插床

8.2.3　插刀的组成及其加工方式

1. 插刀

插刀也属单刃刀具，常用的插刀如图 8-14 所示。与刨刀相比，插刀的前面与后面位置对调，为了避免刀杆与工件已加工表面碰撞，其主切削刃偏离刀杆正面。插刀的几何角度一般是：前角 $\gamma_o = 0° \sim 12°$，后角 $\alpha_o = 4° \sim 8°$。常用的尖刃插刀主要用于粗插或插多边形孔，平刃插刀主要用于精插或插直角沟槽。

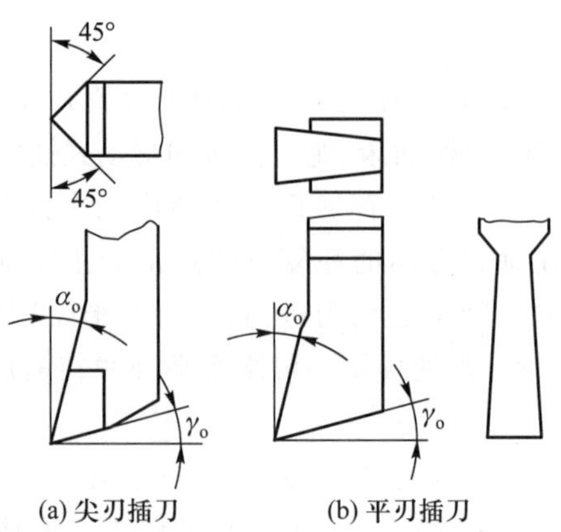

(a) 尖刃插刀　　(b) 平刃插刀

图 8-14　插刀

2. 插削方式

（1）插键槽

如图 8-15 所示，装夹工件并按划线校正工件位置，然后根据工件孔的长度（键槽长度）和孔口位置，手动调整滑枕和插刀的行程长度和起点及终点位置，防止插刀在工作中冲撞工作台而造成事故。键槽插削一般应分粗插及精插，以保证键槽的尺寸精度和键槽对工件轴线的对称度要求。

（2）插方孔

插小方孔时，可采用整体方头插刀插削，如图 8-16 所示。插较大的方孔时，采用单边插削的方法，按划线找正先粗插（每边留余量 0.2~0.5 mm），然后用 90°角度刀头插去四个内角处未插去的部分。粗插时应注意测量方孔边至基准之尺寸，以保证尺寸精度和对称度要求。插削按第一边、第三边（对边）、第二边、第四边的顺序进行。

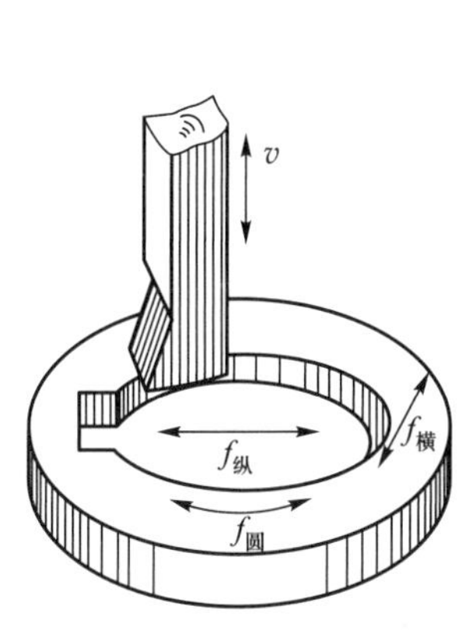

图 8-15　插键槽

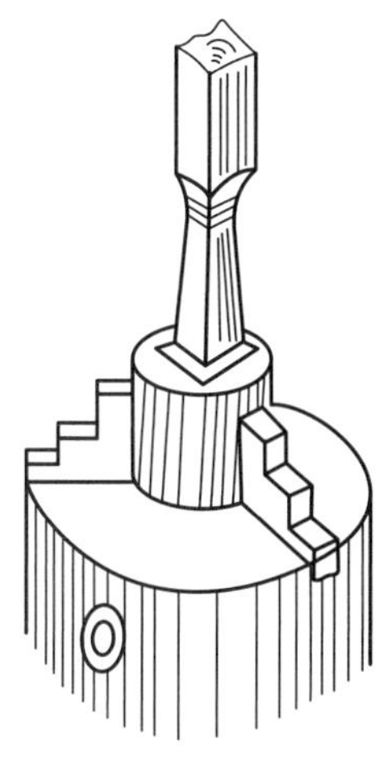

图 8-16　插方孔

（3）插花键

插花键的方法与插键槽大致相同。不同的是花键各键槽除了应保证两侧面对轴平面的对称度外，还需要保证在孔的圆周上均匀分布，因此，插削时常用分度盘进行分度。

知识的梳理

本单元主要介绍了拉削加工与插削加工两种加工方法及其常用的加工设备和刀具。拉削加工可以加工各种截面形状的内孔表面及一定形状的外表面，插削的工作方式与刨削类似，主要用于单件小批生产中加工零件的内表面，如插削内键槽、内方孔、内多边形孔和花键孔等，也可以加工不便于铣削和刨削的外表面。

思考与练习

8-1　拉削加工的特点是什么？拉削加工适用于什么场合？

8-2　试述拉削加工有几种方式,几种拉削加工方式各有何优缺点及适用范围？

8-3　综合轮切式圆孔拉刀的各类刀齿齿升角 α_f 是如何确定的？

8-4　为什么拉削不适宜于单件小批量生产？

8-5　什么是插削？比较插削与刨削的异同。

8-6　插削加工方式有哪些？

参考文献

[1] 张世昌,李旦,张冠伟. 机械制造技术基础.3 版.北京:高等教育出版社,2014.
[2] 王涛,张清,王金涛.丝锥的材质和表面处理.上海:机械制造,2001(9).
[3] 陈海魁.机械制造工艺基础.5 版.北京:中国劳动社会保障出版社,2007.
[4] 周宏甫.机械制造技术基础.2 版.北京:高等教育出版社,2010.
[5] 栾敏.机械制造技术基础.北京:北京大学出版社,2009.
[6] 乔世民.机械制造基础.3 版.北京:高等教育出版社,2014.
[7] 王德泉. 砂轮特性与磨削加工.北京:中国标准出版社,2001.
[8] 李伟光. 现代制造技术.北京:机械工业出版社,2001.
[9] 周泽华. 金属切削原理.2 版 上海:上海科学技术出版社,1993.
[10] 李华.机械制造技术.4 版.北京:高等教育出版社,2015.
[11] 朱淑萍.机械加工工艺及装备.2 版.北京:机械工业出版社,2018.
[12] 吉卫喜.现代制造技术与装备.2 版.北京:高等教育出版社,2010.
[13] 肖继德,陈宁平.机床夹具设计.2 版.北京:机械工业出版社,2011.
[14] 赵家齐,邵东向.机械制造工艺学课程设计指导书.3 版.北京:机械工业出版社,2016.
[15] 李益明.机械制造工艺设计简明手册.北京:机械工业出版社,1994.
[16] 崇凯.机械制造技术基础课程设计指南.2 版.北京:化学工业出版社,2015.
[17] 倪森寿.机械制造工艺与装备习题集和课程设计指导书.3 版.北京:化学工业出版社,2015.
[18] 刘坚.机械加工设备.北京:机械工业出版社,2001.
[19] 郧建国.机械制造工程.北京:机械工业出版社,2001.
[20] 王茂元.机械制造技术.北京:机械工业出版社,2001.
[21] 黄鹤汀.机械制造装备.北京:机械工业出版社,2001.
[22] 陆剑中,孙家宁. 金属切削原理与刀具.5 版.北京:机械工业出版社,2017.
[23] 李洪.机械制造工艺金属切削机床设计指导.沈阳:东北工学院出版社,1989.
[24] 王先逵.机械加工工艺手册:机械加工工艺规程制定.北京:机械工业出版社,2008.
[25] 郑修本.机械制造工艺学.3 版.北京:机械工业出版社,2017.
[26] 魏康民.机械制造技术基础.重庆:重庆大学出版社,2004.
[27] 《实用车工手册》编写组.实用车工手册.2 版.北京:机械工业出版社,2009.
[28] 吴国良.铣工实用技术手册.南京:江苏科学技术出版社,2009.
[29] 徐鸿本.磨削工艺技术.沈阳:辽宁科学技术出版社,2009.
[30] 刘英,袁绩乾.机械制造技术基础.2 版.北京:机械工业出版社,2008.
[31] 孙庆群.机械工程综合实训.北京:机械工业出版社,2005.
[32] 倪小丹,杨继荣,熊运昌.机械制造技术基础.3 版.北京:清华大学出版社,2018.
[33] 李云.机械制造工艺学.北京:机械工业出版社,1995.
[34] 杜君文.机械制造技术装备及设计.新版.天津:天津大学出版社,2007.

郑重声明

高等教育出版社依法对本书享有专有出版权。任何未经许可的复制、销售行为均违反《中华人民共和国著作权法》，其行为人将承担相应的民事责任和行政责任；构成犯罪的，将被依法追究刑事责任。为了维护市场秩序，保护读者的合法权益，避免读者误用盗版书造成不良后果，我社将配合行政执法部门和司法机关对违法犯罪的单位和个人进行严厉打击。社会各界人士如发现上述侵权行为，希望及时举报，本社将奖励举报有功人员。

反盗版举报电话　(010)58581999　58582371　58582488

反盗版举报传真　(010)82086060

反盗版举报邮箱　dd@hep.com.cn

通信地址　北京市西城区德外大街4号

　　　　　高等教育出版社法律事务与版权管理部

邮政编码　100120